BEITRÄGE ZUR GESCHICHTE DER TECHNIK UND INDUSTRIE

JAHRBUCH DES VEREINES DEUTSCHER INGENIEURE

HERAUSGEGEBEN

VON

CONRAD MATSCHOSS

SECHSTER BAND

MIT 183 TEXTFIGUREN UND 6 BILDNISSEN

SPRINGER-VERLAG BERLIN HEIDELBERG GMBH 1915

ISBN 978-3-662-39225-6   ISBN 978-3-662-40239-9 (eBook)
DOI 10.1007/978-3-662-40239-9

Vorwort.

Die Vorbereitung zur Herausgabe der Beiträge zur Geschichte der Technik und Industrie, Jahrgang 1914, war in voller Arbeit, als der Krieg ausbrach. Es wurde unmöglich, die Arbeit in dem gleichen Maßstabe wie in früheren Jahren fortzusetzen. Nur nach und nach wurde es möglich, die schon bearbeiteten und zum Satz gegebenen Manuskripte fertigzustellen, so daß nunmehr das Jahrbuch allerdings in geringerem Umfange wie in früheren Jahren erscheinen kann.

Die Vorbereitungen für das nächste Jahrbuch, in dem auch die schon für das vorliegende Jahrbuch eingereichten Arbeiten veröffentlicht werden sollen, sind im Gange.

Berlin, den 15. Juli 1915.

Der Herausgeber.

Inhaltsverzeichnis.

Seite

Beiträge zur Geschichte der Werkzeugmaschinen. Schmiedemaschinen. Von Professor Dr.-Jng. Hermann Fischer, Hannover   1

Beiträge zur älteren Geschichte der Leuchttürme. Von Dr. Richard Hennig, Berlin   35

Der Bickfordsche Sicherheitszünder und die Errichtung der ersten Sicherheitszünderfabrik in Deutschland. Von Professor Hugo Fischer, Dresden   55

James B. Francis. Zur hundertsten Wiederkehr seines Geburtstages. Von Dr. Karl Keller, München, vormals Professor in Karlsruhe   79

Peter Ritter von Tunner und seine Schule. Von Hofrat Dr.-Jng. h. c. Josef Gängl v. Ehrenwerth, o. ö. Professor der k. k. Montanistischen Hochschule in Leoben   95

Ein Beitrag zur Geschichte der Großgasmaschine. Von Dr. Wilhelm von Oechelhaeuser, Dessau   109

Die Lokomotiven der vormaligen Braunschweigischen Eisenbahn, unter Mitberücksichtigung gleichartiger Lokomotiven bei anderen Bahnverwaltungen. Von W. Nolte, Hannover   152

Beiträge zur Geschichte der Werkzeugmaschinen.
Schmiedemaschinen.

Von

Professor 𝔇r.-𝔍ng. Hermann Fischer, Hannover.[1]

An die Geschichte der Schmiedemaschine bin ich mit einigem Zagen herangetreten, da sie in dem großen Werk: „Die Geschichte des Eisens" von Dr. Ludwig Beck, in vortrefflicher und ausführlicher Weise eingeflochten ist.

Da jedoch L. Beck die Schmiedemaschine in erster Linie als Werkzeuge für die Eisengewinnung bzw. Eisenveredelung behandelt hat, so glaube ich vom Standpunkte des eigentlichen Schmiedens einige ergänzende Gesichtspunkte bringen zu sollen.

Das gleiche gilt von den Arbeiten von Matschoß und Hiller, Riedler und Seeberg.

Ich werde in dem Folgenden die sog. Hüttenwerksmaschine möglichst unberücksichtigt lassen, aber von L. Beck und anderen das entlehnen, was in meinen engeren Rahmen paßt.

Der Widerstand, den die Metalle — selbst im erhitzten Zustande — ihrer bildsamen Umgestaltung entgegenstellen, ist verhältnismäßig groß, so daß schon in den Anfängen der Metallbearbeitung die Vervielfältigung der menschlichen Kraft in Frage kam. Man fand, daß ein schwerer Körper, z. B. ein Stein, der unter Einfluß der menschlichen Kraft längs größeren Weges bewegt war, längs kleinen Weges große Widerstände zu überwinden vermöge: man erfand, und zwar schon in vorgeschichtlicher Zeit, den Hammer, wie spätere Funde bestätigen und verwendete ihn dann auch zur Bearbeitung der Metalle.

So heißt es in der Bibel, Jesaias, Kapitel 44, Vers 12:

„Es schmiedet einer das Eisen in der Zange, arbeitet in der Glut und bereitet es mit Hämmern und arbeitet daran mit ganzer Kraft seines Armes."

Diese Vervielfältigung der menschlichen Kraft genügte bald nicht mehr. Beck sagt[2] in seiner Geschichte des Eisens:

„Wie man im 14. Jahrhundert die Wasserkraft zu mancherlei neuen Arbeiten, wie zum Sägen von Brettern, zum Drahtziehen zu benutzen angefangen hatte, so war es wohl auch in diesem Jahrhundert, daß man mittels Wasserräder Pochwerke, Hämmer und Blasebälge in Bewegung setzte."

Der Handhammer mit Helm war bekannt; es lag daher nahe, diesen Zapfen schwenkbar zu machen und durch Wasserkraft zu heben, worauf der Hammer

---

[1] Am 11. Februar 1915 ist der Verfasser im Alter von fast 75 Jahren zu Hannover gestorben. Die vorliegende Arbeit ist so die letzte seines arbeitsreichen Lebens geworden. Was der Verfasser als Ingenieur, Lehrer und Schriftsteller für die Technik und Industrie geleistet hat, würdigt der Nachruf in der Zeitschrift des Vereines deutscher Ingenieure 1915, S. 213 u. 214.

[2] Bd. 1, S. 959.

durch sein Gewicht auf das Werkstück herabfiel. So entstanden die drei Hämmer-
arten, die sich zum Teil bis zur Jetztzeit behauptet haben, der Schwanzhammer,
Fig. 1, wobei die Schwingungszapfen *a* zwischen der Wasserradwelle *r* und dem
Hammer *b* liegen, der Stirnhammer, Fig. 2, wobei die Zapfen *a* am äußeren
Ende des Helmes sich befinden, der Helm über den Hammer *b* hinaus verlängert
ist und diese Verlängerung als Hebelatte den Daumen der Wasserradwelle *r* dar-

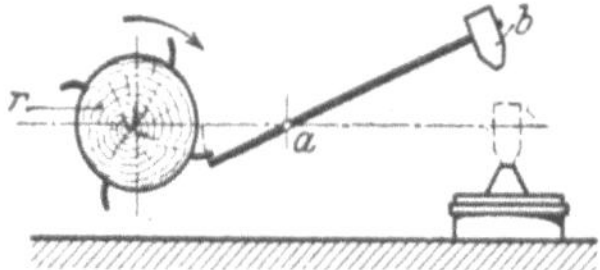

Fig. 1. Schwanzhammer.

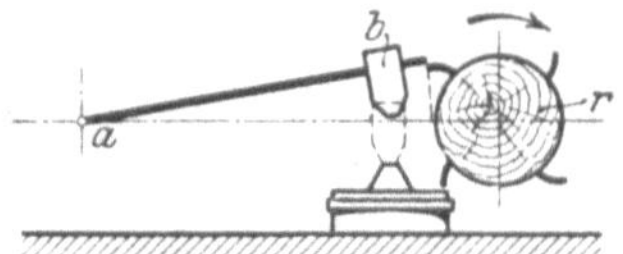

Fig. 2. Stirnhammer.

bietet, und der Aufwerfhammer, Fig. 3, wobei die hebenden Daumen zwischen
Zapfen *a* und Hammer *b* angreifen.

Der Schwanzhammer zeichnet sich gegenüber dem Stirnhammer durch freiere
Zugänglichkeit der Arbeitsstelle aus, wogegen der Stirnhammer geringere Erschütterungen seines Helmes erleidet. Er ist daher mehr für das Ausquetschen der
Luppen, der Schwanzhammer dagegen für das eigentliche Schmieden verwendet
worden. Nach Beck[1]) betrugen im 18. Jahrhundert die Gewichte, Hubhöhen und

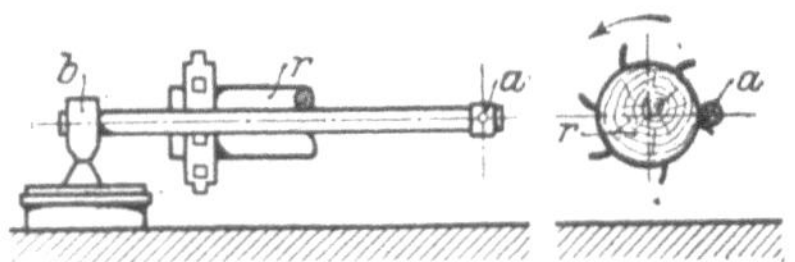

Fig. 3. Aufwerfhammer.

Schlagzahlen: beim Stirnhammer 500 bis 750 kg,
beim Aufwerfhammer 200 bis 250 kg mit 0,6
bis 0,7 m größtem Hub und 80 bis 90 minutlichen Schlägen, beim Schwanzhammer 150 bis
175 kg mit 0,47 bis 0,52 m Hubhöhe und 150 bis
180 minutlichen Schlägen.

Teils um den Hub des Hammers zu begrenzen, teils um den Niedergang zu beschleunigen und den Schlag zu verstärken, verwendete man (schon im 17. Jahrhundert) namentlich für den Schwanzhammer, aber auch für den Aufwerfhammer
elastische Puffer. Sie bestanden aus einem, über den Hammer gelegten, im Hammergestell befestigten Holzbalken *c*, Fig. 4, dem sog. Reitel, beim Schwanzhammer
auch aus dem Prellhammerstock *c*, Fig. 5. Das war ein an seinen Enden ge-
stützter Balken, gegen den das entsprechend ausgerüstete Ende des Schwanzes stieß.

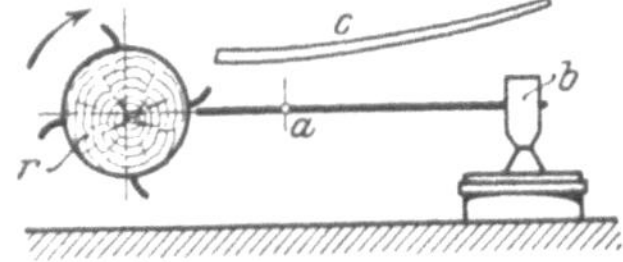

Fig. 4. Schwanzhammer mit
Reitel.

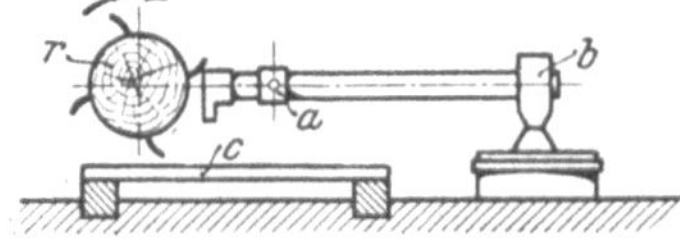

Fig. 5. Schwanzhammer mit
Prellhammerstock.

Diese hölzernen Begrenzungsmittel unterlagen starker Abnutzung und ver-
ursachten schädigende Erschütterungen des Hammergestelles.

Peter Onions[2]) schlug vor, sie durch Luftpuffer zu ersetzen.

Die um eine, zur Helmrichtung quer liegende Achse schwingenden Helmhämmer sind in ihrer Hubhöhe beschränkt, so daß den dickeren Schmiedestücken
ein weniger heftiger Schlag zuteil wird, als den dünneren. Außerdem haftet an ihnen

---

[1]) Geschichte des Eisens, Bd. 3, S. 575.
[2]) Engl. Pat. Nr. 1370 von 1783.

der Mangel, daß die Hammerbahn nur in einer Höhe mit der Amboßbahn gleichlaufend ist. Beiden Schwächen hilft der sog. Gleis- oder Fallhammer ab, von dem später noch ausführlich berichtet werden wird. Der Fallhammer wird in (lotrechten) Gleisen geführt — weshalb er auch Gleishammer genannt wird —, man kann ihm beliebige Hubhöhe geben und seine Hammerbahn liegt in jeder Höhenlage gleichlaufend zur Amboßbahn. Man nennt ihn deshalb oft Parallelhammer.

L. Beck sagt[1]):

„Außer den bereits beschriebenen Hämmern mit den um einen Fixpunkt sich drehenden Helmen, kannte man im 16. Jahrhundert auch bereits Fallhämmer."

Er bezieht sich auf einen, von Agricola beschriebenen Stempelhammer, der zum Brechen des Schwarzkupfers diente. Zutreffender wäre die Bezugnahme auf Leonardo da Vinci (1452 bis 1519)[2]) gewesen, der einen Stempelhammer zum Strecken von Goldzaine darstellt.

Zu den Helmhämmern zurückkehrend, erwähne ich noch die Versuche, sie als Zuschläger zu verwenden. Im Jahre 1866 veröffentlichte R. R. Werner[3]) einen Dampfzuschläger. Es war das ein Schwanzhammer, dessen breiter Schwanz als Dampfkolben in einem Hohlraum kreissegmentförmigen Querschnittes spielte und dessen Höhenlage einstellbar war. Der Hammer bewegte sich stets in derselben lotrechten Ebene und wurde durch den Dampfdruck nicht allein gehoben, sondern auch nach unten geworfen.

In der Zeitschrift „Industries", Bd. 6, S. 150[4]) wurde ein ganz ähnlicher Hammer unter dem Namen Allen beschrieben, der in England vielfach verwendet worden sein soll.

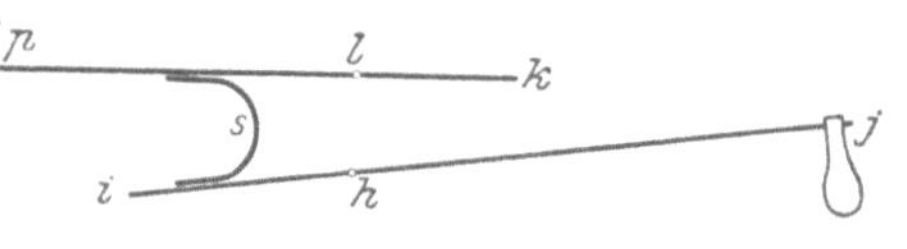

Fig. 6. Wipphammer der Ankerschmiede zu Rochefort um 1760.

Er unterscheidet sich von dem Wernerschen im wesentlichen nur dadurch, daß die Schwingungsachse des Hammers gegenüber dem Amboßhalter nicht verstellbar war. Vor diesem Allen-Hammer wurde D. Davies' Hammer bekannt gegeben[5]). Er unterscheidet sich von dem Wernerschen Hammer dadurch, daß die Kolbenstange eines gewöhnlichen Dampfkolbens auf den Schwanz des Hammers wirkte und der Dampfzylinder nebst der Lagerung des Hammerhelms zu einem Körper vereinigt war, so daß man diesen um eine wagrechte Achse drehen, also die Hammerschläge in lotrechter, wagrechter und beliebig geneigter Ebene wirken lassen konnte. Der Daviessche Hammer erregte in der Wiener Weltausstellung (1873) großes Aufsehen. Später habe ich, weder vom Daviesschen, noch von dem Wernerschen oder Allen-Hammer irgend etwas gehört. Als ein Beispiel ungeheuerlicher Bauart zum Zweck, auch schwere Hämmer durch Menschenkräfte zu betätigen, möge hier der Hammer der Ankerschmiede zu Rochefort angeführt werden[6]), Fig. 6. Sein Bärgewicht betrug 300 bis 350 kg. Der Helm $i\,h\,j$ schwingt um den festen Bolzen h. Über ihm liegt ein zweiter doppelarmiger Hebel $p\,l\,k$,

---

[1]) Geschichte des Eisens, Bd. 2, S. 530.

[2]) Th. Beck, Beiträge zur Geschichte des Maschinenwesens, Berlin 1899, S. 434, Fig. 628.

[3]) Z. Ver. deutsch. Ing. 1866, S. 522, m. Abb. vorher: Sykes, Dingl. polyt. Journ. 1855, Bd. 135, S. 88 m. Abb.

[4]) Z. Ver. deutsch. Ing. 1889, S. 751.

[5]) Dingl. polyt. Journ. 1872, Bd. 206, S. 251, m. Schaubild und daselbst 1873, Bd. 210, S. 6, m. Abb.

[6]) Schauplatz der Künste und Handwerke 1762, Bd. 1, S. 154, m. Abb.

dessen fester Drehpunkt bei l liegt. Beide Hebel sind durch die Feder s miteinander verbunden. Acht Männer betätigen eine sonderbare Winde und heben dadurch das linksseitige Ende p des obern Hebels, wodurch der Hammer j nach unten gezwungen wird. Nach erfolgtem Schlage heben die Gewichte, welche links — in bezug auf das Bild — wirken, den Hammer j wieder nach oben. Die betätigenden Kräfte bewirken bei diesem Hammer n i c h t das Heben des Bärs, sie beschleunigen die Masse des Bärs in der Richtung des Schlages, speichern im Bär einen Teil ihrer Arbeit, der beim Aufschlagen verbraucht wird, während der andere Teil zur Vorbereitung des Rückzuges dient. Der Rochefort-Hammer vertritt daher eine besondere Hammerart, die man mit W i p p h a m m e r bezeichnet und die, nach L. B e c k[1]) 1680 in Nürnberg erfunden worden ist. Die Wipphämmer werden noch heute für Handbetrieb verwendet[2]).

Die Helmhämmer wurden sonst regelmäßig durch Daumen gehoben. Man hat auch Gleishämmer mit Daumenhebung gebaut[3]). Dabei wurde zunächst übersehen, daß die Elastizität, die die hölzernen Helme der Helmhämmer bieten, bei den Gleishämmern nicht ohne weiteres vorhanden ist. Diese Elastizität mildert in ziemlichen Grade den Stoß, der beim Angriff des Daumens gegen den als Hammerbär dienenden Stempel auftritt und selbst bei hölzernen Helmen der alten Helmhämmer zerstörende Erschütterungen des Hammergestells herbeiführte.

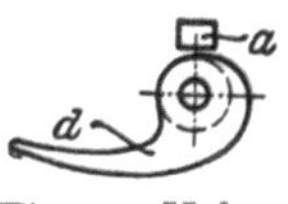

Fig. 7. Hebedaumen.

S c h m e r b e r gelang es[4]) diese Erschütterungen zu mildern. Er baute zweierlei Hämmer. Bei der einen Art war in dem Bär ein aus Gummiplatten gebildeter Puffer angebracht, der den Angriff des Daumens auf den Bär übertrug. Dieser Hammer sollte höchstens 150 Schläge in der Minute machen. Bei der andern Bauart fehlt dem Bär die federnde Angriffsfläche für den Daumen; dafür war der Daumen d — nach Fig. 7 — spiralig gestaltet, so daß die am Bär feste Antriebsnase a allmählich, also stoßfrei, gehoben wurde. Der Hammer dieser Bauart soll minutlich bis 600 Schläge ausführen können. Die erhoffte Stoßfreiheit kann allerdings nur angenähert erreicht werden; günstigsten Falles bei einer Werkstückdicke gleich Null, je dicker das zu bearbeitende Werkstück ist, um so weniger nahe kommt a an den Ausgangspunkt der den Daumen d begrenzenden Spirale. Die Schlagzahl soll bei beiden Hämmern dadurch geregelt werden, daß man den Treibriemen zum Teil auf die lose Riemenrolle schiebt, so daß er auf der sog. festen Rolle teilweise gleitet.

Der H a t c h - Fallhammer[5]) ist mit zwei großen, spiralförmigen Daumen versehen, die links und rechts vom Amboß liegen und gegen am Bär drehbare Rollen wirken. Eine Regelung der Schlagzahl ist nicht vorgesehen. Es wird angegeben, daß dieser Hammer für 200 minutliche Schläge und für Bärgewichte von 50 bis 1000 kg gebaut werde.

P e e r[6]) schlug schraubenförmige Daumen vor.

---

[1]) Geschichte des Eisens, Bd. 2, S. 919.

[2]) H o l t z a p f f e l, Turning and mech. manipul. 1846, Bd. 2, S. 962, m. Abb. — Prakt. Masch.-Konstr. 1887, S. 222, m. Abb. — Z. Ver. deutsch. Ing. 1887, S. 467, m. Abb. — Dingl. polyt. Journ. 1891, Bd. 281, S. 277, m. Abb. — Handb. d. Werkzeugmaschinenkunde 1900, Bd. 1, S. 548, m. Abb. — The Iron Age, 5. Mai 1898, S. 11, m. Schaubild.

[3]) F r o m i n g, Engl. Pat. Nr. 1377 von 1851. — W a t e r h o u s, Mitteil. d. Gew.-Ver. f. Hannover 1858, S. 356.

[4]) Dingl. polyt. Journ. 1852, Bd. 123, S. 329, m. Abb.

[5]) The Iron Age, 18. Aug. 1892, S. 277, m. Schaubild.

[6]) Dingl. polyt. Journ. 1857, Bd. 133, S. 342, m. Abb.

Allgemeinere Verbreitung haben die Daumenhämmer nicht gefunden. Noch weniger sind die Hämmer beachtet worden, bei denen der Bär durch endlose Kette gehoben werden sollte[1]).

Dagegen haben die reinen Fallhämmer eine sorgfältige Ausbildung erfahren.

Als Ausgangsform ist die Einrichtung zu betrachten, wobei der in Gleisen geführte Bär mittels der Hand gehoben und dann fallen gelassen wird, wie bei der sog. Handramme gebräuchlich; sie dürfte auch von dieser abgeleitet worden sein. Auch die etwa 16 Jahre vor Christi Geburt bekannte Kunstramme mit Winde[2]) hat schon gezeigt, wie man schwere Rammbäre zu betätigen vermag.

Trotz der nahen Verwandtschaft zwischen der Ramme und dem Gleishammer sind die mit ersterer gemachten Erfahrungen erst sehr spät für den letzteren benutzt. In einfachster Ausführung findet man die Fallwerke für das Stanzen und das Gesenkschmieden[3]) auch vereinzelt noch heute so, daß über dem in Gleisen geführten Bär eine Rolle gelagert ist; ein Seil oder Band, das an einem Ende den Bär trägt, während am anderen Ende eine Handhabe sitzt, Fig. 8. In dem Grundstock a sind zwei quadratische Stangen c befestigt, die den Bär b führen und oben durch Platten d abgesteift sind. Die Rolle e ist frei drehbar gelagert. Nellinger (vorige Quelle) machte die Stangen c in a einstellbar, um den Bär in der Nähe des Werkstücks gut zu führen.

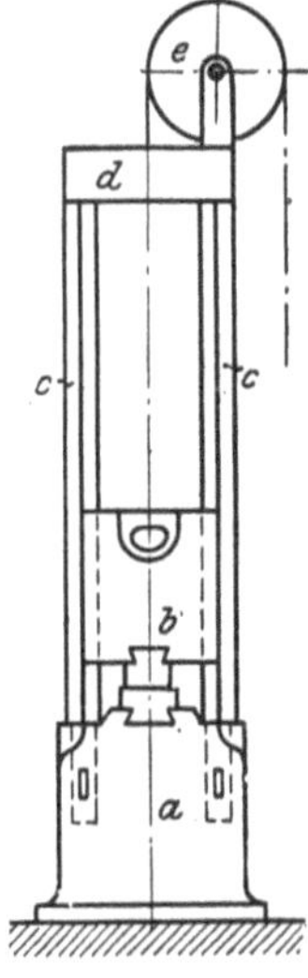

Fig. 8. Fallwerk.

Solche Hämmer konnten natürlich nur eine geringe Schlagzahl leisten, waren auch in bezug auf das Bärgewicht beschränkt.

Vaughan[4]) eröffnete 1856, auf Grund der Tatsache, daß wenn das Band $K\,P$ über eine kreisende Rolle, Fig. 9, gelegt ist, die Hubkraft $K = P e^{f\varphi}$ ist, worin f die Reibungswertziffer, und φ den umspannten Bogen bezeichnen, eine Reihe von Reibhämmern, die jene Beschränkungen mildern. Die kleinere Kraft P wird durch die menschliche Hand geleistet und durch die sie vervielfältigende Reiung die größere Hubkraft K hervorgebracht, und zwar mit der Umfangsgeschwindigkeit der in irgendeiner Weise angetriebenen Rolle. Sobald man das freie Ende P des Bandes losläßt, so fällt der Bär b nach unten, indem das Band auf der Rolle gleitet. Dieses Gleiten veranlaßt starke Erwärmung und Abnutzung des Bandes.

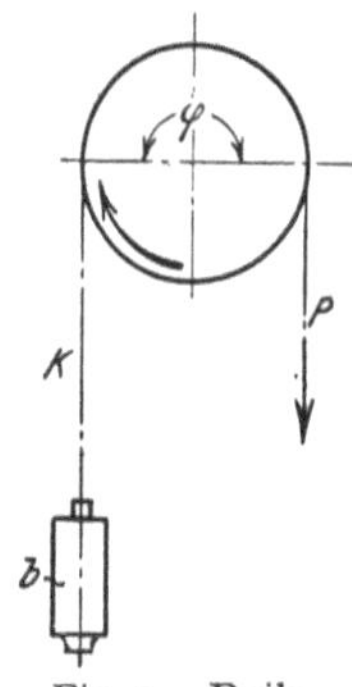

Fig. 9. Reibhammer.

Um das zu mindern, legte Robelet[5]) in den Kranz in Federn gelagerte Röllchen, die durch Öffnungen des Kranzes hervorragten, durch den angespannten Hubriemen zurückgedrängt wurden, aber diesen abhoben, wenn der Arbeiter sein freies Ende losließ. Dieses Abheben des Hubriemens bewirkte Henckels[6]) dadurch, daß er — nach Fig. 10 u. 11 — den Hubriemen r breiter machte, als die mit ihrer Welle fest verbundene Hubrolle a und die überstehenden Ränder auf die schmalen

[1]) Pr. Masch.-Konstr. 1885, S. 355, m. Abb.

[2]) Th. Beck, Beiträge z. Gesch. d. Maschinenbaues 1899, S. 42, m. Abb.

[3]) Rees, Cyclopaedia, Bd. 27 (gegen 1819), Tafel Bd. 4 unter dem Schlagwort Plated manufacture. — Nellinger, Dingl. polyt. Journ. 1843, Bd. 90, S. 8, m. Abb.

[4]) Dingl. polyt. Journ. 1858, Bd. 147, S. 255, m. Abb.

[5]) Dingl. polyt. Journ. 1881, Bd. 240, S. 8, m. Abb. nach Revue industrielle 1880, S. 501.

[6]) D. R. P. Nr. 28 932, Z. Ver. deutsch. Ing. 1884, S. 965, m. Abb.

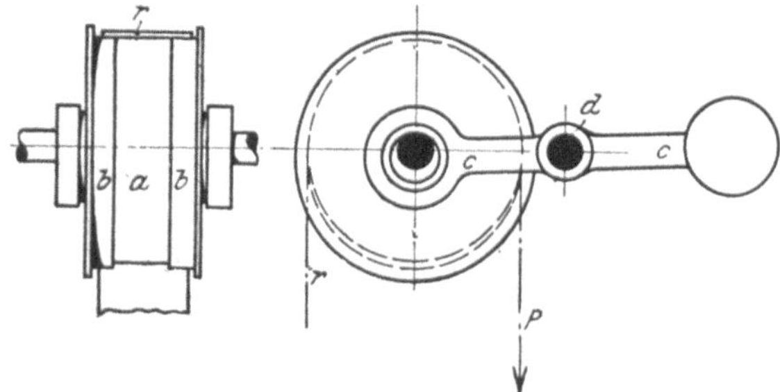

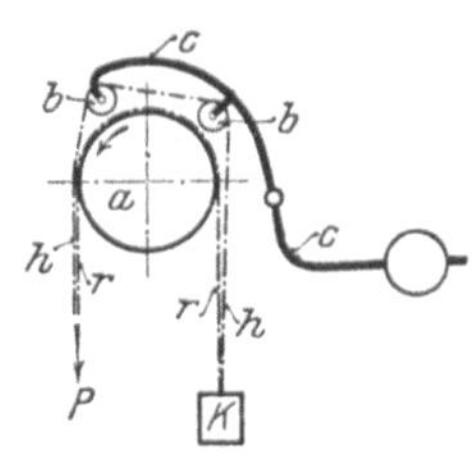

Fig. 10 u. 11. Abheben des Hubriemens (Henkels). Fig. 12. Abheben des Hubriemens (Steller 1889).

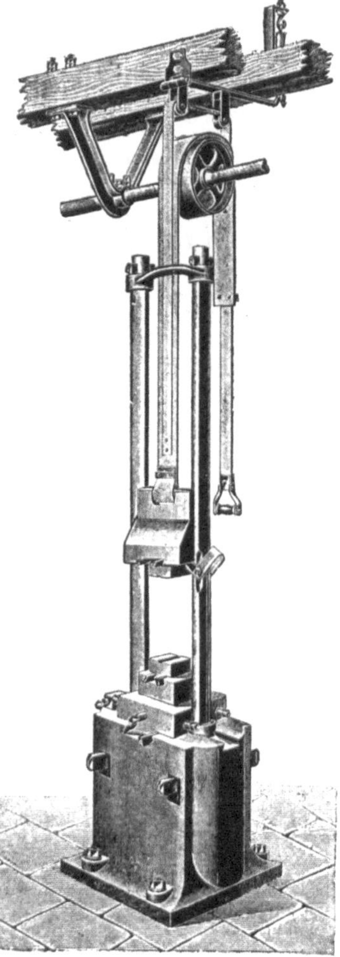

Fig. 13. Reibhammer von
Koch & Co.

Rollen b legte, die in den Augen der doppelarmigen Hebel c sich frei drehten. Wurde bei P gezogen, so senkten sich die Rollen b, so daß der Hubriemen r sich auf seine Rolle a legte; zog der Arbeiter nicht mehr, so bewirkte das Gegengewicht der Hebel c das Abheben.

Lombard[1]) verwandte, statt der Rollen b, in Fig. 10, federnd gelagerte Röllchen. Mossberg[2]) zerlegte die Hubrolle in zwei, zwischen denen federnde Segmente angebracht waren, die den Hubriemen von der Hubrolle abhoben, endlich ersetzten Koch & Co. diese Segmente durch Röllchen[3]), welche besonders gehoben wurden.

Eine andere Art des Abhebens des Hubriemens von seiner Rolle rührt von Steller[4]) her und stammt aus dem Jahre 1889. Sie besteht, Fig. 12, in einem leichten Hilfsriemen h, der mit den Enden des Hubriemens r verbunden und über Rollen $b\,b$ geführt ist. Diese Rollen sind an dem, mit Gegengewicht versehenen Hebel c gelagert. Zieht man bei P kräftig, so gibt der Hebel c nach, es legt sich der Hubriemen r auf seine Rolle a und der Bär K wird gehoben; soll er fallen, so läßt man den Hubriemen bei P los, worauf r schlaff wird, und ohne nennenswerte Reibung über seine Rolle schlüpft. Diese Hilfsriemenanordnung ist in mannigfacher Weise ausgebildet worden[5]).

Eine solche Ausführungsform stellt Fig. 13 dar. Die Hubrolle sitzt auf einer Triebwerksrolle fest, die sich stetig dreht; der am Hubriemen feste Hilfsriemen ist über zwei Rollen geleitet, die an einem oben befindlichen Hebel gelagert sind; der

<hr>

[1]) Dingl. polyt. Journ. 1887, Bd. 265, S. 578, m. Abb.
[2]) The Iron Age, 20. Juni 1895, S. 1277, m. Schaubild.
[3]) Herm. Fischer, Die Werkzeugm., 2. Aufl., Bd. 1, S. 605, m. Abb.
[4]) D. R. P. Nr. 48 241.
[5]) Vgl. Z. Ver. deutsch. Ing. 1895, S. 22, m. Abb.

Hebel wird durch eine Schraubenfeder (oben, rechts im Bilde sichtbar) gehoben.

E. Siebel[1]) lagert eine Rolle, worüber der Hilfsriemen geführt ist, fest und schaltet in den Hilfsriemen eine Feder.

Ad. Koch in Remscheid[2]) hat eine der beschriebenen Hubriemenabhebevorrichtungen benutzt, um die Arbeit der Bedienung zu erleichtern, indem er das *P*-Ende des Hubriemens mit einem Gewicht versah und den Arbeiter die Abhebevorrichtung bedienen ließ[3]).

Bisher war die Hubhöhe des Riemens durch das Vermögen des Arbeiters beschränkt, das freie Riemenende in einem Zug nach unten zu ziehen; sie betrug meistens nur bis zu 65 cm. Durch die Ad. Kochsche Erfindung ist diese Beschränkung hinweggefallen.

Der unvermeidliche Stoß beim Anheben des Bäres, der dadurch entsteht, daß man ihm zumutet, gewissermaßen sofort die Geschwindigkeit des Hubrollenumfanges anzunehmen, wird gemildert, teils durch die Elastizität des Riemens, teils durch kurzes Gleiten des Riemens auf seiner Rolle.

Dieses Gleiten schädigt den Riemen, er wird davon befreit, wenn man die frei drehbare Hubrolle durch Reibung antreibt[4]).

Dieser Reibantrieb kommt besonders in Frage bei den Wickelhämmern. Sie sind den Rammen mit Winde nahe verwandt; über oder neben der Bärführung befindet sich eine Windentrommel, die ein Seil oder ein Band aufwickelt. Es ist aber die Winde dem hier vorliegenden Zweck angepaßt, einen Schmiedehammer durch mechanische Kraft zu betreiben.

Gonéry und Guérin[5]) lagern die Windentrommel in den Enden von Hebeln und versehen die Trommel mit hohen Borden, die gegen eine stetig sich drehende Reibrolle gedrückt werden, um den Bär zu heben, und die zurückgezogen werden, um den Bär zu heben, und die zurückgezogen werden, um ihn fallen zu lassen. Die Andruckhebel werden durch die Hand betätigt.

In den Einzelheiten besser durchgebildet ist der 1865 bis 1866 gebaute Wickelhammer von Albr. Künne[6]). Bei diesem sind ebenfalls hohe Borden an der Wickeltrommel angebracht, die gegen eine Reibrolle gepreßt werden. Dieses Anpressen geschieht aber — unter Vermittlung eines geeigneten Gestänges — durch einen Tretschemel. Es kann ferner der Bär in hoher Lage erhalten werden durch ein an der Wickeltrommel sitzendes Sperrad, dessen Sperrkegel nach Wunsch auszulösen ist, und der Fall des Bären kann durch eine auf die Wickeltrommel wirkende Bremse gemäßigt werden. So ist der Künnesche Hammer mit sehr guten Steuermitteln ausgerüstet.

Das kann man von dem Hammesfahr-Hammer[7]) nicht sagen.

Hier sind die Lager der Wickeltrommel fest und es ist die treibende Reibrolle zum Teil weggeschnitten, Fig. 14, so daß der Bär fällt, sobald die abgeflachte Seite der treibenden Reibrolle der Wickeltrommel gegenübersteht. Der Hammer wird

---

[1]) D. R. P. Nr. 90 822, Z. f. Werkzeugm., Juni 1898, S. 299, m. Abb.

[2]) D. R. P. Nr. 80 200 vom 11. Mai 1894 ab.

[3]) Z. Ver. deutsch. Ing. 1895, S. 23, m. Abb.

[4]) Kircheis, D. R. P. Nr. 23 559 und Z. Ver. deutsch. Ing. 1887, S. 494, m. Abb. — Kalker, Werkzeugmaschinenfabrik D. R. P. Nr. 46 412.

[5]) Dingl. polyt. Journ. 1861, Bd. 160, S. 5, m. Abb.

[6]) Z. Ver. deutsch. Ing. 1870, S. 751, m. Abb.

[7]) D. R. P. Nr. 44 326, Z. Ver. deutsch. Ing. 1888, S. 1062, m. Abb.

ganz außer Betrieb gesetzt durch Lösen einer die treibende Reibrolle mit ihrer Welle verbindenden Kuppelung. Es ist nicht einmal die Hubhöhe des Bärs regelbar.

Die hier kurz beschriebenen Hämmer leiden gemeinschaftlich an dem Fehler, daß beim Anhub ein kurzes Gleiten der Reibflächen stattfindet. Die das Anheben des Bärs vermittelnden Flächen nutzen sich stärker ab, als die übrigen, so daß unangenehme Störungen im Heben des Bärs entstehen. Deshalb sind manche Wickelrollen lose auf die treibende Welle gesteckt und werden mit ihr durch Kuppelungen verbunden[1]).

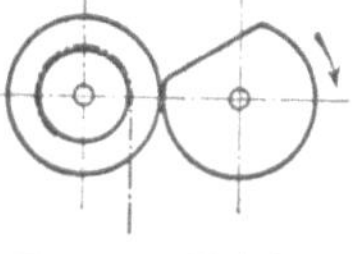

Fig. 14. Wickelhammer (Hammesfahr).

B. u. S. Massey[2]) haben bei ihrem großen Hammer (12,2 m Hub, 1270 kg Bärgewicht) eine besondere Winde neben den Amboß gestellt, die ein- und ausgerückt wird.

Der Hammer von H. Meier in Aerzen[3]) zeichnet sich aus durch Verwendung einer einfachen Reibkuppelung und vortreffliche Steuereinrichtung. Fig. 15 ist ein teilweiser Schnitt durch den Antrieb. Die Antriebsrolle g und ein Schwungrad sind durch eine Kugel-Reibkuppelung mit der Welle e verbunden, deren Hohlkegel k durch eine Bandbremse v gehindert wird, sich verkehrt zu drehen. Dieser Hohlkegel überträgt seine Drehungen durch einen zweiten Reibkegel k_2 auf die mit ihm fest verbundene Wickeltrommel i. Diese ist mit einer langen Büchse versehen, welche einerseits der Welle e als zweites Lager dient, und unter Vermittlung der Scheibe q den Druck der Federn r aufnimmt. Die innere dieser Federn stützt sich gegen eine Mutter der Welle e und schließt daher die Kuppelung $k k_2$, die äußere

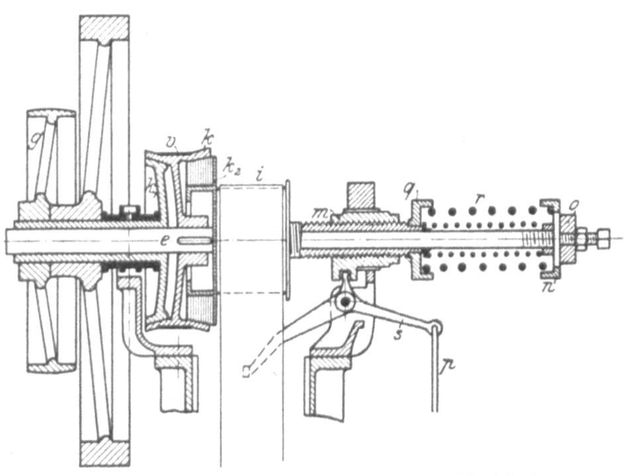

Fig. 15. Antrieb des Hammers von H. Meier.

ist gegen die, am Maschinengestell feste Scheibe n gelegt und drängt daher k gegen k_1. Auf die an i festsitzende Büchse ist Gewinde geschnitten, dessen Mutter m im Hammergestell verschieblich, aber nicht drehbar ist. Wird der Bär gehoben, also der Riemen auf i gewickelt, so schraubt sich die Büchse in ihre Mutter m; da m sich nicht drehen kann und wird m auch am Verschieben gehindert, so muß sich, unter kleiner Rechtsverschiebung

der Welle e, die Kuppelung $k k_1$ lösen, den Antrieb ausschaltend. Der Bär bleibt in erreichter Lage, weil die Bremse v den Kuppelungsteil k hindert, sich der Antriebsrichtung entgegen zu drehen. Sobald man aber, mit Hilfe von m, die Welle e so weit nach rechts verschiebt, daß sie gegen die feste Schraube bei o stößt, so wird die Kuppelung $k k_2$ gelöst und der Bär fällt, wobei die Mutter m nach links verschoben wird, also die Kupplung $k k_2$ sich wiederher-

---

[1]) Stiles & Parker, Dingl. polyt. Journ. 1872, Bd. 205, S. 23, m. Abb. — Wilmotte, D. R. P. Nr. 35 405. — O. Boben, D. R. P. Nr. 96 022. — Hartkopf, D. R. P. Nr. 97 587.
[2]) Dingl. polyt. Journ. 1884, Bd. 252, S. 272, m. Abb.
[3]) Z. Ver. deutsch. Ing. 1882, S. 93, m. Abb., D. R. P. Nr. 11 354 u. 21 546.

stellt. Das Festhalten der Mutter m geschieht nun durch den Hebel s, der durch die Stange p von dem steuernden Arbeiter betätigt wird. Beim Anheben des Bärs gleitet k_2 oder k_1 ein wenig in k. Die entstehende Abnutzung ist bedeutungslos. Weiter muß der Arbeiter die Stange p in dem Grade heben, wie die an i feste Büchse sich in m schraubt. Unterläßt er dieses Heben von p, so hört das Steigen des Bärs auf, er bleibt in seiner Höhenlage; bewegt aber der Steuernde p nach unten, so fällt der Bär, aber nur so lange wie p nach unten bewegt wird. Es gewährt diese Einrichtung hochgradige Steuerfähigkeit, und zwar mit Mitteln, welche auch vom einfachsten Arbeiter verstanden werden: soll der Bär gehoben werden, so ist gleiches der Fall mit der Steuerstange p, soll er nicht mehr steigen, so muß p ruhen, soll er fallen, so ist p nach unten zu bewegen, usw.

Damit der Bär nicht zu hoch steigt, ragt noch ein Arm des Hebels s in die Bahn des Bärs.

Unter Verzichtleistung auf solche weitgehende Steuerbarkeit hat man, wohl um sanften Anhub zu erreichen, in den Mechanismus zum Heben des Bärs eine Kurbel eingeschaltet. Fig. 16 stellt die Einrichtung schematisch dar, die in Wirklichkeit verschieden ausgebildet ist[1]). Es bezeichnet a das treibende, als Sperrad ausgebildete Rad, b den Bär, c das Band, w die Kurbelwarze und d die Kurbel, welche sich lose um die Achse des Rades a dreht, i eine Sperrklinke, die d angelenkt ist, $z\,z$ dreht a mittels der Klinke i, die Kurbel d und der Bär wird gehoben; überschreitet die Warze w ihren unteren toten Punkt bei e, so löst sich die Klinke und der Bär fällt frei herab. Für manche Zwecke mag diese Hammerart zweckmäßig sein.

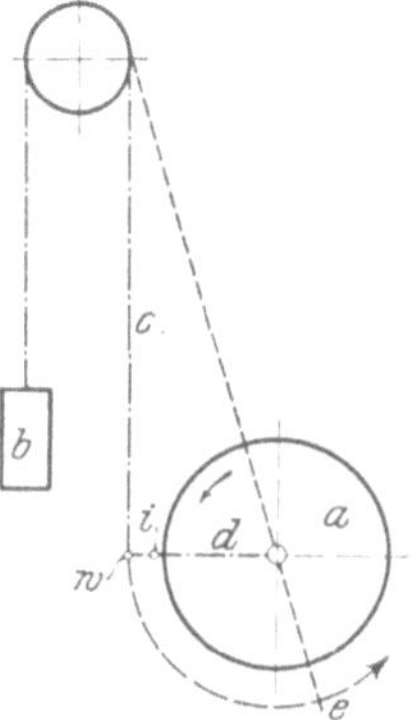

Fig. 16. Einschalten einer Kurbel (Zech).

Neben den Riemenreib- und den Wickelhämmern haben sich seit Mitte des 19. Jahrhunderts die Stangenreibhämmer entwickelt. Die reife Durchbildung eines bei dem Dirschauer Brückenbau (1850 bis 1857) verwendeten derartigen Hammers läßt vermuten, daß die grundlegende Anordnung der Stangenreibhämmer — an dem in lotrechten Gleisen geführten Bär eine steife Stange, welche durch Reibwalzen gehoben wird — schon zu Anfang des 19. Jahrhunderts entstand, jedoch habe ich über den Namen des Erfinders nichts erfahren können[2]).

Den Dirschauer Hammer[3]) stellen Fig. 17 u. 18 in zwei Ansichten dar. Das Bärgewicht ist zu 250 kg angegeben und der Hub zu 64 cm, bei welchem minutlich 80 Schläge gemacht sein sollen. Die Welle der einen Hubwalze k_1 ist mit Riemenrolle und Schwungrad versehen und wird stetig gedreht; die zweite Hubwalze k wird nicht angetrieben, sondern nur mit ihren Lagern gegen die Stange s verschoben. Zu dem Zweck ist ein Kniehebel (oben, links in Fig. 17) bei u gestützt, der durch die Stange g und den Hebel e betätigt wird. Hebel e sitzt auf einer Zwischenwelle, die einen zweiten, entgegengesetzt gerichteten Hebel trägt und dieser wird vom Hebel c, Fig. 18, unter Vermittlung der einstellbaren Stange f bewegt und Hebel c

---

¹) Zech, Dingl. polyt. Journ. 1878, Bd. 227, S. 526, m. Abb. — Mossberg, Amer. Mach. 16. Mai, 1895, S. 384, The Iron Age, Juni 1895, S. 1277. — Barnes, Amer. Mach. 30. Mai, 1895. — Z. Ver. deutsch. Ing. 1897, S. 18, m. Abb.

²) Nach der Z. Ver. deutsch. Ing. 1863, S. 206 wurde ein solcher Hammer um 1839 von Morgan gebaut.

³) Samml. von Zeichnungen f. d. Hütte, 1855, Blatt 7.

vermöge der Stange h von dem Handhebel n. Klappt man die Stütze o zur Seite, und nähert den Handhebel n dem Maschinengestell, so streckt sich der Kniehebel, so daß die Bärstange s zwischen den Hubwalzen k und k_1 genügend gedrückt wird, um den Bär zu heben, zieht man n zurück, so fällt der Bär hinab, zieht man aber n rasch weiter zurück, so wird der Backen b^1 dem Backen b genähert, die Stange s also mehr oder weniger festgehalten, um überhaupt nicht zu fallen, oder einen milderen Schlag auszuführen. Es ist demnach bei diesem Hammer schon eine weitgehende Steuerbarkeit vorgesehen. Leider verrät die Quelle den Namen des Erbauers nicht.

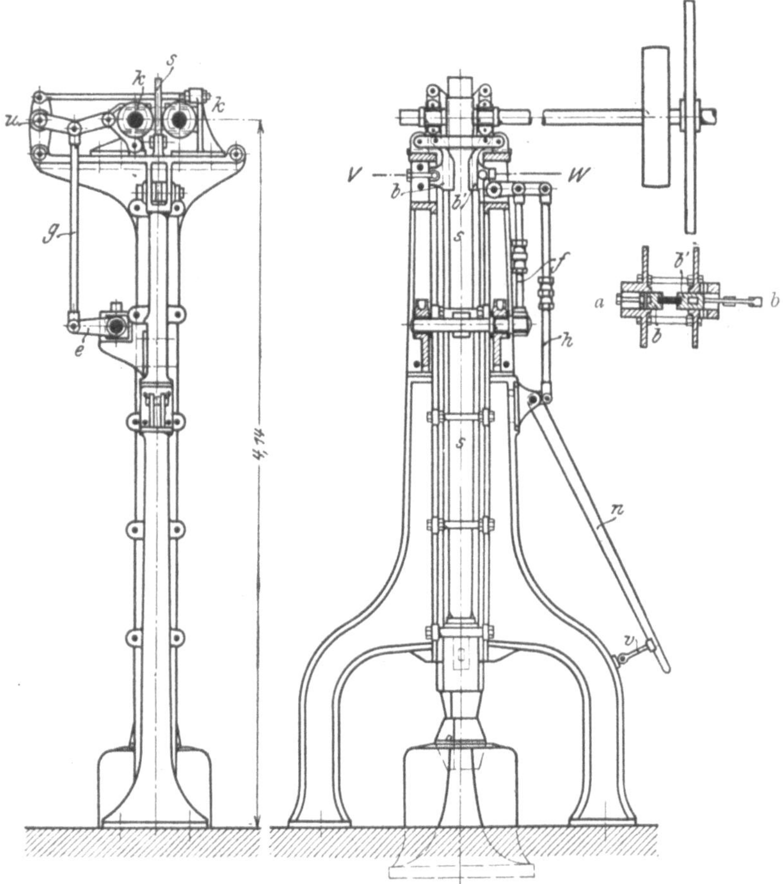

Fig. 17 u. 18. Dirschauer Stangenreibhammer.

12 Jahre später[1]) wurde ein zweiter derartiger Hammer bekanntgegeben, bei welchem Bär und Stange aus einem Stück geschmiedet ist, und das Bärgewicht zu 250 bis 350 kg betragen soll.

Von 1870 ab sind zahlreiche derartige Hämmer aufgetaucht, deren Neuerungen sich hauptsächlich auf die Steuerung bezogen. Hier mögen nur zwei dieser Hämmer herausgehoben werden.

Die Billings & Spencer Co.[2]) bauten für eigenen Gebrauch einen ungewöhnlich großen Hammer.

[1]) Samml. von Zeichn. f. d. Hütte, 1867, Blatt 16.
[2]) The Iron Age, 30. Dez. 1897, m. Abb.

Das Bärgewicht wird zu 1350 kg angegeben, die größte Fallhöhe zu 193 cm, die Hubgeschwindigkeit zu 1,27 m/sek., die Breite der hölzernen Hubstange zu 30 cm. Der Hammer ist auf einer Seite mit Selbststeuerung eingerichtet, auf der anderen Seite mit Sperrhebel versehen, der den Bär schwebend erhält, bis ein Fußtritt ihn fallen macht.

Als zweiten, besonders anzuführenden Hammer nenne ich denjenigen von Max Hasse[1]). Dieser Hammer gleicht äußerlich den sonst bekannten Reibhämmern mit steifer Stange. Neu ist an ihm die Gestalt der Stange, welche nicht überall gleich dick ist, sondern sich nach unten verjüngt, nach Fig. 19. Durch diese gewissermaßen keilförmige Längengestalt gewinnt die Steuerfähigkeit in ähnlichem Grade, wie der Wickelhammer durch die H. Meiersche Einrichtung (S. 8). Es werden die beiden Hubwalzen w wie gewöhnlich gegen die Stange s gedrückt, um diese zu heben, und zwar durch den Handhebel h; die keilförmige Gestalt zwingt aber, um die Walzen w mit s in Fühlung zu halten, den Handhebel in dem Grade weiter zu bewegen, wie die Stange gehoben wird. Zieht der Steuernde die Walzen nur wenig zurück, so fällt der Bär nur wenig, nur wenn die Walzen ganz zurückgezogen werden, erfolgt ein voller Schlag.

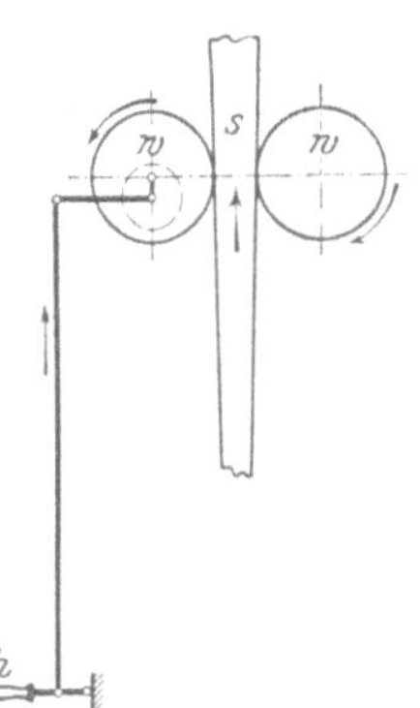

Fig. 19. Stangenreibhammer
(Max Hasse).

Bei der überall gleich dicken Stange erfolgt der ganze Hub, während der Steuerhebel still gehalten wird, und der volle Schlag, wenn die Walzen nur wenig zurückgezogen werden. Bei dem Hasseschen Hammer muß die steuernde Hand der beabsichtigten Bärbewegung folgen, fühlt auch jede etwaige Unregelmäßigkeit der Stange und berücksichtigt sie unwillkürlich. Soll der Hammer vorwiegend zum Gesenkschmieden verwendet werden, so steht nichts im Wege ihn mit einer der gebräuchlichen Vorrichtungen zu versehen, die den Bär längere Zeit schwebend erhält.

Das Anheben des Bärs verursacht, auch beim Stangenreibhammer, einiges Gleiten zwischen Hubrollen und Stange und daher stärkere Abnutzung der Stange an der Stelle, an welcher die Rollen das Heben beginnen. Das ist nicht angenehm.

Die Reibhämmer liefern allgemein eine geringe Schlagzahl; man hat daher da, wo rasches Arbeiten erwünscht ist, die Kurbel herangezogen.

Die zwangläufige Verbindung des Werkzeugs (Gesenk oder Hammerbahn) gefährdet die betr. Maschine, wenn das Werkstück zu dick, oder zu wenig erwärmt ist. Um Brüche der Maschine zu vermeiden, hat man Brechstücke, Federn oder andere Sicherheitsmittel zwischen die Kurbel und das Werkzeug eingeschaltet. Die Federn haben nun in Verbindung mit der Kurbel eine neue Reihe von Schmiedehämmern eröffnet, die sich besonders für rasche Schläge eignet.

Zunächst scheinen Luftfedern angewendet zu sein; soweit mir bekannt ist, wurde der erste Luftfederhammer von Walton[2]) angegeben, und 1867 zeigten Shaw & Iustice ihren Blattfederhammer auf der Pariser Weltausstellung[3]).

---

[1]) D. R. P. Nr. 2685, vom 12. April 1878.
[2]) Dingl. polyt. Journ. 1865, Bd. 176, S. 176, m. Abb.
[3]) Dingl. polyt. Journ. 1868, Bd. 187, S. 192, m. Abb.

Die Feder kommt, im vorliegenden Sinne, nur zur Geltung bei Kurbelbetrieb. Gesetzt, die Kurbel k, Fig. 20, stehe mit dem lotrecht geführten Bär B durch eine unelastische Stange l in Verbindung, so würde vom untern Totpunkte a der Kurbelwarze ab der Bär allmählich beschleunigt, bei der Lage der Warze in b seine größte Geschwindigkeit eingetreten sein und von da bis zum Totpunkte c die Bärgeschwindigkeit bis zu Null abnehmen. Ebenso würde der Lauf sein bei der Weiterdrehung über d nach a zurück. Die Massenwirkung des Bärs würde durch die zwangläufige Bewegung gebunden sein. Anders ist es, wenn man nach Fig. 21 bis 25 der Lenkstange l eine Feder einschaltet. Befindet sich die Kurbelwarze im unteren Totpunkte bei a, Fig. 21, so ist die Feder durch das Gewicht des Bärs B mäßig gestreckt, bis b wird sie stärker gestreckt, wegen der Massenträgheit des Bärs, die beschleunigt werden soll. Es beginnt die Verzögerung. Im oberen Totpunkte, bei c, hat diese den höchsten Grad erreicht. Die Trägheit des Bärs sucht die Feder zusammenzudrücken, das Gewicht des Bärs sie zu strecken. Je nach der Geschwindigkeit herrscht das eine oder andere vor und wird von c, Fig. 23, ab der Fall des Bärs durch die Feder mehr oder weniger gefördert. In der Kurbellage d, Fig. 24, wird die Feder meistens zusammengedrückt sein, so daß der Bär durch sie beschleunigt wird; er würde — nach Fig. 25 — tief nach unten schnellen, wenn nicht das Werkstück dem entgegenträte. Die Schlagstärke hängt ab von der Massenträgheit des Bärs und seiner Geschwindig-

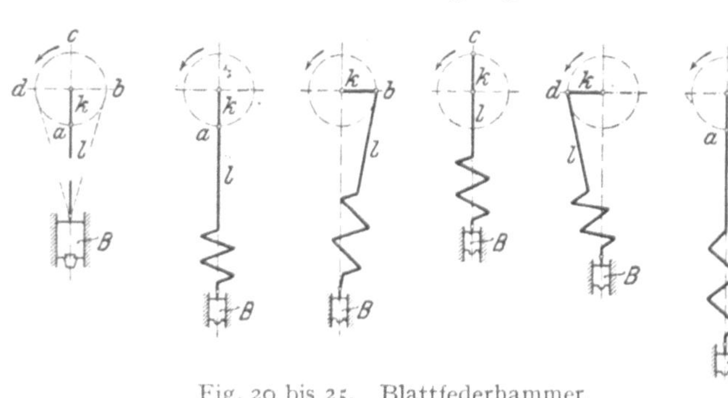

Fig. 20 bis 25.   Blattfederhammer.

keit im Augenblick des Auftreffens, kann also geregelt werden durch Ändern der Drehgeschwindigkeit der Kurbel und der Höhenlage des Werkstückes gegenüber der Kurbel.

Bei den Luftfederhämmern tritt noch als Regelungsmittel das Ein- bzw. Auslassen von Luft diesseits oder jenseits des Kolbens hinzu. Hessenmüller[1] hat als ferneres Regelungsmittel für die Schlagstärke die bei dem Dirschauer Stangenreibhammer (S. 9) schon vorkommenden Bremsbacken angewendet, so daß der Federhammer eine gut zu steuernde Schmiedemaschine geworden ist, die sich — insbesondere für Arbeiten, welche eine rasche Schlagfolge zulassen — sehr beliebt geworden ist.

Weitere Quellen finden sich in der Z. Ver. deutsch. Ing. 1892, S. 1035 und in Herm. Fischer, Die Werkzeugmaschinen, Bd. 1, 2. Aufl. 1905, S. 638 bis 650.

Unter dem 3. Mai 1777 schrieb J. Watt an Boulton[2]: Wilkinson will große Schmiedestücke machen und braucht dazu eine Maschine, um einen Stempel von 15 Zentnern 30 bis 40 mal in der Minute zu heben. Phöbe Webb ist beauftragt, es mit einer kleineren Maschine und einem Stempelhammer von 60 Pfd. Gewicht zu versuchen. Viele solcher Schmiederammen werden gebraucht werden, wenn sie sich bewähren. Wenn man den hier gebrachten Teil des Briefes von 1777 aufmerksam

[1] D. R. P. Nr. 99 895, Z. Ver. deutsch. Ing. 1899, S. 109, m. Abb.
[2] L. Beck, Geschichte des Eisens, Bd. 4, S. 591.

liest, so erwartet man von dem bald folgenden Wattschen Patent[1]), die Darstellung eines Stempelhammers, vielleicht mit einer Einrichtung, den Bär durch Dampf zu heben. Statt dessen gewährt das Patent den gesetzlichen Schutz — außer für *b* andere Einrichtungen — für einen Helmhammer, dessen Helm durch das Ende eines Dampfmaschine-Balanciers gehoben wird, dem sonst die Lenkstange angelenkt ist. Der Hammer unterscheidet sich sonst nicht von einem gewöhnlichen Aufwerfhammer. Erst im Jahre 1806 nahm Deverell ein Patent[2]) auf einen Hammer, bei welchem der Bär an einem Dampfkolben hängt. Der zugehörige Zylinder ist oben geschlossen, so daß die über dem Kolben befindliche Luft beim Heben des Kolbens zusammengedrückt wird, um demnächst Kolben mit Bär nach unten zu schleudern. Die Regelung des Hammerbetriebes ist undeutlich beschrieben; eine Abbildung des Hammers ist nicht beigegeben, weshalb zu bezweifeln ist, daß diese Deverellsche Erfindung überhaupt fördernd auf die Entwicklung des Dampfhammers eingewirkt hat.

Die weitere Entwicklung des Gedankens, den Hammerbär durch Dampf zu heben, oder richtiger die Frage: wer war der erfolgreiche erste Erfinder dieses Hammers, war zunächst unklar, die Nachrichten darüber verworren. Hatten doch 1841 Schneider & Co. in Creuzot ein französisches Patent und 1842 Nasmyth ein englisches Patent für fast denselben Hammer erhalten! Diesen Wirrwarr löste ein Brief Nasmyths vom 22. August 1862, den ich hier im Auszuge wiedergebe[3]). Nasmyth berichtet über die Erfindung des Dampfhammers: Am Sonntag, den 23. November 1838 habe er einen Brief seines Freundes Humphry (damals Ingenieur der Great Western Dampfschiffs-Gesellschaft zu Bristol) erhalten, in welchem dieser ihn um Rat fragte wegen des Schmiedens einer etwa 26 Zoll dicken Ruderradwelle. Mit wendender Post übersandte Nasmyth an Humphry die Skizze eines aus seinen Überlegungen hervorgegangenen Dampfhammers. Es kam der Hammer nicht zur Ausführung, da die Dampfergesellschaft sich entschloß, eine Schraube statt der Ruderräder zu verwenden. Trotz vielfacher Bemühungen gelang es Nasmyth auch sonst nicht, den Hammer zur Ausführung zu bringen und wegen ungünstiger Geschäftslage vermochte er die Kosten einer Patentierung nicht aufzutreiben. In Abwesenheit von Nasmyth besuchten die Herren Schneider und Brurdon von Creuzot das Werk in Patricoft, zu dem Nasmyth gehörte, und sahen dort die Skizzen des Dampfhammers. Als Nasmyth zu Anfang des Jahres 1842 Creuzot besuchte, war er sehr überrascht, dort seinen Hammer arbeitend zu sehen. Bourdon hatte — ohne Nasmyths Wissen — den Hammer bauen und für Frankreich patentieren lassen. Nunmehr nahm Nasmyth das englische Patent[4]). Für die Vereinigten Staaten wurde das Patent — unter Zustimmung von Nasmyth — von Merrick & Sohn in Philadelphia genommen. Man begegnet zuweilen der Ansicht, Cavé habe bereits 1836 ein französisches Patent auf einen Dampfhammer genommen. Es ist allerdings 1836 an Cavé ein Patent erteilt[5]); dieses bezieht sich jedoch auf einen Durchschnitt, oder Lochmaschine, welche durch Dampf betrieben

---

[1]) Engl. Pat. Nr. 1432 vom Jahre 1784.
[2]) Engl. Pat. Nr. 2939 vom Jahre 1806.
[3]) Practical Mechanic's Journal, Okt. 1862; hier nach Z. Ver. deutsch. Ing. 1863, S. 204, m. Abb.
[4]) Engl. Pat. Nr. 9382 vom Jahre 1842.
[5]) Franz. Pat. Nr. 5007 vom 29. Nov. 1836, nach Description des machines et procédés consignée dans les Brevets d'invention, Bd. 45 (Paris 1842).

wird; es ist darin von einem Dampfhammer keine Rede. Erst später[1]) ist ein
Cavéscher Hammer bekannt geworden.

Die nach der Patentschrift Nasmyths angefertigten Fig. 26, 27, 28 zeigen
den Hammer in einer Seitenansicht, einem Mittelschnitt und einer Vorderansicht.
Man sieht zunächst, daß der Dampfzylinder a oben offen ist. Damit der Kolben d
nicht zu hoch steigt, sind nahe dem oberen Rande des Zylinders mehrere Löcher
in der Zylinderwand angebracht, so daß der Dampf dort frei abzuströmen vermag, sobald der Kolben diese Löcher freigibt. Eine fernere Sicherheit gegen zu
hohes Steigen des Bärs soll die Schraubenfeder m bieten. Ein von Hand gesteuerter
Muschelschieber i läßt den Dampf an dem unteren Zylinderende ein- und durch

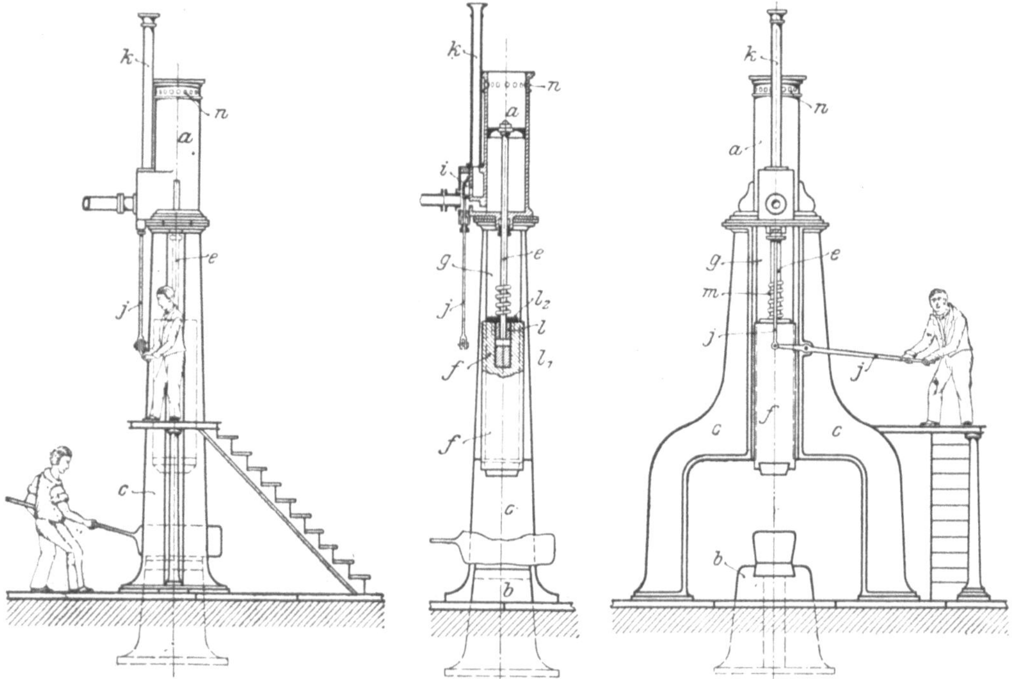

Fig. 26 bis 28. Dampfhammer von Nasmyth (nach der Patentschrift von 1842).

die Röhre k ins Freie austreten. Die Verbindung zwischen Kolbenstange e und Bär f
ist elastisch. Das Hammergestell besteht aus zwei Ständern c, die oben durch eine
Platte verbunden sind, während sie unten auf der Grundplatte aufsitzen; sie dienen
gleichzeitig als Bärführungen. Es ist nur Handsteuerung vorgesehen; der Stand des
Steuermanns ist erhöht. Hammerbahn und Amboßbahn sind auswechselbar.

Der Dampf wird von Nasmyth nur zum Heben des Bärs benutzt.

Für sperrige Werkstücke schlägt Nasmyth vor, den Dampfzylinder an ein Gebälk
zu hängen, dessen Stützen genügend weit vom Amboß angebracht werden können.

Noch vor Erteilung des Patentes an Nasmyth, am 11. Dezember 1841, schloß
die Marienhütte bei Zwickau einen Vertrag mit dem Maschinenbauer Dorning
daselbst[2]) über den Bau eines Dampfhammers, der am 13. Januar 1843 in Betrieb
gesetzt wurde.

---

[1]) Publicat. industrielle 1848, Bd. 6.
[2]) Sächs. Gewerbebl. Nr. 53 von 1843, S. 321.

Der Ingenieur J. Sulzberger der Königin Marienhütte hatte vorher eine Besprechung mit Nasmyth, deren Ergebnis er Dorning mitteilte, woraus man schließen kann, daß der Dorningsche Hammer unter dem Einflusse der Nasmythschen Gedanken entstand. Immerhin kann man sich dem Ausspruche von Hermann Hammer[1]) anschließen:

„Es muß daher allen denjenigen, welche sich um die erste Einführung sowohl, wie auch um die spätere Vervollkommnung dieses so wichtigen Werkzeugs der Metallfabrikation verdient gemacht haben, die vollste Anerkennung der Mit- und Nachwelt gezollt werden."

Der Nasmythsche Hammer vom Jahre 1842 war für Handsteuerung eingerichtet. Um ihm eine größere Zahl von Schlägen nacheinander machen zu lassen, schuf Nasmyth eine sehr sinnreiche Selbststeuerung[2]). Gegen Schluß des Bärhubs stößt eine am Bär feste Nase gegen einen Hebel, wodurch der Dampfzutritt abgesperrt und der Dampfaustritt freigegeben wird. Gleichzeitig öffnet die Schieberstange ein Ventil, welches frischen Dampf hinter einen an der Schieberstange festen Hilfskolben treten läßt. Dieser kann zunächst nicht wirken, weil eine Sperrzunge ihn durch sein Gestänge festhält. Am Bär sitzt, um einen wagerechten Bolzen frei drehbar, ein Hebel, der rechts schwerer ist als links; der linksseitige, etwas abgebogene Arm dieses Hebels steht mit einer, am Hammergestell gelagerten, lotrechten Schiene in Fühlung, die sich nach Art eines Parallellineals verschieben kann und mit jener Sperrzunge in Verbindung steht. Erfolgt der Schlag, so eilt die rechte Seite des Steuerhebels beim Schlage durch Massenträgheit weiter, seine linke Seite drängt die Schiene zurück, wodurch die Sperrzunge ausgelöst wird und der Hilfskolben den Muschelschieber nach unten, zu neuem Bärhub zu schieben vermag. Dadurch, daß mit dem Auftreffen des Hammers das Steuern stattfindet, paßt es sich von selbst der Werkstückdicke an. Die in Rede stehende Nasmythsche Steuerung ermöglichte auch, den Hammer mit verschiedenen Hubhöhen arbeiten zu lassen, indem sie gestattete, den Hebel, der den Dampfzutritt absperrt und den Dampfaustritt vermittelt, während des Arbeitens in seiner Höhenlage zu verändern.

Diese sehr sinnreiche Nasmythsche Steuerung litt an dem großen Fehler, daß die vielen Gelenke des Hebelwerks sich stark abnützten und bald klapperten. Sie wurde trotzdem vielfach verwendet, allerdings indem man das Gestänge zu vereinfachen suchte[3]); sie ist jetzt verschwunden.

In der Londoner Ausstellung von 1862 zeigte Schwarzkopf seinen Schnellhammer mit Oberdampf[4]), bei welchem die Steuerung in einfachster Weise von dem Hub des Bärs abgeleitet wurde. Das war ein kleinerer Hammer, und eine Verschiedenheit der Werkstückdicke durch Heben bzw. Senken des Ambosses berücksichtigt. Gegen 1870, jedenfalls vor 1871[5]) führten Keller & Banning einen Schnellhammer für Donawitz bei Leoben aus, bei welchem die Werkstückdicke durch Ändern der Höhenlage des Steuerhebel-Drehpunktes berücksichtigt wurde. Fig. 29 stellt die Einrichtung in Ansicht dar. An dem Hammerbär sitzt ein Bolzen *e*,

---

[1]) Z. Ver. deutsch. Ing. 1863, S. 208.
[2]) Engl. Pat. Nr. 9850 vom Jahre 1843, S. 5.
[3]) Vgl. Wurm, von 1844, in Prechtl, Technolog. Encyklop. 1850, Bd. 16, S. 109, m. Abb. — John Condie, Engl. Pat. Nr. 11 411 vom Jahre 1846.
[4]) Civilingenieur 1863, S. 269, m. Abb.
[5]) O. Killer, A. Riedler, L. Seeberg, Dampfhämmer, Graz 1871, S. 45, Tafel 21/22.

um welchen die Tasche *b* frei schwingen kann. Die Tasche *b* umschließt das eine Ende des doppelarmigen Steuerhebels *a*, so daß beim Auf- und Niedergehen des Hammerbärs der Steuerhebel *a* um seinen Drehzapfen *d* schwingen muß. Das rechtsliegende zweite Ende des Steuerhebels *a* greift in eine Öffnung der Schieber-

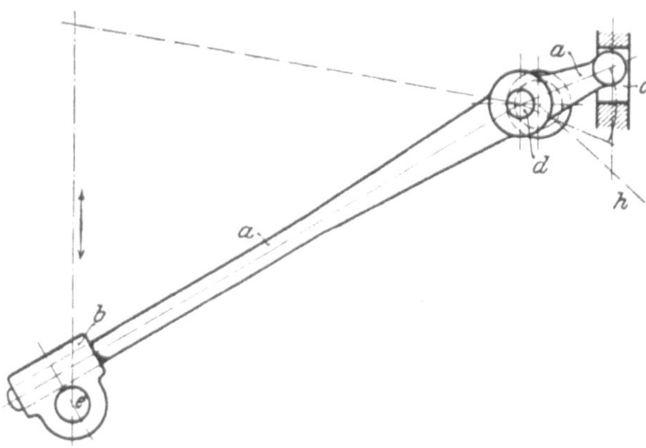

Fig. 29. Schnellhammer von Keller & Banning 1870.

stange *c*. Der Zapfen *d* sitzt außerachsig, am Ende einer liegenden Welle, die man mittels des Handhebels *h* drehen kann, um die Mitte des Zapfens *d* höher oder tiefer zu legen. Der Schlitz der Schieberstange *c*, in welcher der Steuerhebel *a* greift, ist etwas länger, als der Kopf des Steuerhebels verlangt, so daß der Schieber in seinen Endlagen einige Zeit verweilt, also dem Dampfeintritt und -austritt mehr Zeit gewährt wird, als bei zwangläufiger Verbindung des Steuerhebels mit der Schieberstange geboten werden würde. Diese Einrichtung gewährt auch noch andere Möglichkeiten des Steuerns, so daß sie für Schmiedehämmer sehr beliebt geworden ist.

Fast um dieselbe Zeit[1]) trat W. Sellers mit einem Dampfhammer hervor, bei dem eine schräge Nut der Kolbenstange die Steuerung betätigte und das Heben und Senken des Steuerhebel-Drehpunktes durch mehrere Hebel bewirkt wurde.

Vorläufig die Entwicklung der Steuermechanismen verlassend, wende ich mich zu den Mitteln, welche Dampfersparnisse bezwecken.

Der Dampfhammer gilt mit Recht als Dampffresser. Condie suchte[2]) den Dampfverbrauch dadurch einzuschränken, daß er den Dampfeintritt allmählich absperrte und den letzten Teil des Hammerhubs durch Expansion des Dampfes bewirken ließ. Daelen sicherte um 1852[3]) weitgehende Expansion, indem er den, zum Heben des Bärs benutzten Dampf über den Kolben treten ließ und, nach Fig. 30, eine sehr dicke Kolbenstange anwendete, so daß der Dampf oben eine viel größere Kolbenfläche vorfand als unten. Nebenbei wurde der Bau des Hammergerüstes niedriger und standhafter, weil ein großer Teil des Bärgewichtes in die Kolbenstange gelegt war.

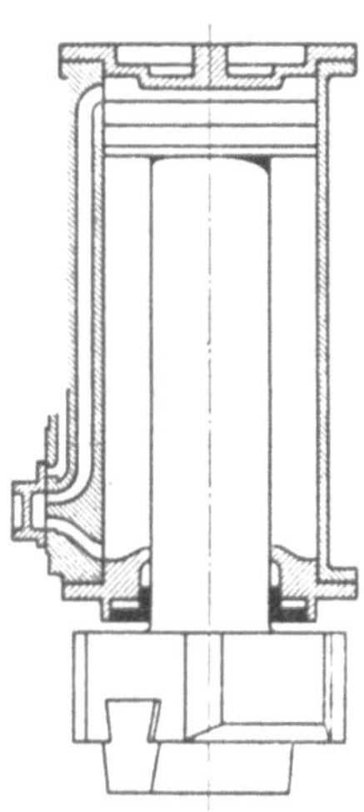

Fig. 30. Dampfhammer von Daelen 1832.

Reinecker[4]) vervollständigte die Dampfexpansion in seinem Verbund-Dampfhammer.

Die Fallbeschleunigung des Bärs, welche Daelen und Reinecker durch die Expansion des Dampfes erreichten, wurde durch frischen Dampf, soweit es sich um

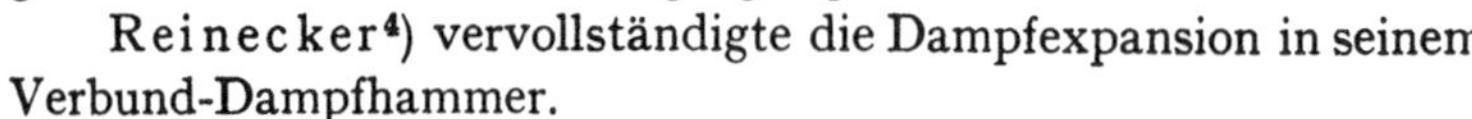

---

1) Dingl. polyt. Journ. 1872, Bd. 205, S. 22, m. Abb.; 1874, Bd. 212, S. 382, m. Abb.
2) Engl. Pat. Nr. 11 411 vom Jahre 1846.
3) Publ. industr. 1858, Bd. 11, S. 3, m. Abb. — Polyt. Centralbl. 1858, S. 567, m. Abb.
4) Z. Ver. deutsch. Ing. 1890, S. 1386, m. Abb. — Dingl. polyt. Journ. 1891, Bd. 279, S. 172, m. Abb.

kleinere Hämmer handelt, hervorgebracht, seit etwa 1855[1]). Die Londoner Ausstellung von 1862 enthielt mehrere hierher gehörende Beispiele. Große Hämmer, mit mehr als 1000 kg Bärgewicht, blieben einfachwirkend.

Hier mag einiges über die Zunahme des Bärgewichtes angeführt werden. Gegen 1860 galt noch ein Hammer mit 12 t Bärgewicht bei 1,80 m Hub als ein großer und ein Kruppscher Hammer mit 35 t Bärgewicht, bei 3,00 m Hub wurde als größter Hammer der Welt bezeichnet[2]). 1874 berichtet Kerpely[3]) über einen 50-t-Hammer in Perm; 7878 zeigten Schneider & Co. in der Pariser Ausstellung einen 70- bis 80-t-Hammer und 1885 Cockerill in der Antwerpener Ausstellung einen solchen von 100 t Bärgewicht. Dieses Gewicht blieb einige Jahre hindurch die obere Grenze; es wurden, von mehreren Stahlwerken (z. B. Rive de Gier, Terni) so große Hämmer beschafft. Krupp hatte inzwischen einen 50-t-Hammer in Betrieb genommen, und es ging das Gerücht, daß er den Bau eines 150-t-Hammers plane, was aber Gerücht blieb. So war es der Bethlehem Iron Co. of Pennsilvania vorbehalten, den größten Dampfhammer der Welt zu bauen[4]). Er wurde 1893 auf der Chikagoer Weltausstellung durch ein in wahrer Größe ausgeführtes Holzmodell zur Anschauung gebracht, wo er eine Art Tor in dem Transportation-Building darstellte. Das Bärgewicht war zu rund 114 t angegeben, der Hub zu 3,34 bis 5 m, die ganze Höhe über Flur zu 22 m.

Es ist seitdem kein größerer oder gleicher Hammer gebaut worden, auch eine Wiederholung seiner Abmessungen nicht zu erwarten.

In bezug auf die Standhaftigkeit des Hammergestells hat man den von Nasmyth gewählten Aufbau zu verbessern gesucht, indem man ihn niedriger machte, d. h. den Schwerpunkt der bewegten Massen weniger hochlegte[5]).

Fig. 31 versinnlicht die gemachten Vorschläge, bei gleichen Fallhöhen. Unter I ist der Nasmyth-Hammer von 1838 schematisch dargestellt, unter II der Condiesche von 1846. Da bei diesem der Dampfzylinder zum Teil als Bär dient, so ist seine Bauhöhe viel geringer als diejenige des Nasmyth-Hammers.

Nillus (III) von 1850[6]), gestaltete den Bär topfartig, so daß dieser über den Dampfzylinder hinweg zu schlüpfen vermochte. Voisin[7]) (IV) legte zwei Dampfzylinder neben die Bahn des Bärs. Ob das je zur Ausführung gekommen ist, weiß ich nicht. Daelen[8]) (V) legte das Bärgewicht zum größten Teil in die dicke Kolbenstange, ebenso Morrison[9]) (VI), welcher außerdem auf eine besondere Bärführung verzichtete. Mit der Voisinschen Bauart ist diejenige von Twaites & Carbut[10]) (VII) verwandt. Sie verlegt den Schwerpunkt der bewegten Massen nahe über die Amboßbahn. Ich entsinne mich, 1894 einen derartigen Hammer in den Werk-

---

[1]) James Nasmyth (engl. Pat. Nr. 10 413 vom Jahre 1844) schlug bereits 1844 vor, auch über den Kolben frischen Dampf treten zu lassen, verquickte den Hammer aber so unglück· lich mit einem Luftpuffer, daß er wohl nie befriedigend gearbeitet hat.

[2]) Mitteil. d. Gewerbever. f. Hannover, 1859, S. 307.

[3]) Kerpely, Fortschr. 1874, S. 338, m. Abb.

[4]) Z. Ver. deutsch. Ing. 1893, S. 1180, m. Abb. — Dingl. polyt. Journ. 1895, Bd. 297, S. 295, m. Abb.

[5]) Z. Ver. deutsch. Ing. 1860, S. 6, m. Abb.

[6]) Z. Ver. deutsch. Ing. 1866, S. 351, m. Abb.

[7]) Z. Ver. deutsch. Ing. 1860, S. 42, m. Abb.

[8]) Publ. industrielle 1858, Bd. 11, Blatt 1.

[9]) Z. Ver. deutsch. Ing. 1865, S. 622, m. Abb.

[10]) Dingl. polyt. Journ. 1862, Bd. 189, S. 93, m. Abb. — Killer, Riedler u. Seeberg, Dampfhämmer, Graz 1871, S. 26/27, m. Abb.

stätten von H. Gruson in Buckau gesehen zu haben. Bezeichnenderweise ist der größte Dampfhammer, derjenige der Bethlehem Works, in der Nasmythschen Bauart ausgeführt.

Zu den Steuerungen zurückkehrend, bemerke ich zunächst, daß die Handsteuerung für die großen Hämmer — über 2 t Bärgewicht — beibehalten worden ist. Einerseits lag ein Bedürfnis für Vergrößerung der Schlagzahl nicht vor, andererseits glaubte man mittels Handsteuerung die gewaltigen Kräfte sicherer lenken zu können. In bezug auf letzteres ist eine Einrichtung des Bethlehem-Hammers bemerkenswert[1]): sie macht den Steuerschieber des Hilfszylinders von der Bewegung des Hauptschiebers derart abhängig, daß ersterer selbsttätig in seine Mittelstellung zurückbewegt wird.

Die großen Dampfhämmer arbeiten ausschließlich mit Unterdampf, d. h. der Dampf hebt nur den Bär und läßt ihn dann fallen, woraus sich ohne weiteres eine geringere Schlagzahl ergibt. Sie dienen vorwiegend hüttenmännischen Zwecken.

Durch Einführung des frischen Oberdampfes (gegen 1855) war die Möglichkeit einer größeren Schlagzahl gegeben, und damit die Anregung zum Erfinden einfacher Selbststeuerung.

Es wurden (S. 15 u.16) bereits die Ausführungsformen von Keller & Banning, sowie von W. Sellers erwähnt. Mit letzterer verwandt sind die von Massey[2]) und die von Schultz & Goebel[3]) angewendeten Einrichtungen. Andere Vervollkommnungen findet man bei einem Dampfhammer von Henkels[4]) und einigen neueren Hämmern[5]).

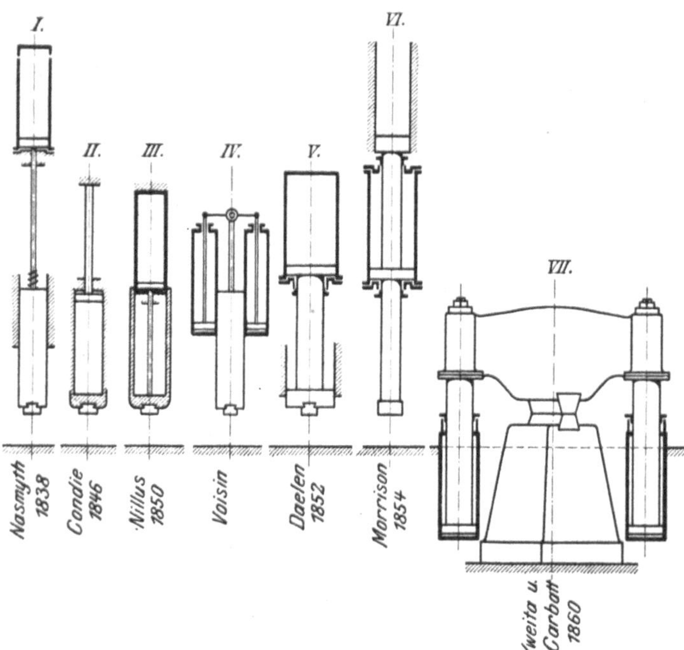

Fig. 31. Bauarten der Dampfhämmer.

Am weitesten gingen, in bezug auf Vereinfachung der Steuerung Schwartzkopf und Brinkmann & Co.[6]), indem sie keinerlei bewegliche Steuerteile verwendeten, sondern den Dampfkolben bzw. die Kolbenstange unmittelbar das

---

[1]) Dingl. polyt. Journ. 1891, Bd. 281, S. 296 bis 297, m. Abb.
[2]) Dingl. polyt. Journ. 1874, Bd. 213, S. 286, m. Abb.
[3]) Dingl. polyt. Journ. 1896, Bd. 299, S. 145, m. Abb.
[4]) Z. Ver. deutsch. Ing. 1886, S. 546, m. Abb.
[5]) Keller & Banning, Ledebur, Mech.-Metallurg. Technolog., 2. Aufl. 1897, S. 302, m. Abb.; z. B. Schulz & Goebel, Prakt. Masch.-Konstr. 1895, S. 148, m. Abb.
[6]) Wiebes Skizzenbuch 1870, Heft 70, Blatt 2. — Z. Ver. deutsch. Ing. 1866, S. 357, ohne Abb. — Karmarsch & Heeren, Techn. Wörterbuch, 3. Aufl. 1877, Bd. 2, S. 526, m. Abb.

Steuern bewirken ließen. Diese Steuerungsart ist für Preßlufthämmer so bedeutungs-
voll geworden, daß berechtigt ist, sie in ihrer ersten Gestalt hier wiederzugeben.
Das Wesen des jedenfalls schon vor 1864 gebauten (in dem Jahre
habe ich ihn bereits im Betrieb gesehen) Schwartzkopfschen
Hammers erkennt man aus der Schnittzeichnung 32. *k* bezeichnet den Dampfkolben, auf dessen, durch die dicke Kolbenstange
ringförmig gewordene Unterfläche stets frischer Dampfdruck
wirkt. In der gezeichneten Lage wird der Kolben angehoben,
während das über ihm Befindliche durch die Auspufföffnung *o*
entweicht. Bald sperrt der emporsteigende Kolben diese Auspufföffnung, so daß über dem Kolben Kompression eintritt, dann
legt der Kolben die untere Öffnung des Kanales *e* frei, läßt damit
frischen Dampf über den Kolben treten. Dieser vernichtet bald
die lebendige Kraft des steigenden Kolbens, da die Oberfläche
des Kolbens erheblich größer ist als dessen untere Fläche, und wirft
den Kolben nebst Hammerbahn nach unten. Der Kolben schließt
den Kanal *e* ab und öffnet die Auspufföffnung *o*, und das Spiel beginnt von neuem. Die Raschheit der Schläge hängt nur von der
Dampfspannung bzw. von der Stellung des Dampfzulaßventils ab.

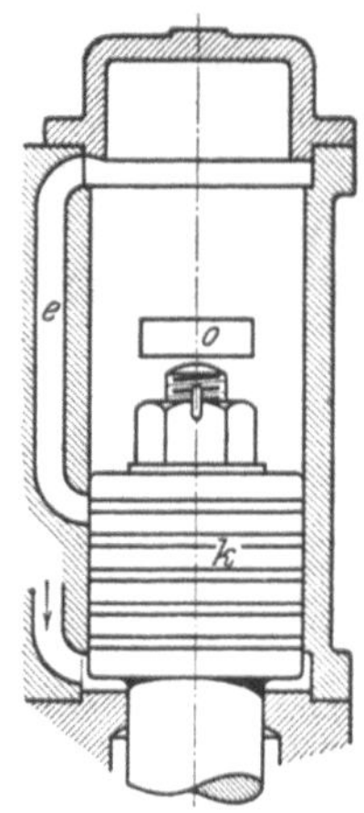

Fig. 32.
Schwartzkopfs
Schnellhammer.

Der Steuerungsverlauf bei dem Brinkmannschen Ham-
mer, Fig. 33, ist folgender: Die dicke Kolbenstange des Kolbens *k* ist mit
zwei Bohrungen *a* und *e* versehen. Erstere führt frischen Dampf unter den Kolben *k*, letzterer den Auspuffdampf ins Freie. Der
frische Dampf tritt in einen im Hammergestell
ausgesparten, ringförmigen Kanal *b* und gelangt —
in der gezeichneten Stellung des Kolbens — durch
a unter den Kolben. Indem dieser steigt, wird der
Dampfzutritt abgeschnitten; der unter dem Kolben
befindliche Dampf expandiert, während der Dampf
über dem Kolben, der zunächst durch den Ring-
kanal *c* und den Auspuffkanal *d* ins Freie ab-
fließen konnte, komprimiert wird. Hat der Dampfkolben etwa seine höchste Lage erreicht, so kommt
das untere Ende des Kanales *e* vor den Ring-
kanal *b*, und das untere Ende des Kanales *a* tritt
mit dem Auspuff *d* in Verbindung, so daß der Kolben *k* Oberdampf erhält, der Unterdampf aber abzuströmen vermag. Nach stattgefundenem Schlage
befindet sich das Ganze wieder in der gezeichneten
Lage, und das Spiel wiederholt sich. Die Häufigkeit
der Schläge wird — wie beim Schwartzkopfschen
Hammer — durch die Dampfspannung geregelt.

Beide hier beschriebene Hämmerarten gestat-
ten eine große minutliche Schlagzahl (nach meiner
Erinnerung 500 bis 600), leiden aber an der
Schwäche, daß sie verhältnismäßig viel Dampf

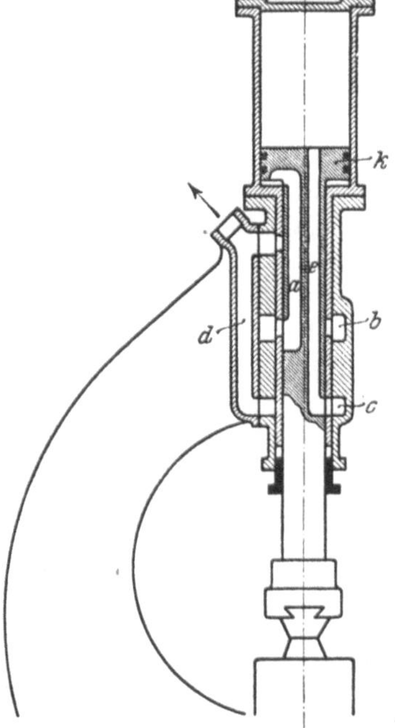

Fig. 33. Brinkmanns Schnellhammer.

verbrauchen, was aus den ungelinderten Dichtungsflächen leicht erklärt werden
kann, zumal durch die Dampfwärme Verzerrungen wahrscheinlich sind.

Als eine Sonderheit unter den Dampfhämmern betrachte ich die Hämmer von Türk[1]), der 1855 erfunden sein soll, und von Farcot[2]). Sie sind mit dicker Kolbenstange versehen. Türk läßt frischen Dampf unter den Kolben treten, um ihn zu heben; dann frischen Dampf über den Kolben treten, ohne dem Unterdampf freien Austritt zu gewähren, um den Bär nach unten zu werfen.

Farcot verwendet zum Heben des Bärs niedriger gespannten Dampf und zum Niederwerfen höher gespannten, frischen Dampf. Einführung haben diese, zu den Wipphämmern (S. 3) zu rechnenden Hämmer nicht gefunden.

Ebensowenig der Dampf-Helmhammer von Revely[3]).

Es ist versucht worden, Leuchtgas[4]), Petroleum[5]) oder Elektrizität[6]) als Treibmittel für Hämmer zu verwenden. Sie haben bisher keine Bedeutung gewonnen. Anders ist es mit der Verwendung gepreßter Luft, welche — wie Leuchtgas — von gemeinsamer Stelle aus an verschiedene Maschinen geliefert wird. Da diese Preßluft nach dem Gebrauch überall ausfließen darf, nicht — wie Dampf — von Niederschlagwasser und hoher Temperatur begleitet ist, so eignet sie sich besser als Dampf für versetzbare Maschinen.

Auf der 1878er Weltausstellung zu Paris[7]) waren zwei Ausführungen von Allens Luftdrucknietmaschine zur Schau gestellt. Die Steuerung wird durch einen Steuerkolben bewirkt, der durch Anstoßen des Arbeitskolbens gegen einen verschiebbaren Bolzen, unter Vermittlung eines Winkelhebels verschoben wird. Das wird bei größerer Schlagzahl bald klapprig werden.

Rizor[8]) verwendete einen Drehschieber, welcher durch eine in dem Arbeitskolben angebrachte Nut betätigt wurde und bei geringer Hubzahl wohl dauerhaft genug sein mag.

J. M. Mac Coy[9]) brachte 1887 einen Preßlufthammer hervor, von dem er minutlich 15 000 Schläge erwartete, dessen Steuerteile aus einem kleinen Kolbenschieber bestanden, der durch Luftdruck betätigt wurde. Der Hammer Mac Coys war so leicht, daß er als Handwerkszeug gehandhabt werden konnte.

Fig. 34 bis 36 stellt die eigenartige Steuerung dieses Hammers in einem Längs- und zwei Querschnitten dar. a bezeichnet den Stiefel des Hammers, b den Arbeitskolben, c eine über a gestülpte Hülle, d die Kolbenstange des Hammers, i den Steuerkolben. Letzterer besteht aus drei in der Bohrung des Kolbens b gut schließenden Scheiben, die mit der sie verbindenden Stange i ein Ganzes bilden. Die Kolben-

---

[1]) Annales des mines, 5. Ser., 8. Band, S. 533, m. Abb.

[2]) Dingl. polyt. Journ., Bd. 152, S. 203, m. Abb.

[3]) Dingl. polyt. Journ. 1865, Bd. 176, S. 88, m. Abb.

[4]) Schrapp & Ferien, D. R. P. Nr. 4008 vom 4. Mai 1878. — J. Robson, Z. Ver. deutsch. Ing. 1887, S. 824, m. Abb. nach The Engineer, Sept. 1886, S. 206. — Robson & Pinkney, Z. Ver. deutsch. Ing. 1888, S. 453, m. Abb. — R. Kannegiesser, D. R. P. Nr. 47 580; Z. Ver. deutsch. Ing. 1889, S. 874, m. Abb. — D. Banki, D. R. P. Nr. 64 379; Z. Ver. deutsch. Ing. 1894, S. 582, m. Abb.

[5]) D. Banki, D. R. P. Nr. 64 175; Z. Ver. deutsch. Ing. 1894, S. 582, m. Abb. — Liekfeld, Die Petroleum- und Benzinmotoren, München u. Leipzig 1894, S. 189, m. Schaubild.

[6]) Gruel, Dingl. polyt. Journ. 1843, Bd. 89, S. 274, m. Abb. — Marcel Deprez, Z. Ver. deutsch. Ing. 1887, S. 489.

[7]) Dingl. polyt. Journ. 1878, Bd. 230, S. 101, m. Abb; 1879, Bd. 231, S. 306, m. Abb.

[8]) D. R. P. Nr. 115 246, Z. Ver. deutsch. Ing. 1901, S. 787. — Glasers Annalen f. Gewerbe u. Bauwesen, Aug. 1898, S. 50, m. Abb.

[9]) Amer. Pat. Nr. 373 746 vom 22. Nov. 1887. — Journ. of the Franklin Inst. 1889, Bd. 78, Nr. 1, m. Abb. — Dingl. polyt. Journ. 1890, Bd. 275, S. 268, m. Abb.

stange *d* ist in dem zweiteiligen Körper *e* abgedichtet und wird hier sowie weiter unten geführt. Im unteren Ende des Werkzeugs findet die Führung des eigentlichen Werkzeugs (Meißel, Punze, Döpper od. dgl.) statt, auf welches die Schläge des Hammers fallen. Durch äußerliche Abflachungen von *a* sind zwischen *a* und *c* zwei Kammern *f* und *g*, Fig. 35 und 36, entstanden; in *f* tritt die Druckluft, aus *g* kann die gebrauchte Luft frei entweichen. Nach stattgehabtem Schlag, Fig. 34 und 35, tritt Druckluft durch Kanal *1* gegen die linke Seite des Steuerkolbens *i*, so daß dieser nach rechts verschoben wird. Dadurch wird Kanal *4* frei, und es strömt Druckluft durch *0* und *6* unter den Arbeitskolben *b*, diesen hebend; die über *b* befindliche Luft entweicht durch *3* und *4* nach *g*; ein Rest dieser Luft dient als Puffer.

Der Steuerkolben *i* kommt vor den Kanal *2*, wird nach links verschoben, deckt *4*, während *5* geöffnet wird (Fig. 36). Es tritt durch *0* und *3* Druckluft über *b*, wirft ihn nach unten, während die unter ihm befindliche Luft durch *6* und *5* entweicht. Bei 3 Atm. Überdruck der Druckluft erzielte man 5000 minutliche Schläge und mehr (statt der von Mac Coy erwarteten 15 000). Obwohl die Steuerung dieses Mac Coyschen Hammers recht umständlich ist, so ist der Mac Coysche Hammer doch vorbildlich geworden, einschließlich des Fehlers, daß er auf das Werkzeug schlägt, da sie einen größeren Hub gestattet als die Steuerung nach Schwartzkopf. Übrigens beruht ein gut Teil der Verbesserungen auf verbilligter Herstellungsweise.

In einer Abhandlung liefert Gérard Lavergne eine Übersicht der verschiedenen Preßlufthämmer[1]), in welcher der Hammer von G. A. Barth als 1888 — also bald nach Mac Coys Hammer — entstandene beschrieben ist. Der Barthsche Hammer enthält keine Steuerkolben, es sorgt der Arbeitskolben für die Steuerung, wie bei dem Brinkmannschen oder dem Schwartzkopfschen Hammer. Ich führe ihn nicht als Bild an, da der Ridgely-Johnsonsche Hammer noch einfacher ist[2]) und daher leichter verstanden wird. Fig. 37 zeigt den Hammer im Längenschnitt. In dem bügelartigen Griff des Hammers liegt das Eintrittsventil der Preßluft. Ist dieses geöffnet, so gelangt die Preßluft durch *r* nach *e* und schleudert den Kolben gegen das in *d* steckende Werkzeug. Zugleich drückt die Preßluft gegen die den Kolben *e* ringförmig umgebende Verdickung, mit dem Bestreben, den Kolben *e* zurückzuziehen, was um so mehr gelingt, als die schrägen, zum Einführen der Luft in *e* dienenden Öffnungen von den Zylinderwandungen abgeschlossen werden. Das Auspuffen der Luft erfolgt, wenn der Hammer seinen Schlag vollzogen hat, durch die Öffnung *o*.

Die Luftdruckhämmer stören durch ihren gewaltigen Lärm; sie schädigen

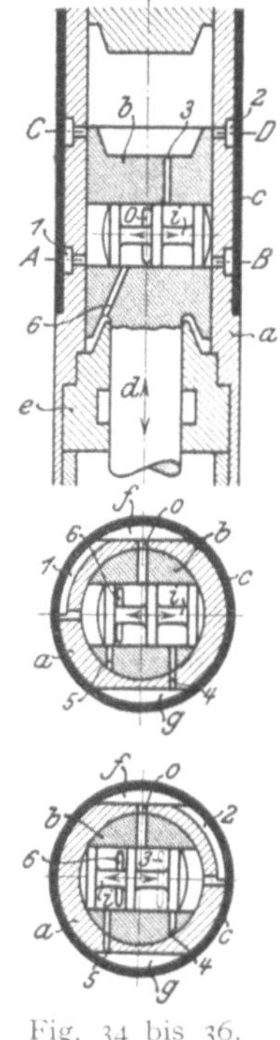

Fig. 34 bis 36. Preßlufthammer von Mac Coy.

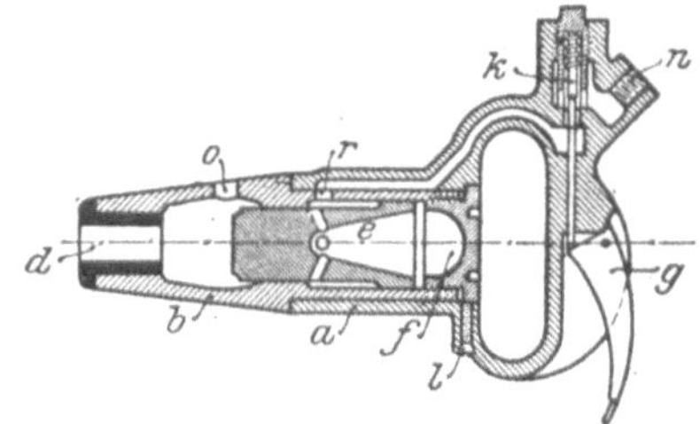

Fig. 37. Preßlufthammer von Ridgely-Johnson.

[1]) Revue industrielle, Aug. 1895, S. 343, m. Abb.; Sept. 1895, S. 353, m. Abb.
[2]) Amerik. Machinist, 9. Juni 1898, m. Abb.

durch Erschütterungen auch die Gesundheit der sie führenden Arbeiter. Man
fügt sie daher vielfach an ein sie stützendes Gestell. Ein Vorschlag von Ridgely
Johnson[1]), die Massenwirkungen durch einen zweiten, in entgegengesetztem
Sinne sich bewegenden kolbenartigen Körper auszugleichen, scheint nicht von Erfolg gewesen zu sein.

Mit der Hammerwirkung ist das Erfordernis, ihr eine stützende Masse entgegen-
zustellen, unbedingt verbunden. Bei kleineren Hämmern kann das Werkstück
selbst die Masse bieten; größere Hämmer bedürfen einer besonderen Stütze durch
eine größere Masse. Je größer die Masse gewählt wird, um so mehr werden die von
dem Hammerschlag herrührenden Erschütterungen gedämpft, gleichzeitig aber
steigern sich auch die aufzuwendenden Kosten. Das ist der Grund, welcher dem
Versuch, immer größere Hämmer zu bauen, eine Grenze setzte. Die alten Wasser-
hämmer arbeiteten mit geringen Hubhöhen und Hammergewichten, ihnen genügte
der schwere, auf den Amboßstock gesetzte Amboß. Als dann die schweren Hämmer
in Aufnahme kamen, entschloß man sich, das Amboßgewicht zu teilen, gab dem
eigentlichen Amboß einen Unteramboß oder Schawatte und vergrößerte die elastische
Unterlage: den Amboßstock, man mischte schließlich einen Teil des Unterambosses
mit den elastischen Teilen der Unterlage (Bethlehem works, gegen 1890, die
Pfahlspitzen reichten bis 22 m unter den Fußboden).

Auf der großen Pariser Ausstellung von 1867 zeigte Ramsbottom zwei
Hämmer, welche ohne Amboß waren[2]), statt dessen je zwei in wagerechten Bahnen
einander begegnende Hämmer enthielten, und so die Schwierigkeiten der Amboß-
stützung scheinbar in einfachster Weise lösten. Es folgten wenig Beschreibungen
dieser Hämmer, aber einige Verbesserungen[3]), die aber die Hammerart auch nicht
zu beleben vermochten. In einer amerikanischen Quelle[4]), welcher ich die Fig. 38
entnehme, wird berichtet über the Horwich Shops of the Lancashire & York-
shire Railway und dabei ein liegender Hammer mit zwei sich begegnenden Bären
dargestellt. In Fig. 38 erblickt man die zwei auf Rollen laufenden, mächtigen Bären;
hinter jedem befindet sich ein Dampfzylinder, dessen Kolbenstange den zugehörigen
Bär gegen das Werkstück treibt, welches mit seinem Wagen auf quer zur Hammerbahn liegenden Schienen verschoben und um seine Achse gedreht werden kann.

Der Hammer bedarf zweifellos besonders sorgfältiger Bedienung, wenn das
Leben der bedienenden Mannschaften nicht gefährdet werden soll.

Auf der Grenze zwischen stoßend oder schlagend wirkenden Schmiedemaschinen
und solchen, welche durch ruhigen Druck wirken, steht die Spindelpresse oder das
Stoßwerk (auch Anwurf oder Balancier genannt, welche 1645 von Driot als Münz-
prägemaschine erfunden sein soll. Sie hat — namentlich in Frankreich — in Bijou-
teriefabriken ausgedehnte Verwendung gefunden und wird noch heute zum Stanzen
und Prägen (z. B. in Stahlfederfabriken) viel benutzt. Zum Prägen von Münzen
ist die Spindelpresse durch die Uhlhornsche Maschine verdrängt, welche durch
Kniehebel wirkt und viel Ähnlichkeit mit der Dinglerschen Buchdruckpresse hat.

Die Schmiedemaschine von Ryder[5]) ist für das Fertigschmieden von Bolzen
bestimmt, an einer liegenden Welle sitzen 5 Exzenter, welche mittels Lenkstangen

---

[1]) Amerik. Machinist, 9. Juni 1898, m. Abb.
[2]) Killer, Riedler, Seeberg, Dampfhämmer, Graz 1871, S. 58, m. Abb.
[3]) Le sénechal, D. R. P. Nr. 2652 vom 22. Jan. 1878. — Meatyard, D. R. P. Nr. 29 129.
[4]) Amerik. Machinist, Sept. 1898, S. 648/20, m. Abb.
[5]) Engl. Pat. vom Febr. 1841. — Dingl. polyt. Journ. 1842, Bd. 84, S. 95, m. Abb.

auf ebenso viele, lotrecht geführte Stempel wirken, deren untere Enden zu Gesenken ausgebildet sind. Unter diesen Gesenken befinden sich einstellbare Untergesenke. Das erste in der Reihe dieser Untergesenke ist federnd nachgiebig gestützt. Es soll das Werkstück zuerst aufnehmen. Die folgenden Gesenke sind so eingestellt, daß sie das Werkstück seiner Vollendung allmählich entgegenführen. Diese Maschine war einst sehr beliebt, um Rundeisen genaues Dickenmaß zu geben; sie ist jetzt fast verschwunden, weil sie brach, wenn das Werkstück zu dick, oder zu wenig erhitzt war. Ihr Gebiet ist von den Federhämmern (S. 12 u. 16) oder Schnellhämmern aufgenommen.

Es sind manche sinnreiche Schmiedemaschinen gebaut worden, die auf der Kraftübersetzung durch Kurbel- oder Hebelübersetzung beruhen[1]), ja, es sind

Fig. 38. Liegende amerikanische Hämmer um 1898.

Meisterwerke darunter. Jede einzelne Presse ist so eng ihrem besonderen Zweck angepaßt, daß allgemeine Gesichtspunkte kaum hervortreten. Sie leiden durchweg an dem Übelstande des zwangläufigen Wegs des Werkzeugs.

---

[1]) Hufeisenmaschine: Stocker, Engl. Pat., 14. April 1835; Dingl. polyt. Journ. 1836, Bd. 61, S. 255, m. Abb. Desgl. Jevans, Engl. Pat., Okt. 1835, Dingl. polyt. Journ. 1836, Bd. 62, S. 203, m. Abb. — Schmieden der Muttern: Lorenz, Mutterschmieden, Z. Ver. deutsch. Ing. 1880, S. 314, m. Abb. Desgl. Vincent & Leblanc, Dingl. polyt. Journ. 1879, Bd. 232, S. 7, m. Abb. Desgl. Flander, D. R. P. Nr. 1086 vom 11. Sept. 1877. Desgl. Sayn, Dingl. polyt. Journ. 1879, Bd. 231, S. 496, m. Abb. Desgl. Kettler & Vogel, D. R. P. Nr. 1948 vom 19. Juli 1877. — Schmieden der Bolzen: Vincent & Leblanc, Dingl. polyt. Journ. 1879, Bd. 232, S. 399, m. Abb. Desgl. Massey, Dingl. polyt. Journ. 1878, Bd. 229, S. 502, m. Abb. Desgl. H. Simon, D. R. P. Nr. 1084 vom 31. Aug. 1877, Dingl. polyt. Journ. 1879, Bd. 232, S. 402, m. Abb. — Zum Gesenkschmieden: C. C. Tylor, Amerik. Machinist, Jan. 1896, S. 96/22, m. Abb.; Werkstad Techn. 1907, S. 345, m. Abb.; Hasenclever, D. R. P. Nr. 168 254. — Zur Kopfbildung an Nietbolzen: Haley, Publ. industr. (1847), Bd. 5, S. 77, m. Abb.; Wöhlert, Z. Ver. deutsch. Ing. 1858, S. 118, m. Abb.; De Bergue & Co., Civiling. 1863, S. 218, m. Abb.; Gouin & Co., Publ. industr. 1864, Bd. 15, S. 207, m. Abb., Blatt 18.

Der Hammer beendigt seinen Weg, nachdem die in ihm aufgespeicherte lebendige Kraft verbraucht worden ist. Es ist daher die Regelung des Hammerschlags nur im Rohen nötig; was der eine Schlag nicht erreicht, ergänzt ein zweiter usf. Nur, wenn die Kraft des Schlages ganz ungenügend ist, oder viel zu groß, so entstehen Unzuträglichkeiten. Bei der zwangläufigen Bewegung des schmiedenden Werkzeugs wird die volle, beabsichtigte Wegesstrecke erzwungen, unbekümmert um die Größe der Widerstände. Es kann daher der Fall eintreten, daß das Werkstück den Raum zwischen den Werkzeugflächen nur unvollständig ausfüllt, oder der andere Grenzfall, daß die Widerstände zu groß ausfallen, so daß ein Bruch eintritt. Es gehören hierher nicht allein die S. 22 u. 23 angezogenen Schmiedemaschinen, sondern auch die Walzen. Sie fordern sorgfältige Vorbehandlung der Werkstücke.

Gegen 1860 übernahm Haswell, der Direktor der Wiener Maschinenfabrik der k. k. priv. Österreich. Staats-Eisenbahn-Gesellschaft, auf Bestellung des Herrn Mayr, Hüttenbesitzer in Leoben, eine neue Schmiedemaschine auf Grund eines anderen Druckübersetzers zu bauen. Die Maschine kam im Juli 1861 in Betrieb und arbeitete bis Ende 1861 in der Wiener Maschinenfabrik. Wegen des Erfolges baute diese eine zweite solche Maschine für eigenen Bedarf[1]). Haswel benutzte als Druckübersetzer die 1795 von Brahma erfundene[2]) Wasserdruckpresse. Es ist von mehreren Seiten behauptet worden, es sei die Wasserdruckpresse gegen 1663 von Blaise Pascal erfunden worden, aus dessen Buch[3]), welches schlecht gedruckt ist, kann ich nur den hierauf sich beziehenden Satz finden:

„So man in der Wand eines sonst von allen Seiten geschlossenen, mit Wasser gefüllten Gefäßes zwei Öffnungen anbringt, von denen die eine 100 mal größer ist als die andere, diese Öffnungen mit genau passenden Kolben versieht und den kleinen Kolben durch 1 Mann verschieben läßt, so erhält man die Kraft von 100 Männern."

Am Rande steht, gewissermaßen als Überschrift:

„Neue Form der Maschine zum vervielfältigen der Drucke."

Eine Darstellung dieser Maschine enthält das sonst an Abbildungen reiche Buch nicht.

Man kann aus den angeführten Worten schließen, daß Blaise Pascal schon vor 1663 die Wasserdruckpresse vorgeschwebt hat. Von hier bis zur praktischen Verwertung des Gedankens ist aber noch ein weiter Schritt, der Brahma vorbehalten war, dem 1795 die Wasserdruck-Packpresse patentiert wurde und der, 2 Jahre später, die Bleiröhrenpresse erfand. Die Wasserdruckpresse wurde dann vielfach für mannigfache Zwecke verwendet, aber erst 1860 von Haswell dem Gesenkschmieden dienstbar gemacht.

Der Wasserdruck ändert sich von selbst nicht, auch ist der Weg des Werkzeugs nicht beschränkt. Es ist daher, bei Benutzung des Wasserdrucks für Schmiedezwecke eine gute Regelung nötig.

Die 1795 an Brahma patentierte Packpresse war mit einer Handpumpe versehen. Das erleichtert die Einführung der Presse, indem man — je nach dem gewünschten Pressendruck — den Arbeiter sich in verschiedenem Grade anstrengen lassen kann. Indes wurde auch für Handpumpen das Bedürfnis bald fühlbar, durch geeignete Einrichtung die Menschenkraft dem verlangten leichter anpassen

---

[1]) Z. Ver. deutsch. Ing. 1863, S. 288, m. Abb., aber unvollst. Beschreibung.
[2]) Engl. Pat. Nr. 2045 vom 30. April 1795.
[3]) Traites de L'equilibre des Liqueurs, Paris 1663, Kap. II, S. 6 (Göttinger Bibliothek).

zu können. Zu nennen sind: Änderung des Hebelverhältnisses des Pumpenschwengels[1] (Montgolfier), desgleichen zwei nach Wahl zu benutzende Kolben, wunderbarer Vorschlag Brahma - Spiller[2], mehrere ineinander steckende, verschieden dicke Kolben, welche nach Bedarf in Betrieb genommen werden[3]. Man hat auch mehrere, verschieden dicke Kolben nebeneinander angeordnet[4], deren Saugventile mit zunehmendem Druck nacheinander selbsttätig ausgehoben werden.

Wenn jeder Presse eine besondere Preßpumpe zugewiesen ist, so kann man durch diese Mittel den Pressendruck den Anforderungen der jedesmaligen Pressung anpassen. Anders ist es, wenn von einer Pumpstelle aus eine Zahl von Pressen versorgt werden sollen. Alsdann muß das Druckwasser gemeinsam erzeugt und durch Steuerungsmittel der Druck des Wassers so weit vermindert werden, wie die einzelne Arbeit verlangt. Die gemeinsame Pumpstelle liefert das Druckwasser an einen Speicher ab, der eigentümlicherweise vielfach Akkumulator genannt wird, von dem aus die Verteilung des Druckwassers stattfindet. Zuerst wurde dieser Arbeitsspeicher von Alban vorgeschlagen[5]. Vielleicht wurde der Albansche Speicher von seiner Zeit nicht verstanden, jedenfalls wenig beachtet; es war Prött & Seelhoff vorbehalten, viel später den Albanschen Speicher — verbessert — zur Geltung zu bringen[6]. Der Alban - Pröttsche Speicher besteht in einem geräumigen Windkessel, dessen Luftinhalt auf der erforderlichen Spannung erhalten wird. Rascheren Erfolg hatte Armstrongs Akkumulator von 1843[7]. Eine Abbildung des Armstrongschen Akkumulators bringt Rühlmann nicht, begnügt sich vielmehr mit der Angabe im Fußvermerk[8]:

„Gewöhnlich besteht ein solcher Akkumulator aus einem senkrecht stehenden Zylinder, in welchen ein mit mächtigen Gewichten belasteter Kolben (dicht, wie bei einer Pumpe) taucht."

Die betreffende Presse entnimmt dem Zylinder das Preßwasser, die Preßpumpe drückt es unter den Kolben des Speichers, diesen nötigenfalls hebend. Es wird angegeben, daß die Pressung des Wassers in der Regel etwa 50 Atm. betrage (ich habe zu Anfang der 60er Jahre, für Tabakpressen, 600 Atm. verwendet). Bei Einschaltung eines solchen Druckwasserspeichers hat die Preßpumpe stets den gleichen Widerstand zu überwinden und wird den Pressen stets Wasser gleicher Spannungen liefern. Man kann zwar durch ändernde Belastung des Armstrongschen Speichers andere Wasserspannungen hervorbringen. Das ist aber umständlich. Leichter würde das Ändern der Wasserspannung bei dem Alban - Pröttschen Speicher zu erreichen sein, es wird davon aber kaum Gebrauch gemacht. Der Heinrichsche Speicher[9] und der diesem fast gleiche Böhmesche[10] sind Druckübersetzer, wie Naylors Vorrichtung[11].

[1]) Annales industr. Exposit. 1819, Bd. 4, S. 132, m. Abb. Hiernach Rühlmann, Allgem. Maschinenlehre 1865, Bd. 2, S. 268, m. Abb.

[2]) Dingl. polyt. Journ. 1826, Bd. 20, S. 217, m. Abb.

[3]) Prechtl, Techn. Encycl., Bd. 11 (1841), S. 201, m. Abb. — Karmarsch & Heeren, Techn. Wörterbuch, 2. Aufl. (1856), Bd. 2, S. 291, m. Abb. Auch für Maschinenbetrieb.

[4]) Mitteil. d. Gewerbever. f. Hannover 1863, S. 273, m. Abb.

[5]) Dingl. polyt. Journ. 1829, Bd. 32, S. 73, m. Abb.

[6]) D. R. P. Nr. 43 434 vom 31. Aug. 1887. — Herm. Fischer, Werkzeugm. 1904, 2. Aufl., Bd. 1, S. 671, m. Abb.

[7]) Rühlmann, Mitteil. d. Gewerbever. f. Hannover 1864, S. 223.

[8]) Rühlmann, Allgem. Maschinenlehre 1862, Bd. 1, S. 360.

[9]) Dingl. polyt. Journ. 1880, Bd. 235, S. 185, m. Abb.

[10]) Z. Ver. deutsch. Ing. 1887, S. 359, m. Abb.

[11]) Z. Ver. deutsch. Ing. 1900, S. 1801, m. Abb.

Fig. 39 zeigt letztere im Schnitt. An einem Balken d sitzen drei nach unten gerichtete gleiche Tauchkolben a, b, c und ein nach oben gerichteter desgleichen e. Schickt man unter a, b und c Druckwasser einfacher Spannung, so liefert e die dreifache, beaufschlagt man nur a und c, so erhält man bei e die doppelte und beaufschlagt man nur b, so erhält man bei e die einfache Spannung. Die Naylorsche Vorrichtung gestattet also für die Presse drei verschiedene Wasserspannungen zu verwenden. Da jedoch die druckaufnehmenden Kolben nebeneinander sitzen, so bedürfen sie guter Führung, um Klemmungen, welche durch zufällige Verschiedenheiten verursacht werden könnten, zu verhüten.

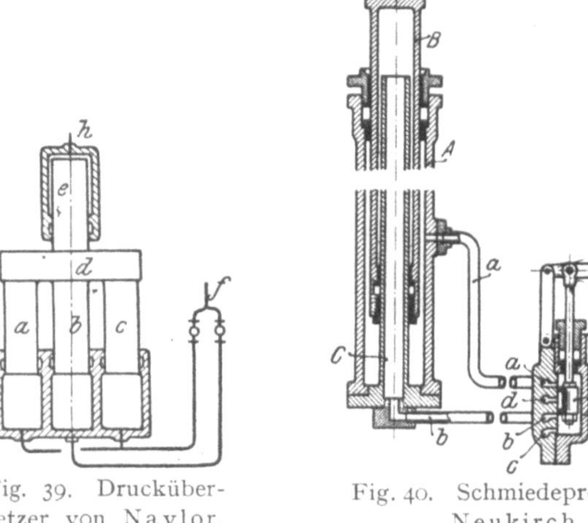

Fig. 39. Druckübersetzer von Naylor.

Fig. 40. Schmiedepresse von Neukirch.

Neukirch legt verschiedene Kolbenquerschnitte ineinander, so daß ihre Achsen zusammenfallen[1]).

Der Preßkolben B, Fig. 40, ist hohl; man hat ihn über einen festen Zylinder C gestülpt, er steckt verschieblich in einem weiteren Zylinder A. Man kann nun durch eine Höhlung in C, mittels der Röhre b, Preßwasser in B treten lassen, oder mittels der Röhre a in A. Wählt man den äußeren Durchmesser von C so, daß er sich zum äußern Durchmesser von B wie $\sqrt{1/3}$ zu 1 verhält, so verhalten sich die Querschnitte den kreisförmigen Flächen wie 1 zu 3, d. h. wenn man nur Preßwasser durch b einführt, der Druck auf B nur $1/_3$ des Gesamtdruckes beträgt, wenn nur a Preßwasser liefert, der Druck auf B $2/_3$ desjenigen Druckes ist, der durch gleichzeitiges Wirken von b und a entsteht. Es bietet also die Neukirchsche Einrichtung die Möglichkeit, $1/_3$, $2/_3$ oder die Summe beider zu benutzen. Wenn aber das Preßwasser nur durch b eintritt, so muß auch durch a Wasser eintreten, um den zugehörigen Raum gefüllt zu erhalten. Dieses Wasser kann niedrigen Druck haben und wird von Neukirch durch die Röhre d einem höher belegenen, offenen Behälter entnommen. Neukirch stellt nun einen Steuerkasten neben die Presse, dem die genannten Röhren und die Zuflußröhre c für Preßwasser angeschlossen sind und welcher mit einem Muschelschieber D versehen ist. Diesem Muschelschieber kann man mittels eines Handhebels drei verschiedene Höhenlagen geben, deren Wirkung durch die Fig. 41 bis 43, die in größeren Maßstab gezeichnet sind, leicht erkannt werden kann. Fig. 43 zeigt den Schieber D in tiefster Lage, das Druckwasser tritt nur in a, während b mit d in freier Verbindung stehen. Fig. 41 zeigt die höchste Lage des Schiebers D, das Druckwasser tritt nur in b,

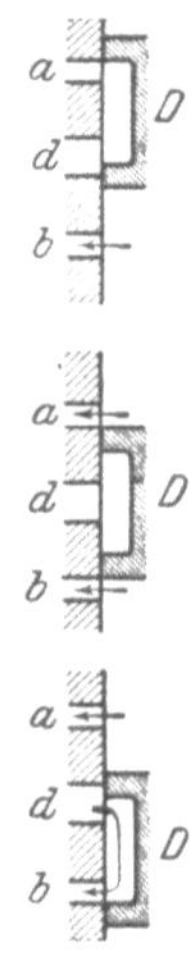

Fig. 41 bis 43. Steuerung von Neukirch.

---

[1]) D. R. P. Nr. 36 580; Z. Ver. deutsch. Ing. 1886, S. 964, m. Abb.

während *a* mit *d* verbunden sind. Endlich zeigt Fig. 42 die mittlere Stellung von *D*, sowohl *a* wie *b* erhalten Druckwasser, *d* ist tot gelegt. Es genügt also die Einstellung des Schiebers *D* bzw. seines Handhebels, um — je nach Bedarf — $^1/_3$, $^2/_3$ oder den größten Druck hervorzubringen. Es ist schade, daß man beim Übergang von $^1/_3$ auf $^2/_3$, wenn auch nur vorübergehend, den größten Druck zulassen muß.

Fritz Baare[1]) wählt ebenfalls die Dreiteilung des Gesamtdruckes, steckt jedoch die beiden Kolben nicht ineinander, sondern legt sie hintereinander, so daß sie einen gemeinsamen, vollen Körper bilden. Die Patentschrift erwähnt nicht, wie das Steuern stattfinden soll.

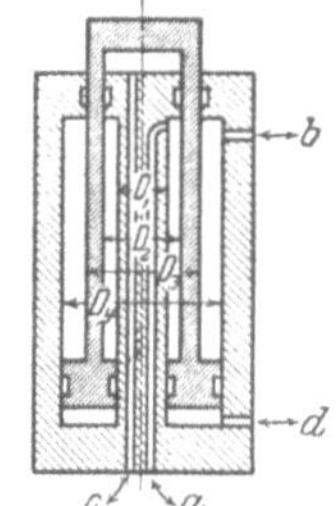

Fig. 44.
Schmiedepresse
von Haniel
& Lueg.

Die Abstufung: $^1/_3$, $^2/_3$ und Volldruck befriedigt nur bescheidene Ansprüche an die Druckregelung. Haniel & Lueg[2]) haben durch eigenartiges Ineinanderschachteln der Kolben und teilweisen Rückdruck 12 Stufen erreicht[3]). Nach Fig. 44 sind 4 Kolbendurchmesser D_1, D_2, D_3 und D_4 vorhanden, die teilweise ringförmige Druckflächen bieten, denen durch die Kanäle *a*, *b*, *c* und *d* Druckwasser zugeführt wird; die Druckflächen liegen zum Teil entgegengesetzt, so daß die Drücke sich zum Teil aufheben. Wenn man das Verhältnis der Kolbendurchmesser nach der Reihe $\sqrt{3} : \sqrt{4} : \sqrt{9} : \sqrt{11}$ wählt, so liefern die mit *a* usw. verbundenen Druckflächen in der gewollten Richtung die Drücke:

$$
\begin{aligned}
c - a - b &= 4 - 1 - 2 = 1 & d - a &\qquad = 8 - 1 & &= 7 \\
c - b &\quad = 4 - 2 \quad = 2 & d &\qquad = 8 & &= 8 \\
c - a &\quad = 4 - 1 \quad = 3 & c + d - a - b &= 4 + 8 - 1 - 2 = 9 \\
c &\quad = 4 \qquad = 4 & c + d - b &\qquad = 4 + 8 - 2 & &= 10 \\
d - a - b &= 8 - 1 - 2 = 5 & c + d - a &\qquad = 4 + 8 - 1 & &= 11 \\
d - b &\quad = 8 - 2 \quad = 6 & c + d &\qquad = 4 + 8 & &= 12
\end{aligned}
$$

Die Ausführung dieser sinnreichen Anordnung sowie deren Benutzung dürfte erhebliche, praktische Schwierigkeiten bieten. Mir ist nicht bekannt, ob irgendwo und wie diese Schwierigkeiten gehoben worden sind. Mich veranlaßte der in der Haniel & Luegschen Einrichtung zuerst hervortretende Gedanke, gewissermaßen durch negative Drücke die Zahl der Druckstufen zu vergrößern, zur Anführung der Einrichtung.

Einige andere, dem vorliegenden Zweck dienende Kolbenzusammenstellungen beschreibt Ernst in ihrer Anwendung auf Hebezeuge[4]).

Was nun die bequeme Benutzung der veränderlichen Druckflächengrößen, die Steuerung, anbelangt, so geht schon aus der hier gegebenen Beschreibung der Neukirchschen Einrichtung hervor, daß die Aufgabe keine leichte ist. Nicht allein ist das Druckwasser zuzulassen, und dem gebrauchten Wasser Abfluß zu gewähren, sondern auch das Füllwasser für die leergehenden Druckflächen gleichzeitig ebenso zu berücksichtigen, und zwar ohne besonderes Denken seitens des bedienenden Arbeiters vorauszusetzen. Die angewendeten Mittel sind teils dem allgemeinen Maschinenbau entnommen, teils den andern Zwecken dienenden Wasserdruckpressen

---

[1]) D. R. P. Nr. 45 323 vom 19. April 1888.
[2]) D. R. P. Nr. 39 694; Z. Ver. deutsch. Ing. 1887, S. 896, m. Abb.
[3]) Z. Ver. deutsch. Ing. 1888, S. 943, m. Abb.
[4]) Z. Ver. deutsch. Ing. 1891, S. 610 ff., S. 641, S. 656, S. 686, m. Abb.

und bestehen in zwangläufiger Verbindung von Ventilen, Schiebern bzw. Hähnen. Insbesondere sind am Ende des 19. Jahrhunderts die Kolbenschieber — für Nietmaschinen — sehr in Aufnahme gekommen. Das zwangsläufige Ineinandergreifen der diese Steuerungsmittel betätigenden Mechanismen hat zuweilen zu verwickelten Anordnungen geführt, die von deren Anwendung abschreckten oder gar deren Beseitigung veranlaßten. Den eigentlichen Schmiedemaschinen gab man besondere Pumpen und regelte diese, um zutreffende Pressendrücke zu erhalten. Die richtige Benutzung der verschiedenen Preßkolben-Querschnitte spart, wie leicht zu ersehen, auch an Antriebsarbeit. Letzteres kann aber auch erreicht werden dadurch, daß man den Weg des Druckkolbens, soweit er unter dem Druck des Preßwassers stattfindet, möglichst klein macht.

Auf dem Wege bis zum Angriff des Werkzeugs begegnen dem Preßkolben nur geringe Reibungswiderstände. Haswell läßt bei seiner 1863 veröffentlichten Presse diese durch das Gewicht des Preßkolbens G überwinden, nachdem der über der großen Nonne P, Fig. 45, angebrachte Rückzugskolben außer Druck gesetzt ist. Hiervon wird bei vielen späteren Ausführungen Gebrauch gemacht.

Whitworth[1] läßt den Arbeitskolben, welcher sich nur um den Arbeitsweg verschiebt, von unten nach oben drücken und bewegt die Stützfläche durch einen kleineren Kolben. Nachdem diese das Werkstück berührt, wird sie festgestellt.

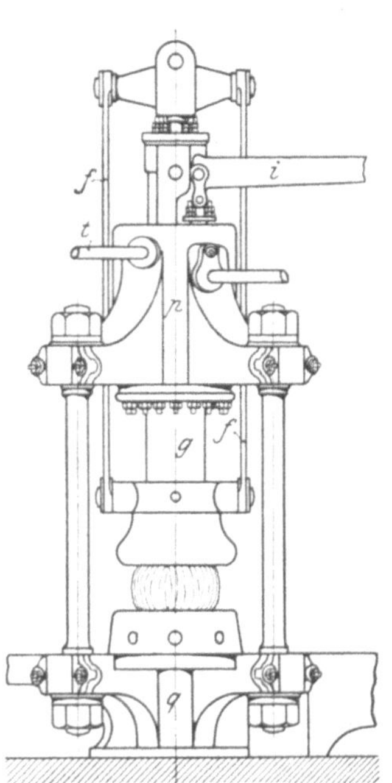

Fig. 45. Schmiedepresse von Haswell 1863.

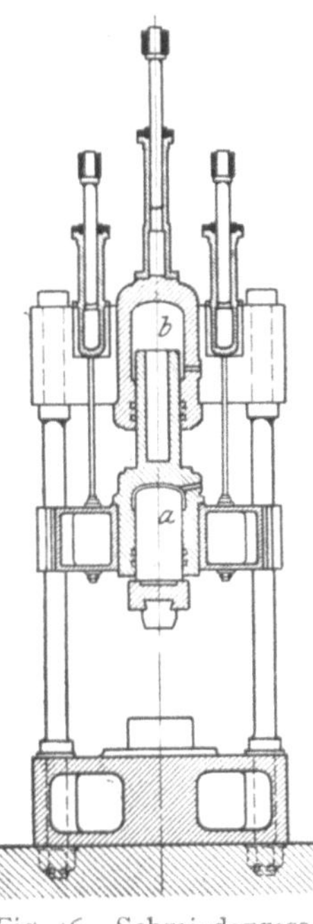

Fig. 46. Schmiedepresse von Trappen.

Trappen[2] legt, nach Fig. 46, die Nonne A des Arbeitskolbens in ein durch zwei kleinere Kolben zu hebendes, bzw. zu senkendes Querstück, um mit geringem Druckwasserverbrauch das Werkzeug mit dem Werkstück in Fühlung zu bringen. Die Nonne B nimmt dabei Füllwasser auf.

Da nicht selten eine Reihe gleichdicker Werkstücke zu bearbeiten ist, dürfte sowohl die Whitworthsche als auch die Trappensche Schmiedepresse Ersparnisse liefern.

Ein Druckwasserbetrieb von Breuer, Schumacher & Co.[3], der ursprünglich für eine Schere bestimmt war, hat auch für Schmiedepressen Bedeutung erlangt. Der Preßkolben mit Werkzeug sinkt vermöge des eigenen Gewichtes auf das Werkstück, aus einem Behälter Füllwasser nachsaugend. Nunmehr tritt ein Dampfkolben

---

[1] Dingl. polyt. Journ. 1877, Bd. 225, S. 423, m. Abb.
[2] D. R. P. Nr. 53 225 vom 14. Dez. 1889.
[3] D. R. P. Nr. 37 917 vom 21. Mai 1886.

in Tätigkeit, dessen Kolbenstange, als Mönchskolben wirkend, entsprechend höheren Druck über dem Preßkolben hervorruft. Am Schluß der Pressung ziehen zwei Dampfkolben den Preßkolben zurück, wobei das Preßwasser in jenes Gefäß zurückgedrückt wird.

Fig. 47 wird die Steuerung genügend erkennen lassen. Die Röhre c führt den Dampf zu dem Steuerschieber b; das ist ein gewöhnlicher Röhrenschieber, der durch den Handhebel a betätigt wird und in höchster Lage den Dampf durch d unter die Rückzugskolben gelangen läßt, während der im Zylinder A gebrauchte Dampf bei f auspufft. Mit dem Handhebel a ist ein oben liegender Hebel i verbunden, der das Ventil g öffnet und aus dem Gefäß h Wasser in den Pumpenstiefel C gelangen läßt. Bei tiefster Stellung des Röhrenschiebers b entweicht der Dampf der Rückzugskolben, und es tritt frischer Dampf unter den im Zylinder A spielenden Kolben, dessen Stange B als Mönchskolben dient, das vorher angesaugte Wasser, durch l, über den Preßkolben tritt, der nunmehr seine Arbeit verrichtet.

In der Mittelstellung des Schiebers b konnte schon der Dampf aus den Rückzugzylindern entweichen, das Ventil g war noch offen, so daß Füllwasser aus h durch l über den Preßkolben

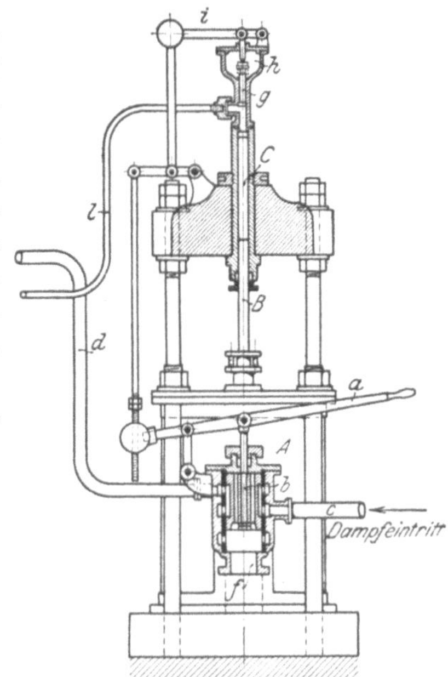

Fig. 47. Schmiedepresse von Breuer, Schumacher & Co.

treten, dieser also sich frei senken konnte; sobald der Steuerhebel a ganz nach unten gedrückt ist, ist das Ventil g geschlossen. Diese sinnreiche Zusammenstellung — die Patentnehmer nennen sie „Druckübersetzer" — ist einfach zu bedienen, legt den Steuerschieber außerhalb des hochgespannten Wassers und läßt den Hub des Preßkolbens in sinnfälliger Weise begrenzen, da der Schmied selbstverständlich den Handhebel a in der Hand behält, und gehört deshalb zu den gelungensten Lösungen der vorliegenden Aufgabe.

Spätere Patente[1]) betreffen die Ausbildung für Sonderzwecke.

In anderer Weise ist die vorliegende Aufgabe von Haniel & Lueg gelöst[2]). Fig. 48 stellt deren Presse schematisch dar. Sie gehört zu denjenigen Schmiedepressen, die mit eigener Preßpumpe versehen sind. a bezeichnet den durch Dampf nach unten zu treibenden Kolben, b den Pumpenkolben, c den Preßkolben, welcher mit dem Querstück f und dem Werkzeug verbunden ist. Das Querstück f hängt

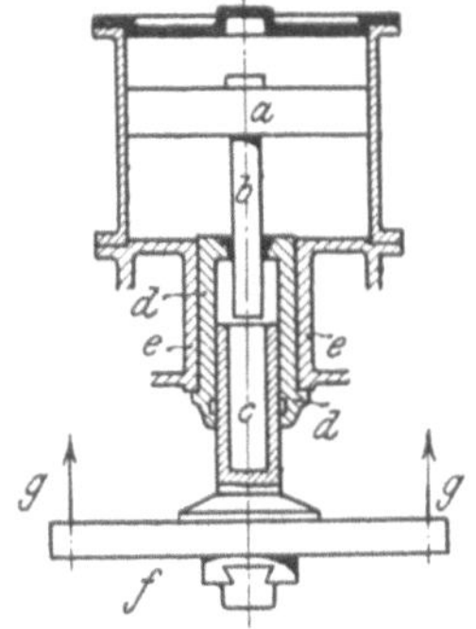

Fig. 48. Schmiedepresse von Haniel & Lueg.

bei $g g$ an zwei Dampfkolben. Läßt man Dampf über den Kolben a, so dringt der Kolben b in das Wasser der Nonne d, die im Maschinenständer e festsitzt. Der Preßkolben c senkt sich mit dem Querstück f und dem an diesem befestigten Werkzeug,

---

[1]) D. R. P. Nr. 43 774, 44 709, 52 559.
[2]) D. R. P. Nr. 65 811 vom 18. Sept. 1891.

dieses auf das Werkstück drückend. Sperrt man den Dampf von *a* ab, so heben die beiden seitlichen Dampfkolben das Querstück *f* nebst Preßkolben *c* und dieser hebt mit Hilfe von *b* den Dampfkolben *a*. An den Stangen der beiden seitlichen Dampfkolben sitzen Mönchskolben, welche beim Aufgange etwas Wasser in die Nonne *d* drücken, so daß beim folgenden Spiel des Kolbens *a* Querstück *f* und Werkzeug etwas tiefer vordringen. Das wiederholt sich, bis die Pressung im beabsichtigten Grade vollzogen ist. Darin liegt ein treffliches Mittel, um den Weg des Werkzeugs gegenüber dem Werkstück zu begrenzen. Das Senken des Querstücks *c* nebst Zubehör erfolgt durch dessen Gewicht, während Füllwasser durch die Saugventile der seitlichen Pumpen in die Nonne *d* nachfließt. Spätere Patente von Haniel & Lueg[1]).

Bei der bemerkenswerten 5000-t-Presse von Fielding & Platt[2]) ist ein Querstück in anderer Weise zur Aufnahme des Werkzeugs eingerichtet. Das Senken dieses Querstücks und Zuführen des Füllwassers bietet nichts Neues. Bemerkenswert ist, daß 3 Preßkolben nebeneinander liegen.

Davys Schmiedepresse[3]) darf hier nicht vergessen werden. Sie ist mit eigener Dampfpumpe versehen; ihre Steuerung geschieht also durch diese. Während das das Werkzeug enthaltende Querstück durch eigenes Gewicht niedersinkt, wird von einem hochgelegenen Behälter Füllwasser hinter die Preßkolben geleitet, sobald die Pumpe in Betrieb gesetzt wird, schließen selbsttätige Klappen diesen Zufluß.

Andere Anordnungen beschreibt R. M. Daelen[4]).

Dem Wesen nach ist der Druckübersetzer von Otto Philipp[5]) ähnlich. In Fig. 49 bezeichnet *d* die Nonne des Preßkolbens *c*. Über ihr ist der Zylinder des treibenden Kolbens *a* aufgestellt. Von einem seitlich belegenen Schieberkasten aus wird niedrig gespanntes Wasser über bzw. unter *a* geführt. Die Kolbenstange *b* ist hohl, eine feststehende Röhre *h* steckt darin und ist durch eine Stopfbüchse abgedichtet. Am unteren Ende von *b* sitzt ein Bund, der das Heben von *c* vermittelt. Innerhalb von *b* ist ein durch eine Feder getragenes Ventil angebracht. *c* sinkt vermöge seines Gewichts, wenn *a* und *b* nach unten gehen; Füllwasser fließt von *i* durch *h* und *b* nach. Sobald aber *c* größerem Widerstand begegnet, so schließt sich das in *b* befindliche Ventil und *c* wird kräftig nach unten gedrückt.

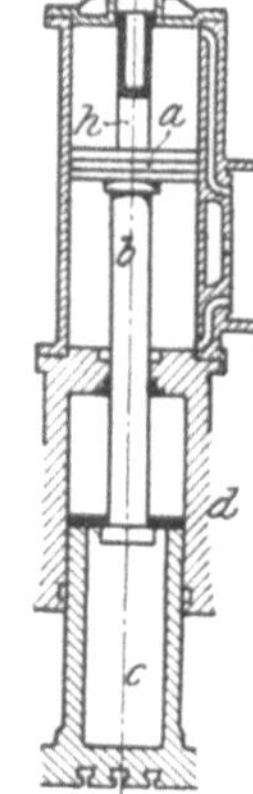

Fig. 49.
Druckübersetzer von
Otto Philipp.

Das ist der Stand der Schmiedepresse gegen Ende des 19. Jahrhunderts.

Die Einführung der Schmiedepressen begegnete vielen Vorurteilen. Noch im Jahre 1897 konnte Bendix Meyer[6]) der Ansicht entgegentreten, es eigne sich die Schmiedepresse nicht zum Ersatz der Luppenhämmer. Auch die Ansicht, es arbeite die Schmiedepresse langsamer als der Hammer, leiste weniger als letzterer, hörte man vor etwa 30 Jahren vielfach aussprechen. Dabei wurde übersehen, daß der Kolben der Schmiedepresse sich zwar mit geringerer Geschwindigkeit als der Bär des Dampfhammers bewege, aber auch — bei verständiger Anordnung und

[1]) D. R. P. Nr. 130 951, 153 570.
[2]) Engineering, Mai 1885, S. 573, m. Abb.; Z. Ver. deutsch. Ing. 1886, S. 451, m. Abb.
[3]) D. R. P. Nr. 34 273, Z. Ver. deutsch. Ing. 1886, S. 487, m. Abb.
[4]) Stahl u. Eisen, 1892, S. 57 ff., m. Abb.
[5]) Z. Ver. deutsch. Ing. 1903, S. 508, m. Abb.
[6]) Stahl u. Eisen, 1897, Nr. 7.

Handhabung — viel kürzere Wege als letzterer zu durchlaufen hat. Heute dürfte allgemein die Schmiedepresse, namentlich für schwerere Arbeiten,. als mindestens dem Hammer ebenbürtig anerkannt werden. Dampfhämmer mit mehr als 10 t Bärgewicht werden nicht mehr gebaut, sondern es tritt die Schmiedepresse an deren Stelle.

Die Nieter oder Nietmaschinen bilden eine Sonderheit der Schmiedemaschinen. Sie sind in erster Linie zur Bildung des Schließkopfes bestimmt, kommen aber seit 1886[1]) auch zum Erzeugen beider Köpfe in Frage. Bis gegen 1840 wurden die Nietungen ausschließlich durch Handhämmer vollzogen, und zwar in grundsätzlich anderer Weise als die Nietmaschine arbeitet. Der Handhammer trifft in immer neuer Richtung auf den Nietschaft, jeder Schlag bildet eine neue Fläche, die kleiner ist, als der Querschnitt des Nietschaftes, ein Stauchen des letzteren ist daher ausgeschlossen. Zum Schluß wird ein Gesenk, der Düpper oder Schellhammer angewendet, welcher den Nietkopf glättet. Würde man versuchen, diese Handarbeit durch eine Maschine nachzuahmen, so würde man eine sehr verwickelte Maschine, die praktisch unbrauchbar wäre, bauen müssen. Bei sämtlichen Nietmaschinen wird das Gesenk in einfachem Weg gegen den entsprechend gestützten Nietschaft gedrückt, staucht dessen Ende, wodurch die Projektion der mit dem Werkzeug in Berührung befindlichen Fläche sich vergrößert, staucht also auch den Schaft, soweit er im Blech steckt und gibt dadurch Veranlassung der Gratbildung zwischen Blechen, wenn diese nicht fest aufeinander gedrückt werden. Der Grat macht aber das nachträgliche Dichten der Fuge durch Verstemmen unmöglich. Es erfordert daher die Nietmaschine, wenn sie dichte Fugen liefern soll, das Zusammenpressen der Bleche während des Nietens. Nur fest sein sollende Nietverbindungen können diese Vorsicht entbehren. Ich habe erst in einer 1853 erschienenen Abhandlung von Armengaud dem Älteren[2]) diesen Gesichtspunkt berücksichtigt gefunden. Armengaud begleitet seine Worte mit der Fig. 50. *A* bezeichnet darin die Stütze für den ersten Nietkopf *a*, *b* den fertigen Nietkopf, den der Stempel *B* gebildet hat und *C* eine Röhre, deren unterer Rand die Bleche gegen den ersten Nietkopf drückt, den Blechschluß hervorbringt.

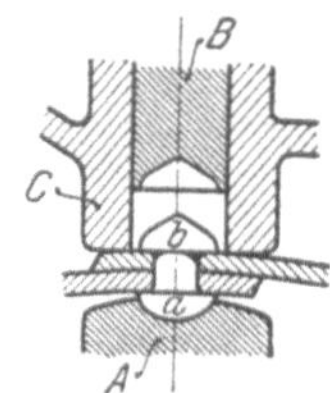

Fig. 50. Nietmaschine von Armengaud.

Die erste Nietmaschine, die veröffentlicht wurde, dürfte die von Fairlairn sein[3]). Ein hufeisenförmiges Gestell, dessen Schenkel nach oben gerichtet sind, enthält an dem einen Schenkel den Gegenhalter, an dem gegenüberliegenden die Führung eines das Kopfgesenk, das sog. Schelleisen, tragenden, wagerecht verschiebbaren Bolzens, der dem kürzeren Schenkel eines kräftigen Winkelhebels angelenkt ist. Der längere Schenkel dieses Winkelhebels ruht mittels Rolle auf dem Daumen einer liegenden Welle. Der Nieter ist ohne Blechschluß.

Solche Nieter, bei welchen der Stempel oder das Schelleisen durch Daumen, Exzenter und Hebel betätigt werden, sind in einiger Zahl gebaut. Sie leiden an dem Übelstande, daß sie einerseits gegen zu großen Druck gesichert werden müssen, andererseits gelegentlich unvollständige Nietung liefern. Dem begegnet Garforth[4]), indem er das Schelleisen an das freie Ende einer liegenden Dampfkolbenstange be-

<hr>

1) Jacobi, Dingl. polyt. Journ. 1886, Bd. 260, S. 17, m. Abb.
2) Public. industr., Bd. 8, S. 186, m. Abb.
3) Public. industr. 1841, Bd. 1, S. 406, m. Abb.
4) Dingl. polyt. Journ. 1847, Bd. 103, S. 9, m. Abb.

festigt und einen oder nach Bedarf mehrere Schläge geben läßt, also die Nietmaschine zu einer Art Dampfhammer macht.

Lebrun[1]) verschiebt das Schelleisen durch eine Schraubenspindel, welche Reibrollen antreiben. Tweddel entschloß sich, Wasserdruck anzuwenden[2]). Es sind in der Quelle zwei Nieter abgebildet und beschrieben, nämlich ein standfester und ein versetzbarer, beide ohne Blechschluß. Bei ersterem sitzt das Schelleisen in der Achse des Druckwasserkolbens und dessen Nonne macht die Arbeitsstelle für manche Werkstücke unzugänglich. Bei dem versetzbaren ist dieser Übelstand in folgender, durch die schematische Fig. 51 versinnlichter Weise beseitigt. Gegenhalter und Schelleisen sitzen in den Enden zweier doppelarmiger Hebel g und k; die an den kurzen Schenkeln dieser Hebel sitzenden Werkzeuge sind für dickere, die anderen für dünnere Nieten bestimmt. Zwei Stangen b enthalten den Drehbolzen für g und dienen zur Führung des Preßkolbens a, welcher den Drehbolzen des Hebels k enthält. Die durch diese Anordnung gewonnene Zugänglichkeit zum Werkstück w dürfte aus Fig. 51 ohne weiteres zu erkennen sein.

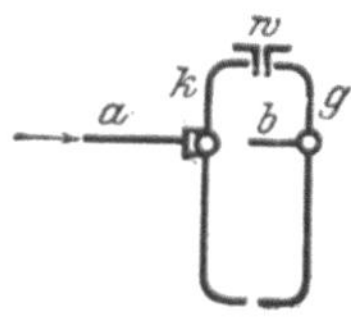
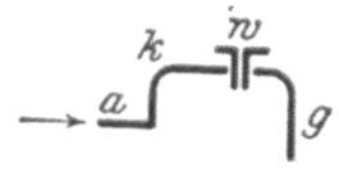

Fig. 51. Nietmaschine von Tweddel.

Bald darauf wurde eine von Tweddel entworfene, von Fielding & Platt ausgeführte standfeste Nietmaschine veröffentlicht[3]). Sie ist mit Blechschluß versehen, kann 100 bis 150 t Druck ausüben und enthält eine Neuerung, welche allgemeine Einführung gefunden hat. Diese Neuerung besteht darin, daß die Achse des Schelleisens k, Fig. 51, seitwärts von der Achse des Druckkolbens a liegt, zum Zweck, die Zugänglichkeit zum Werkstück zu verbessern. Diese Neuerung bedingt eine gute, kräftige Führung des Preßkolbens. Sie ist trotzdem in mannigfachen Ausbildungsformen Allgemeingut geworden.

Die angezogene Tweddelsche Maschine enthält auch eine Vorrichtung, um den Rückgang des Druckkolbens auf das notwendige Maß zu beschränken. Das hat für Nietmaschinen, angesichts deren an sich kleinen Kolbenbewegung für das Ersparen von Druckwasser ziemliche Bedeutung.

Fig. 52. Nietmaschine von Eltringham & Keen.

Regelmäßig sind die Niete vorher mit einem der Köpfe versehen, so daß der Nieter nur den Schließkopf zu bilden hat. Es ist jedoch auch mit einigem Erfolg versucht, beide Köpfe durch die Nietmaschine erzeugen zu lassen. Jacobi[4]) bedeckte dasjenige Ende des noch kopflosen Stifts, welches zunächst außer Bearbeitung bleiben sollte, mit einer Kappe und ließ den ersten Kopf durch den Gegenhalter erzeugen, nahm dann die Kappe hinweg, um durch das Schelleisen den Schließkopf bilden zu lassen. Andere suchten das Auswechseln der Kappe auf verschiedene Weise zu sparen. Bemerkenswert ist der Vorschlag von J. E. Eltringham & Keen[5]). In Fig. 52 bezeichnet a das Schelleisen, c eine Art Blechschlußring, dessen Kolben d unter Wasserdruck steht, b den gewöhnlichen Gegenhalter. Dieser und der Blechschlußring c ersetzen die Jacobische Kappe.

---

[1]) Public. industr. 1879, Bd. 25, S. 552, m. Abb.
[2]) Public. industr. 1878, Bd. 24, S. 280 m. Abb.
[3]) The Engineer, Juli 1855, S. 82, m. Abb. u. Aug. 1885, S. 111, m. Abb.
[4]) Dingl. polyt. Journ. 1886, Bd. 260, S. 17, m. Abb.
[5]) Engl. Pat. 18 021 vom 19. Dez. 1888.

Nachdem der eine Kopf gebildet ist, wird der Druck des Schelleisens *a* so vergrößert, daß der Blechschlußring *c* ausweicht und der Schließkopf an dem Gegenhalter *b* sich bildet.

Der Kolben *d* des Blechschlußringes *c*, Fig. 52, beeinträchtigt die Zugänglichkeit. Schönbach[1]) hat deshalb — außer manchen anderen Verbesserungen — den Blechschlußring des Gegenhalters auch außerachsig zu seinem Kolben gelegt. Schönbach erkannte auch, daß der zweite Blechschlußring gestatte, das vorher mit einem Kopf versehene Niet von der entgegengesetzten Seite einzustecken, also — beim Nieten geschlossener Trommeln — die grausame Aufgabe des Jungen, zwischen der Wand und dem Gegenhalterarm das glühende Niet in sein Loch zu stecken, vermieden wurde.

Es sind solche Maschinen bis zu 4,8 m Ausladung gebaut.

Man hat auch für Werkstätten, welche mit Druckluftleitung versehen sind, Nieter für Druckluft gebaut, indem man, um den nötigen Druck hervorzubringen, einen Kniehebel einschaltete[2]) oder einen Druckübersetzer oder einen Drucklufthammer verwendete, wie sie S. 21 u. 30 beschrieben sind. Wegen des kurzen Schlags dieser Hämmer wirken sie nicht tief und sind deshalb für nur fest sein sollende Nietverbindungen zulässig; sie sind als versetzbare Nieter beliebt.

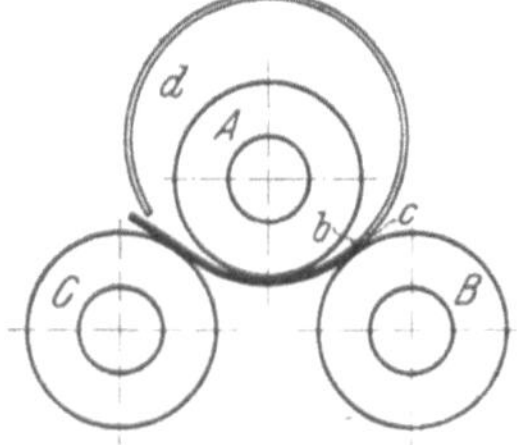

Fig. 53. Blechbiegmaschine von John Ford 1815.

Es ist auch vorgeschlagen, die Nieter elektrisch anzutreiben. Bedeutung haben die betr. Maschinen bisher nicht gewonnen, weshalb ich mich auf die Angabe einiger Quellen beschränke[3]).

L. Beck gibt an[4]):

„Die erste Blechbiegemaschine, ein Walzwerk mit 3 Zylindern erfand John Ford 1815."

Man findet in dem etwa 1819 erschienenen großen Werk von Rees[5]) die Abbildung, Fig. 53, was die L. Becksche Angabe zu bestätigen scheint. Zwei Walzen *B C* liegen nebeneinander, eine dritte *A* so darüber, daß das hindurchgeführte Blech *a b c d* eine Krümmung erfährt.

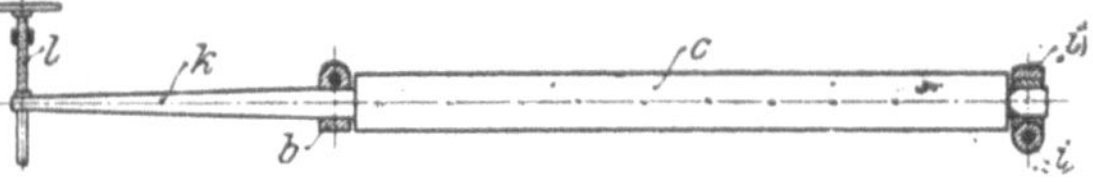

Fig. 54. Blechbiegemaschine von Hilles & Johnes Co.

Von erheblichen Verbesserungen verlautete jahrelang nichts, bis die Hilles & Johnes Co. mit ihrer neuen Blechbiegemaschine[6]) hervortrat. Bis hierher pflegte man, wenn die Bleche ganz zusammengebogen waren (*a b d*, Fig. 53), die obere Walze mit dem Blech aus der Maschine zu nehmen und die Walze aus dem Werkstück zu ziehen. Die Hilles & Johnes Co. lagerte nun die obere Walze nach Fig. 54 einerseits in einem ausschwenkbaren Lager *i i*, andererseits in einem nur wenig schwenkbaren Lager *b*, versah die Walze mit einem Schwanz *k* und brachte eine Schraube *l* an, die man über *k* schwenken konnte, um *k* niederzudrücken. War das Blech zusammengebogen,

[1]) D. R. P. Nr. 46 948 u. 63 454; Z. Ver. deutsch. Ing. 1893, S. 390, m. Abb.

[2]) Allen, The Engineer, Jan. 1887, S. 35, m. Abb.

[3]) Dingl. polyt. Journ. 1884, Bd. 252, S. 260, m. Abb.; The Engineer, Juni 1887, S. 446, m. Abb.; Dingl. polyt. Journ. 1888, Bd. 267, S. 582, m. Abb.

[4]) Geschichte des Eisens, Bd. 4, S. 152.

[5]) Rees, Cyclopädie, Bd. 27, Tafel Bd. 4, Schlagwort: Plated Manufacture.

[6]) Iron, Juli 1890, S. 27, m. Schaubild.

so zog l entsprechend an, schwenkte man i aus, um das Blechverhältnis mäßig leicht abziehen zu können. Diese Einrichtung hat sich rasch eingeführt und wird jetzt — in mannigfachen Einzeldurchbildungen — allgemein angewendet. Für große Bleche ist die liegende Anordnung der Walzen unhandlich, die stehende[1]) bequemer. Hier kann man die Mittelwalze vom zusammengebogenen Blech durch Herausziehen der Walze freimachen.

Erwähnt möge noch der Tweddelsche Vorschlag werden[2]), nach dem, für schwere Bleche, das stetige Biegen durch Walzen ersetzt werden soll durch absatzweises Biegen mittels Wasserdruckpresse.

Über Geschichtliches sonstiger Schmiedemaschinen zu berichten, fehlt es mir an Stoff und Arbeitsfreudigkeit. Manches enthält mein Buch: „Die Werkzeugmaschine"[3]).

Ich bin müde; im Jahre 1861 erschien meine erste technisch-wissenschaftliche Abhandlung[4]); ihr sind viele gefolgt.

Über Geschichte der Werkzeuge und Werkzeugmaschinen schrieb ich:

1882, Bd. 246, S. 6 ff. von Dingl. polyt. Journ. über Sandformmaschinen.

1885, S. 197 ff. d. Z. Ver. deutsch. Ing. über das Schneiden der Schraubengewinde.

1895, S. 1097 d. Z. Ver. deutsch. Ing. zur Entwicklungsgeschichte der Drehbank.

1898, S. 733 d. Z. Ver. deutsch. Ing. über Stahlwechsel.

1906, S. 473 d. Z. Ver. deutsch. Ing. über Fräser.

1912, S. 301 ff. d. Werkstatttechnik, über Stahl- und Werkstückswechsel.

1909, S. 176 bis 181 d. „Beiträge" über Holzhobel- und Holzfräsmaschinen.

1911, S. 61 bis 78 d. „Beiträge" über Sägen.

1912, S. 274 bis 305 d. „Beiträge" über Bohrer und Bohrmaschinen.

1913, S. 73 bis 122 d. „Beiträge" über Führungen, Metallhobeln, grenzlehren, Stemmmaschinen.

Das sind Beiträge zur Geschichte der Werkzeugmaschinen, die, um eine wirkliche Geschichte der Werkzeuge und Werkzeugmaschinen zu liefern, der Vervollständigung und teilweise der Berichtigung bedürfen. Möge sich bald eine berufene Feder finden, die solch schwere, aber auch verdienstvolle Arbeit unternimmt!

---

[1]) The Engineer, Aug. 1881, S. 83; Febr. 1882, S. 115, m. Abb.

[2]) Amer. Machin., 21. Juni 1894, S. 3, m. Schaubild. Engineering, Okt. 1894, S. 477, m. Schaubild.

[3]) Herm. Fischer, Die Werkzeugmasch., 2. Aufl. 1904.

[4]) Zeitschr. d. Archit. u. Ing.-Ver. f. Hannover 1861, S. 406.

Beiträge zur älteren Geschichte der Leuchttürme.

Von

Dr. Richard Hennig, Berlin.

Nach der üblichen Darstellung waren dem Altertum einige Jahrhunderte lang die Leuchttürme bereits bekannt. Dann soll mit dem Sinken der römischen Weltmacht die Kenntnis dieser unvergleichlichen Sicherheitsvorrichtung für die Seeschiffahrt so gut wie vollständig verloren gegangen sein, um erst am Angang des 12. Jahrhunderts wieder zu Ehren zu kommen, als ein neuer lebhafterer Seeverkehr und Seehandel sowohl auf dem Mittelmeer wie auf der Ostsee einsetzte, dank dem Verkehrsbedürfnis der großen italienischen Seestädte und der deutschen Hanse.

So ungefähr stellt sich der geschichtliche Entwicklungsgang des Leuchtturmwesens nach den zuverlässigsten Untersuchungen dar, unter denen die umfassende Arbeit von Veitmeyer[1]) an erster Stelle zu nennen ist. Ich möchte auf Grund eigener Studien meinen, daß diese Auffassung in einigen Punkten der Richtigstellung bedarf. Schon Veitmeyer hat mehrere der früheren Irrtümer aufgeklärt; ich glaube, im folgenden den Beweis erbringen zu können, daß die Geschichte des Leuchtfeuerwesens sich sehr viel stetiger abgespielt hat, als man bisher annahm, daß von einem „Verlorengehen" dieser kulturell bedeutsamen Einrichtung am Ausgang des Altertums gar keine Rede sein kann, daß vielmehr Leuchtfeuer an einzelnen besonders wichtigen Punkten der zumeist befahrenen Meere während des ganzen Mittelalters gebrannt haben.

Ein Irrtum, den schon Veitmeyer klargestellt hat, der aber trotzdem auch in sachkundigen Darstellungen noch keineswegs ausgerottet ist, ist die Ansicht, daß das Leuchtfeuerwesen bis in frühgeschichtliche Zeit zurückgehe. Es ist unbegreiflich, wie diese Fabel etwa in der Ausgabe von 1906 des 12. Bandes des Meyerschen Konversations-Lexikons noch widerklingen kann, wo es ausdrücklich heißt[2]): „Leuchtfeuer werden schon von Homer erwähnt (Odyssee X, 28; Ilias XVIII, 207 und XIX, 375)."

Derartige grobe geschichtliche Irrtümer haben erfahrungsgemäß ein unglaublich zähes Leben, ungeachtet aller Widerlegungen — man denke etwa an Papins angebliche Dampfschiffahrt auf der Weser vom Jahre 1707, die munter in den einschlägigen Schriften weiter spukt, obwohl sie schon 1881 einwandfrei als Legende erkannt worden ist! Demgemäß wird es nicht unzweckmäßig sein, auch an dieser Stelle ganz kurz den Tatbestand nochmals klarzulegen, der zu der Fabel von den Leuchtfeuern in homerischer Zeit Veranlassung gegeben hat. Die als besonders

---

[1]) L. A. Veitmeyer, Leuchtfeuer und Leuchtapparate. München und Leipzig 1900.
[2]) S. 477.

beweiskräftig oft angeführte Stelle der Odyssee[1]) lautet in der Voßschen Übersetzung:

> „Und in der zehnten Nacht erschien uns das heimische Ufer,
> Daß wir schon in der Nähe die Feuerwachen erblickten."

Wenn diese Worte wirklich im Original-Homer ständen, würde man den Ausdruck „Feuerwachen" allerdings nur auf Wachen an Leuchtfeuern deuten können,
obwohl von vornherein nicht recht klar ist, was solche Seefahrtzeichen auf der
Hirteninsel Ithaka für eine Bedeutung gehabt haben sollten. Nun lautet aber das
ausschlaggebende Wort bei Homer $\pi v \varrho \pi o \lambda \acute{e} o v \tau a \varsigma$ = die ums Feuer Beschäftigten,
und es ist somit ohne weiteres klar, daß Voß falsch übersetzt hat, daß es sich um
zufällig brennende Feuer, nicht aber dauernde Wacht- und Signalfeuer an bestimmten Stellen handelt.

Ist hier ein Irrtum immerhin noch entschuldbar, da die Odyssee-Stelle den,
der sich an die Übersetzung und nicht ans Original hält, notwendig in die Irre
führen muß, so sind die beiden Ilias-Stellen, auf die u. a. auch im obigen Zitat aus
dem „Großen Meyer" verwiesen ist, nur von stark phantasiebegabten Leuten mit
Leuchtfeuern für die Schiffahrt in Verbindung zu bringen. Die erste Versstelle
lautet nämlich in der Voßschen Übersetzung[2]):

> „Wie hochwallender Rauch aus der Stadt aufsteiget zum Äther,
> Fern aus dem Meereiland, das feindliche Männer bestürmen;
> Jene den ganzen Tag im Kriegesgraun sich versuchend,
> Kämpfen aus ihrer Stadt; doch sobald die Sonne sich senket,
> Brennen sie Reisgebund' auf Warten umher, und es leuchtet
> Hoch der steigende Glanz, daß Ringsumwohnende schauen,
> Ob vielleicht in Schiffen des Streits Abwehrer herannahen."

Hier sind also Signalfeuer geschildert, die in kriegerisch bewegten Tagen Hilfs-
kräfte herbeirufen sollen, wie sie bei sehr zahlreichen Völkern alter und neuer Zeit
im Gebrauch gewesen sind[3]); mit Leuchtfeuern für die Schiffahrt hat die Stelle
nicht das Geringste zu schaffen. Dasselbe gilt von der zweiten Ilias-Stelle, die
ebenso wie die obige Odyssee-Stelle, lediglich von einem zufällig in einer Hürde
entzündeten Feuer spricht[4]):

> „Wie wenn draußen im Meere der Glanz herleuchtet den Schiffern,
> Vom auflodernden Feuer, das, hoch auf Bergen entflammet,
> Brennet in einsamer Hürd' ..."

Auch die öfters in wechselnder Fassung wiederkehrende[5]) alte Sage, daß Nauplios,
um den Tod seines Sohnes Palamedes zu rächen, den Teil der von Troja heimkehren-
den Griechenschiffe, der unter dem Befehl des lokrischen Ajax stand, durch „falsche
Feuer" in den Untergang gelockt habe, ist als Beweis für das Vorkommen sehr
alter Leuchtfeuer unmöglich anzusprechen und ungezwungen auf gewöhnliche Feuer-
brände zu deuten, deren Schein die Schiffe an ein gefährliches Ufer lockte.

Die fast leichtfertig zu nennende Art, wie man früher nicht selten beliebige
Literaturstellen, in der von der Wahrnehmung eines Lichtes durch Seefahrer die

---

[1]) X, 29 und 30 (nicht 28).
[2]) Ilias XVIII, 207 bis 213.
[3]) Vgl. R. Hennig, Die älteste Entwicklung der Telegraphie und Telephonie. Leipzig
1908, S. 5 bis 20.
[4]) Ilias XIX, 375 bis 377.
[5]) Hygins' 116. Fabel; Euripides, Helena, Vers 767; Apollodor II, 1, 5, 13.

Rede war, auf das Vorhandensein von Leuchtfeuern zu deuten beliebte, wird durch nichts schlagender gekennzeichnet als durch den Hinweis darauf, daß auch die Mannschaft des Kolumbus am Spätabend des 11. Oktobers 1492, vier Stunden bevor das Land der Insel Guanahani klar erkennbar wurde, ein Licht in der Richtung des vermuteten Landes mehrfach erblickt habe. Folgerichtig müßte man nach Art des Rezepts jener Ilias-Deuter annehmen, daß auf der Insel Guanahani am Vorabend der Entdeckung Amerikas vermutlich ein Leuchtturm gestanden habe!

Streift man alle abenteuerlichen Vermutungen ab, für deren Inhalt sich nicht der leiseste Beweis erbringen läßt, und die auch deshalb an innerer Unwahrscheinlichkeit fühlbar leiden, weil ja Herodot noch keine Leuchttürme kennt, so wird man das Alter des Leuchtturm- und Leuchtfeuerwesens kaum auf 2000 Jahre veranschlagen dürfen. Als erster geschichtlich nachweisbarer Leuchtturm gilt zwar vielfach schon der berühmte Pharus von Alexandria, der die Veranlassung zur Gestaltung der Wortbezeichnung für den Begriff Leuchtturm in vielen europäischen Sprachen gegeben hat. Es ist freilich nicht sehr wahrscheinlich, daß der Pharus in der Tat das überhaupt erste Mittel seiner Art zur Sicherung der Seeschiffahrt war — dazu war er zu vollkommen und zu großartig. Man wird daher B u c h - w a l d recht geben müssen, wenn er sagt[1]:

„Bisher nahm man vielfach an, daß die antiken Leuchtfeuer fast ganz unvermittelt mit dem Pharus von Alexandria in die Erscheinung getreten sind; dieses hervorragendste Wunder der alten Welt dürfte aber doch seine Vorgänger, wenn auch solche kleinsten Maßstabes, gehabt haben."

Um jedoch nicht in der Zeitfolge neuerdings in der Irre zu gehen, ist folgendes dabei zu beachten. Die weitverbreitete Anschauung, daß der Leuchtturm von Alexandria der älteste seiner Art war, und daß alle übrigen Leuchtfeuer der römischen Kaiserzeit nur Nachahmungen von ihm waren, ist keinesfalls aufrecht zu erhalten. Man hat das höhere Alter des Pharus-Leuchtturms dadurch belegen wollen, daß man annahm, die ganze Insel habe ihren Namen erst von dem Leuchtturm erhalten: Pharus brachte man nämlich in Zusammenhang mit dem Worte phao (sanskr. bhâ) = leuchten, und schon der im 7. Jahrhundert lebende Isidorus glaubte, „Pharus" sei aus $\varphi\tilde{\omega}\varsigma$ (Licht) und $\H{o}\varrho\alpha\sigma\iota\varsigma$ (Sehen) zusammengesetzt[2]. Aber diese Wortableitung ist lediglich ein bezeichnendes und warnendes Beispiel dafür, zu welchen ungeheuerlichen Fehlschlüssen eine zu einseitige Überschätzung sprachlicher Ähnlichkeiten und unbewiesene, theoretische Wortspielereien führen können, denn die Insel führte schon mindestens ein halbes Jahrtausend, bevor der Turm errichtet wurde, ihren Namen Pharus. Wird sie doch sogar schon bei Homer mit diesem Namen genannt[3]:

„Eine der Inseln liegt im wogenstürmenden Meere
Vor des Ägyptos Strome; die Menschen nennen sie Pharos."

Der Pharusturm von Alexandria, der vor der Hafeneinfahrt, vermutlich der heutigen Untiefe Djorf-el-Wasat, stand und der in den Jahren 299 bis 280 vor Christi Geburt mit einem Kostenaufwand von etwa $3^{1}/_{2}$ Millionen Mark (800 Talenten) errichtet wurde, ist s i c h e r zunächst k e i n L e u c h t turm gewesen, sondern ein T a g zeichen für die Schiffahrt, ähnlich wie der ungefähr gleichaltrige, berühmte Koloß

---

[1] M a x B u c h w a l d, Leuchtfeuer im Altertum in „Weltverkehr und Weltwirtschaft", Maiheft 1912, S. 78.

[2] Originum seu Ethymologiarum libri XV, 2, 37. — Vgl. S. 51 1.).

[3] Odyssee IV, 354 bis 355.

von Rhodos, der überhaupt nie ein Leuchtfeuer getragen hat und durchaus fehler-
haft oft mit einem solchen dargestellt wird; er wurde übrigens bereits 56 Jahre
nach seiner Erbauung im Jahre 227 vor Christi Geburt durch ein großes Erdbeben
zerstört. Der Pharus dagegen hat, wie als erster schon Veitmeyer mit Nach-
druck betont[1]), aller Voraussicht nach erst auf römische Veranlassung hin ein
Leuchtfeuer erhalten.

Dieser von Veitmeyer auf Grund der nachstehend aufgeführten „ex silentio"-
Beweise aufgestellten Behauptung hat neuerdings Herm. Thiersch in einer umfassenden, überaus gründlichen Monographie über den alexandrinischen Pharus[2])
widersprochen und sie als „gänzlich unbegründete moderne Zweifel an der Haupt-
funktion des Baues" bezeichnet, die „völlig verstummen" müßten. Wie mir scheint,
ist dieser Einwand aber durchaus verfehlt. Thiersch beruft sich auf eine altgriechische Literaturstelle, die zwar zunächst sehr überraschend und scheinbar unbedingt beweiskräftig ist und die Veitmeyer entgangen ist, nämlich auf ein Epigramm des Poseidippos. Poseidippos lebte zur Zeit, da der Pharus gebaut und ein-
geweiht wurde, also im ersten Teil des dritten vorchristlichen Jahrhunderts, in
Alexandrien selbst, wäre also zweifellos ein unbedingt einwandfreier Zeuge, wenn
das nachstehende, charakteristische Epigramm wirklich von ihm herrührte. Es
lautet nämlich[3]):

Ἑλλήνων σωτῆρα, Φάρου σκοπόν, ὦ ἄνα Πρωτεῦ,
   Σώστρατος ἔστησεν Δεξιφάνους Κνίδιος·
Οὐ γὰρ ἐν Αἰγύπτῳ σκοπαί, οὐ ῥία, οἷ᾽ ἐπὶ νήσων,
   Ἀλλὰ χαμαὶ χηλὴ ναύλοχος ἐκτέταται.
Τοῦ χάριν εὐθεῖάν τε καὶ ὄρθιον αἰθέρα τέμνων
   Πύργος ὅδ᾽ ἀπλάτων φαίνετ᾽ ἀπὸ σταδίων
Ἥματι· παννύχιος δὲ φόως ἐν κύματι ναύτης
   Ὄψεται ἐκ κορυφῆς πῦρ μέγα καιόμενον,
Καί κεν ἐπ᾽ αὐτὸ δράμοι Ταύρου κέρας οὐδ᾽ ἂν ἁμάρτοι
   Σωτῆρος, Πρωτεῦ, Ζηνὸς ὁ τῇδε πλέων.

Zu deutsch (Übersetzung von Ad. Trendelenburg):

Griechen zum Heil, Proteus, türmt auf die Warte von Pharos,
   Sostratos, Knidos entstammt, Sprosse des Dexiphanes.
Zackiger Gipfel entbehrt, ungleich den Inseln, Ägypten,
   Flach in ebnem Gefild dehnen sich Reede und Damm.
Drum ragt mächtig der Turm hier auf, den Äther zerteilend,
   Tags ein Zeichen, das weit sichtbar den Hafen verrät,
Nachts ein helles Fanal, des hochaufloderndes Feuer
   Von der Höhe herab weiset dem Schiffer den Pfad.
Böte er kühn auch dar die Stirn dem Horne des Stieres,
   Sicheren Schutz auch dann fänd' er beim rettenden Zeus.

Stammt dieses Epigramm in der Tat von Poseidippos her, so ist jeder Zweifel
daran, daß der Pharus von Anfang an ein Leuchtfeuer getragen hat, trotz Veitmeyers scharfsinnigen Darlegungen, hinfällig. Aber Thiersch ist in seiner Beweisführung nichts weniger als einwandfrei vorgegangen und hat sich die Sache
sehr leicht gemacht. Denn obwohl er die kritische Untersuchung des Epigramms
durch Blass[4]) kennt und anführt, verschweigt er, daß die Urheberschaft des Posei-

---

[1]) A. a. O. S. 10.

[2]) Herm. Thiersch, Pharos, Antike, Islam und Occident, S. 32 bis 33. Leipzig und
Berlin 1909.

[3]) Pariser Papyrus, „Monuments grecs", 1879, S. 28 ff.

[4]) „Rheinisches Museum" XXXV, S. 74: Neue Fragmente des Euripides und anderer grie-
chischer Dichter; das fragliche Epigramm findet sich auf S. 90 (nicht 96, wie Thiersch angibt).

dippos eine keineswegs bewiesene und sogar recht sehr in der Luft schwebende Annahme ist. Das fragliche Schriftstück befindet sich nämlich auf der Rückseite eines aus dem dritten vorchristlichen Jahrhundert stammenden Papyrus, und da bei der Kostbarkeit des Papyrusmaterials die Rückseite oftmals noch in späteren Jahrhunderten zu Schreibübungen der Scholaren usw. benutzt wurde, läßt sich aus dem verwendeten Material auf die Zeit der Entstehung der Rückseiteninschrift überhaupt kein Schluß ziehen, ebensowenig wie auf die Persönlichkeit des Schreibers, und die Vermutung, daß Poseidippos der Verfasser des fraglichen Epigramms sei, stützt sich lediglich auf eine ziemlich willkürliche Änderung der überdies zweifellos erst später mit blasserer Tinte hinzugefügten Überschrift, die nach Blass eigentlich lautet: *ΕΙΔΕΙΔΟΠΠΟΥ ΕΠΙΓΡΑΜΜΑΤΑ*, also Eideidoppou Epigrammata. Die Verbesserung des zweifellos entstellten Eideidoppou in Poseidippou ist doch wohl auch im günstigsten Falle nur eine unbewiesene Vermutung, die weder durch die zweifellos ebenso elegante wie geistvolle Sprache des Epigramms noch durch irgendeinen anderen Umstand derart gestützt wird, daß Thiersch einfach von einem „Epigramm des Poseidippos" und einer „antiken Nachricht über den Pharus aus der Zeit seiner Entstehung selbst", die „unter dem frischen Eindruck der neuen gigantischen Schöpfung" entstanden sei, sprechen dürfte. Die Dinge liegen vielmehr so, daß wir weder den Verfasser des Epigramms noch den Abschreiber, weder das Jahrhundert der Entstehung des Gedichts noch das seiner Niederschrift kennen — aus solchem geschichtlichen Material kann man aber unmöglich kritisch bedeutsame Schlüsse ziehen, wenn diese nicht durch andere Quellen gestützt werden. Im vorliegenden Falle trifft aber gerade das Gegenteil zu: die aus dem angeblichen Epigramm des Poseidippos gezogenen Schlüsse schlagen jedem Inhalt der besser beglaubigten und in ihrer Entstehungszeit einwandfrei zu bestimmenden Literaturstellen geradezu ins Gesicht. Auffällig ist auch, daß der Dichter des Epigramms den $Ζεὺς \ Σωτήρ$ zum Herrn des Turmes macht, während dieser doch nach der Inschrift $ϑεοῖς \ σωτῆρσιν$ = den Dioskuren geweiht war. Auch dieser Umstand spricht nicht für die Verfasserschaft des Poseidippos, der die Inschrift kannte und sich die Abweichung von ihr schwerlich gestattet hätte.

Hören wir nun aber weiter einige der Veitmeyerschen Bedenken gegen eine frühzeitige Befeuerung des Pharus, bevor wir dem Epigramm des Poseidipp und der Thierschschen Darlegung entscheidende Beweiskraft zusprechen.

Zu Cäsars Zeit kann nach Veitmeyer das Feuer zur Nachtzeit auf dem Pharus noch nicht gebrannt haben, da sonst Cäsar in seinen Schriften es keinesfalls unterlassen haben würde, der zu seiner Zeit noch ganz ungewöhnlichen Erscheinung zu gedenken. Cäsar sagt über den Pharus nämlich nichts weiter als[1]:

„Der Pharus ist auf einer Insel ein Turm von ansehnlicher Höhe, ein wunderbares Bauwerk; er hat von der Insel seinen Namen erhalten... Wider den Willen derer, die den Pharus besetzt halten, können Schiffe wegen der engen Durchfahrt nicht in den Hafen gelangen."

Aus dieser Stelle geht ganz unzweideutig hervor, daß noch zu Cäsars Zeit der Pharus kein Leuchtfeuer trug, vielmehr lediglich Tagzeichen der Schiffahrt und gleichzeitig Kastell zum Schutz des Hafens war. Für die Annahme, daß zu Cäsars Zeit der Pharus schon befeuert war, spricht lediglich eine Stelle bei Lucanus, der Cäsars Fahrt nach Ägypten folgendermaßen besingt[2]:

---

[1]) Jul. Caesar, Bellum civile, III, 112.
[2]) Pharsalia, IX, 1004.

„Die siebente Nacht zeigte, indem niemals Zephyr die Taue lockerte, durch die Flammen des Pharos das ägyptische Gestade. Aber der anbrechende Tag bedeckte die nächtliche Leuchte, bevor er in die sicheren Gewässer einlief."

Aus dieser zur Zeit Neros verfaßten Dichterstelle lassen sich aber unmöglich geschichtliche Schlüsse ziehen. Es käme dies auf dasselbe heraus, als wenn man aus der Tatsache, daß Schiller im „Wallenstein" seinem Buttler versehentlich die Kenntnis des Blitzableiters unterlegt, folgern wollte, daß der Blitzableiter schon zur Zeit des 30jährigen Krieges erfunden gewesen sei! — Cäsars Zeugnis wiegt jedenfalls ungleich schwerer als das des Lucanus.

Selbst noch Strabo, der sein berühmtes Reisewerk in den letzten Lebensjahren des Kaisers Augustus und in den ersten Regierungsjahren des Kaisers Tiberius verfaßte und der im Jahre 24 vor Christi Geburt den Pharus aus eigener Anschauung kennen gelernt hatte, drückt sich über den für uns entscheidenden Punkt mindestens unklar aus, wenn er schreibt[1]):

„Die Spitze der Insel selbst ist ein umbrandeter Fels, der einen wunderbar angelegten, vielstöckigen, mit der Insel gleichnamigen Turm aus weißem Marmor trägt. Ihn errichtete Sostratos aus Knidos, ein Freund der Könige, Alexanders und seiner Nachfolger, ‚den Schiffern zum Heil', wie die Inschrift besagt. Denn da die Küste zu beiden Seiten hafenlos und flach ist, auch der Untiefen und Riffe nicht entbehrt, bedurfte es für die zu Wasser Ankommenden eines Kennzeichens, und zwar eines hohen und leuchtenden ($\lambda\alpha\mu\pi\varrho o\tilde{v}$ $\sigma\eta\mu\varepsilon\iota ov$), damit sie die Hafeneinfahrt sicher finden konnten."

Wenn man sich von gewaltsamen Auslegungen und phantastischen Deutungen frei hält, wird man auch aus dieser Stelle das Vorhandensein eines nächtlichen Leuchtfeuers auf dem Pharus von Alexandria zu Strabos Zeit noch nicht wohl ableiten können. Der oben von mir mit „leuchtend" übersetzte Ausdruck $\lambda\alpha\mu\pi\varrho ó\varsigma$ heißt im Zusammenhang offenbar nur so viel wie „gut sichtbar", und mir scheint vielmehr aus der Strabo-Stelle mit leidlicher Sicherheit hervorzugehen, daß auch noch Strabo den Pharus nur als ein Tagzeichen der Schiffahrt gekannt hat. Wäre nämlich der Ausdruck $\lambda\alpha\mu\pi\varrho o\tilde{v}$ anders gemeint und wirklich auf ein nächtlich brennendes Leuchtfeuer zu deuten, so würde die Logik gebieten, daß der Nachsatz lautete: „damit sie die Hafeneinfahrt auch zur Nachtzeit sicher finden könnten"!

Schon Veitmeyers sorgsame Untersuchung hat darauf hingewiesen, daß die Strabo-Stelle unbedingt gegen das Vorhandensein eines Leuchtfeuers spreche[2]):

„Aus seinem Schweigen ergibt sich mit Sicherheit, daß der Pharus im Jahre 24 v. Chr., wo er ihn gesehen hat, noch nicht nachts gebrannt hat. Ja, man kann mit einiger Wahrscheinlichkeit annehmen, daß er auch im Jahre 14 nach Christo noch nicht gebrannt hat, da Strabo sonst, wie es an vielen Stellen seines Werkes sichtbar ist, eine nachträgliche Bemerkung eingefügt hätte."

Die erste zeitgenössische Erwähnung des nächtlich auf dem Pharus brennenden Feuers findet sich erst bei Plinius, der darüber meldet[3]), der Pharus sei bestimmt:

„der nächtlichen Fahrt der Schiffe Feuerzeichen zu geben, um die Untiefen und die Einfahrt in den Hafen anzuzeigen, wie sie schon an mehreren Orten brennen, so in Ostia und Ravenna".

Plinius hat diese Stelle im Jahre 77 nach Christi Geburt niedergeschrieben. Da er nun an anderer Stelle[4]) eine Bemerkung macht, als habe der Pharus erst kurz zuvor sein Leuchtfeuer erhalten:

---

[1]) Strabo, Geographica, XVII, 1, 6, S. 791.
[2]) A. a. O. S. 161.
[3]) Plinius, nat. hist. XXXVI, 12, 83 (18, 1).
[4]) Plinius, nat. hist. V, 31.

„Die Insel Pharus, die jetzt durch nächtliches Feuer vom Turme aus den Lauf
der Schiffe regelt“,

vermutet Veitmeyer, daß wohl erst kurz vorher die Befeuerung vorgenommen
worden sei. Seine Behauptung[1]), daß Plinius zuerst das Feuer erwähnt, bedarf
aber insofern einer Einschränkung, als bereits der im Jahre 65 n. Chr. gestorbene
Dichter Lucanus in der oben mitgeteilten Stelle der „Pharsalia“ den Pharus als
Leuchtturm kennt. Spätestens unter Nero hat also der Pharus sein Feuer erhalten.
Die Zeit des Einbaues des Feuers läßt sich aber vielleicht noch genauer bestimmen,
denn Pomponius Mela, der unter Caligula schrieb und den Pharus ebenfalls erwähnt[2]), spricht auch noch nicht von einem daselbst brennenden Leuchtfeuer.

Die Dinge liegen also so, daß von den zahlreichen Literaturstellen, die
sich mit dem alexandrinischen Pharus beschäftigen, bis auf Kaiser
Neros Zeit keine etwas von dem daselbst brennenden Leuchtfeuer
weiß, mit Ausnahme des in seiner Entstehung nicht festzustellenden Epigramms
eines unbekannten Dichters, das man willkürlich dem Poseidipp zugeschrieben hat.
Bei dieser Sachlage gebietet meines Erachtens die Logik, anzunehmen, daß nicht,
wie Thiersch will, schon zu Poseidippos’ Zeit der Pharus befeuert war, sondern
daß umgekehrt jenes Epigramm, das von dem „allnächtlich brennenden Feuer“ des Pharus spricht, unmöglich von Poseidipp herrühren
und nicht vor der zweiten Hälfte des ersten nachchristlichen Jahrhunderts gedichtet worden sein kann. Dieser Schluß, der jedenfalls logischer
ist als ein Beweis, der sich lediglich auf eine willkürliche Änderung dés sicherlich
entstellten Namens „Eideidoppou“ ,stützt, erfährt überdies noch dadurch eine
bemerkenswerte Bestätigung, daß unter den zahlreichen verschiedenen antiken
Münzen, die den befeuerten Pharus zeigen — Thiersch hat sie sämtlich (132 an
der Zahl) in seinem großen Werke vortrefflich wiedergegeben[3]) — keine einzige
auf die Zeit vor Domitian (81 bis 96) zurückgeht!

Auf Grund dieser Tatsachen möchte ich behaupten, daß der Pharus erst
nach dem Jahre 41 (Pomponius Mela) und vor dem Jahre 65 nach Christi
Geburt (Lucanus’ Tod) von den Römern in einen Leuchtturm verwandelt worden ist. Trifft dies aber zu, so ist der Pharus von Alexandria
keinesfalls, wie man es zumeist dargestellt findet, der älteste
Leuchtturm der Welt gewesen; vielmehr läßt des Plinius oben mitgeteilte
Bemerkung darauf schließen, daß mindestens in Ostia und Ravenna früher Leuchttürme gestanden haben.

Wie sieht es nun sonst mit den Beweisen für das Vorkommen von Leuchttürmen
vor dem Jahre 41 nach Christi Geburt aus?

Archäologen und Historiker behaupten, es seien Spuren vorhanden, die darauf schließen lassen, daß Leuchtfeuer schon in Athens Blütezeit, vor allem im
Athener Hafen des Piräus, vorhanden gewesen seien. So sagt Baumeister[4]):

„An wenig höherer Stelle bezeichnen einige Blöcke sowie acht Säulentrommeln
aus Kalkstein, Durchmesser 1,55 bis 1,65 m, die Reste einer Leuchtsäule für die Hafeneinfahrt. Ihnen entspricht an gegenüberliegender Stelle des westlichen Ufers ein kreis-
runder Unterbau, Durchmesser ca. 5,50 m, nebst Stücken eines profilierten Aufsatzes

---

[1]) A. a. O. S. 17 und 161: „Es ist, soweit ich bis jetzt sehe, der älteste unter den uns
erhaltenen Schriftstellern, der brennende Leuchttürme erwähnt.“

[2]) II, 7 (104).

[3]) A. a. O. Tafel I bis III.

[4]) A. Baumeister, Denkmäler des klassischen Altertums, Bd. II, S. 1198. München und
Leipzig 1885 bis 88.

und etwas kleineren Säulentrommeln, welche somit von der zweiten, korrespondierenden Leuchtsäule herrühren.‟

und Merckel[1]) fügt gar hinzu:

„Die Beleuchtungsapparate, vielleicht Pechpfannen, dürften mittels Zugvorrichtungen emporgehoben worden sein.‟

Ist die Vermutung zutreffend, daß schon in Athens Blütezeit die Einfahrt zum Piräus durch Leuchtsäulen gekennzeichnet war, so würden wir zweifellos in diesen die ältesten Leuchtfeuereinrichtungen der Welt zu erblicken haben. An sich hat ja die Vermutung manches für sich, daß der seinerzeit führende Hafen der Welt schon sehr frühzeitig für die Sicherung der Schiffahrt auch zur Nachtzeit gesorgt habe; aber bei der Reichhaltigkeit der griechischen Literatur würde es gerade für den Hafen von Piräus nicht recht verständlich sein, daß uns das Vorhandensein von Leuchtfeuern bei sämtlichen altgriechischen Schriftstellern vollständig verschwiegen worden sein sollte. Die von Baumeister und anderen gehegte Vermutung, die sich nur auf architektonische Befunde stützt, schwebt völlig in der Luft, denn selbst wenn kein sonstiger Irrtum in der Deutung der Blöcke vorliegt, liegt es entschieden näher, auch die Säulen am Eingang zum Piräus-Hafen auf Tagzeichen für die Schiffahrt zu deuten, deren Nichterwähnung in der Literatur man unbedingt eher verstehen könnte. Auch unter den Überresten des uralten Hafens von Methone in Messenien findet man einen ähnlichen alten Säulenstumpf, doch liegt auch hier keine Veranlassung vor, ihn als Beweis für eine alte Befeuerung der Hafeneinfahrt anzusprechen. Der von den Massilioten an der Rhonemündung schon ums Jahr 100 vor Christi Geburt erbaute Turm dürfte gleichfalls eine Tagmarke gewesen sein — jedenfalls fehlt jeder Beweis für die gegenteilige Annahme.

Ob Veitmeyers und Buchwalds[2]) Vermutung richtig ist, daß eine Medaille von Abydos, die Hero mit einer Leuchte auf einem Turme darstellt, als symbolische Darstellung eines aus dem ersten vorchristlichen Jahrhundert stammenden Leuchtturms anzusehen sei, muß zum mindesten dahingestellt bleiben. Sichergestellt ist, nach Veitmeyer, ein Leuchtfeuer in Sestos am Hellespont und ein ungefähr gleichaltriges auf dem Vorgebirge Panium am Eingang des Bosporus. Über die Zeit der Einrichtung dieser Leuchtfeuer liegt jedoch keine sichere Nachricht vor. Buchwald verlegt die Schaffung dieser Leuchttürme ins erste vorchristliche Jahrhundert. Ich möchte glauben, daß diese Anschauung irrig ist, und daß es sich nur um das erste nachchristliche Jahrhundert handeln kann. Als Beweis für diese Anschauung darf ich darauf hinweisen, daß Strabo zwar den „Turm der Hero‟ bei Sestos und einen weiteren Turm bei Abydos als Zeichen der Schiffahrt kennt[3]), daß er aber wiederum kein Wort von nächtlichen Leuchtfeuern auf ihnen spricht und sie auch nicht als $\varphi\acute{\alpha}\varrho o \varsigma$ oder $\varphi\varrho v\varkappa\tau\omega\varrho\acute{\iota}\alpha$, sondern einfach als $\pi\acute{v}\varrho\gamma o\varsigma$ bezeichnet.

Die Annahme des Vorhandenseins altgriechischer Leuchttürme wird also endgültig aufgegeben werden müssen. Die Römer erst haben die Erfindung der Welt geschenkt. Zu welcher Zeit dies geschehen ist, ist nicht ganz einfach festzustellen. Einer der ältesten römischen Türme, der zum Wohle der Schiffahrt errichtet wurde, stand an der Mündung des Baetis (Guadalquivir), wo die untiefen- und klippenreiche Küste ein weithin sichtbares Wahrzeichen be-

---

[1]) Curt Merckel, Die Ingenieurtechnik im Altertum, S. 349. Berlin 1900.
[2]) Max Buchwald, a. a. O. S. 79.
[3]) Strabo, 591.

sonders notwendig machte. Dieser Leuchtturm wurde nach Strabos Bericht schon im Jahre 106 vor Christi Geburt vom Statthalter Cn. Servilius Caepio erbaut, doch ist es auch in diesem Falle zweifellos, daß der Turm anfangs kein Leuchtfeuer trug. Strabo sagt darüber nämlich nur [1]:

„Der Turm des Caepio ist erbaut auf einem ringsumbrandeten Felsen, wunderbar anzusehen wie der Pharus, zum Heile der Seefahrer. Denn die vom Strom mitgeführte Erde verursacht Untiefen, und die Stelle davor ist klippenreich, so daß es eines gut sichtbaren Kennzeichens bedarf."

Auch hier also ist keine Rede von einem nächtlich brennenden Feuer, dessen ausdrückliche Erwähnung kaum verschwiegen werden konnte, wenn es vorhanden war. Es ist also mehr als unwahrscheinlich, daß Caepio schon im Jahre 106 v. Chr. an der Guadalquivir-Mündung einen wirklichen Leuchtturm erbaut hat. Überdies gebietet wohl die logische Überlegung, anzunehmen, daß der erste Leuchtturm nicht im romfernen Spanien, sondern an den Küsten der meistbefahrenen Meere in der Nähe der Hauptstadt gestanden haben muß.

Ein sehr alter Turm für die Schiffahrt stand ferner in der Straße von Messina. Er wurde ums Jahr 40 vor Christi Geburt von Sextus Pompejus erbaut. Wären damals Leuchtfeuer schon bekannt gewesen, so wäre ganz unzweifelhaft ein Leuchtturm an einer für die Schiffahrt des Altertums so besonders wichtigen Stelle errichtet worden. Der Turm von Messina besaß aber sicherlich kein nächtlich brennendes Feuer, denn eine alte Münze, die eine Abbildung des Turmes enthält[2], zeigt deutlich (Fig. 1), daß auch dieser Turm nur ein Tagzeichen war und kein Leuchtfeuer hatte: trägt er doch statt der Feuereinrichtung auf der Spitze ein Standbild des Neptun!

Wenn aber noch im Jahre 40 vor Christi Geburt an einer der verkehrsreichsten Wasserstraßen der Welt ein Turm zur Sicherung der Schiffahrt errichtet werden konnte, der kein nächtliches Leuchtfeuer trug, müssen wir daraus mit einer an Gewißheit grenzenden Wahrscheinlichkeit vermuten, daß der Begriff der nächtlichen Küstenbefeuerung bis

Fig. 1. Münze mit dem Turm des Sextus Pompejus in der Straße von Messina.

dahin noch völlig unbekannt gewesen ist — andernfalls hätte man gerade in der Straße von Messina ganz sicher nicht darauf verzichtet! In diesem Zusammenhang gewinnt aber der Umstand, daß der an allen wichtigen Küsten des Mittelmeeres herumgereiste Strabo noch ein halbes Jahrhundert später offenbar von Leuchtfeuern nichts weiß und ihrer nirgend Erwähnung tut, ganz unerwartet an Bedeutung. Ich glaube, daß gerade aus Strabos bisher nicht genug beachtetem Schweigen der durch andere Tatsachen unterstützte Umstand zur Gewißheit wird: daß mindestens bis zur Zeit des Tiberius nächtliche Leuchtfeuer für die Schiffahrt nirgend im Gebrauch gewesen sind!

Erweist diese Behauptung sich bei schärferer Prüfung als richtig, so folgt daraus weiterhin der kulturhistorisch hochinteressante Schluß, daß bis ins erste nachchristliche Jahrhundert hinein eine irgendwie regelmäßige nächt-

---

[1] Strabo, III, 1, 9 (c. 140).
[2] Abgebildet bei Viktor Gardthausen, Augustus und seine Zeit, Bd. I, S. 245. Leipzig 1891.

liche Schiffahrt nicht bestanden haben kann, daß in der Nähe des Landes
die Schiffe bestrebt gewesen sein müssen, ihre Fahrt während der Dunkelheit tunlichst an geschützter Stelle zu unterbrechen. Andernfalls wäre es ganz unbegreiflich, daß die zahlreich vorhandenen, für die Zwecke der Schiffahrt angelegten Türme
erst so spät mit Leuchtfeuern versehen wurden. Deren Zweckmäßigkeit ist ja so
einleuchtend, der Gedanke, ein die Richtung zeigendes Feuer zur Nachtzeit an-
zuzünden, so naheliegend (die Hero-Leander-Sage beweist es schlagend!), daß eben
nur ein völlig mangelndes Bedürfnis die jahrhundertelange Unterlassung zu erklären vermag! Veitmeyer wird durchaus recht haben, wenn er von der Schiff-
fahrt des früheren Altertums sagt [1]:

„Wirkliche Nachtfahrten, d. h. solche, welche die ganze Nacht hindurch andauerten,
sind als ausnahmsweise zu betrachten und strebten dem schon nahen Hafen zu."

Die Zeitbestimmung, wann zum ersten Male eine Küstenbefeuerung eingerichtet
wurde, läßt sich aber wohl noch genauer geben. Wo wir bis zur Zeit des Tiberius
Schiffahrtstürme erwähnt finden, fehlt ausnahmslos jeder Hinweis auf eine nächt-
liche Befeuerung. Der Turm auf Capri, der wenige Tage vor der Ermordung des
Tiberius infolge eines Erdbebens einstürzte (was als Vorzeichen des Todes des
Kaisers galt), wird zwar von Sueton [2] als „turris Phari" bezeichnet, aber diese
Bezeichnung gibt nicht nur sprachlich zu Bedenken Anlaß und ist vielleicht erst ein
Einschiebsel späterer Zeit, sondern sie gestattet auch sonst keine Rückschlüsse, da

Fig. 2. Der Leuchtturm von
Ostia nach einer altrömischen
Münzdarstellung.

ja zur Zeit des Tiberius, wie wir bei der Erörterung
der Literaturstelle aus Pomponius Mela hörten, der
Pharus noch kein Leuchtfeuer getragen haben kann.

Wenige Jahre nach des Tiberius Tode begegnen
wir aber mit Sicherheit einem nachweisbaren Leuchtturm, und zwar in Ostia, im Hafen Roms, der ums
Jahr 42 n. Chr. von Kaiser Claudius umgebaut wurde
und bei dieser Gelegenheit einen zweifellosen Leuchtturm erhielt. Die Tatsache wird uns von zwei Schriftstellern, einem lateinischen und einem griechischen,
übereinstimmend bezeugt, von Sueton und Dio Cassius, und da es auch psychologisch verständlich und
wahrscheinlich ist, daß im Hafen der Weltbeherr-
scherin Rom eine neue Wohlfahrtseinrichtung für die
Schiffahrt zuerst angewendet worden sein wird, so
können wir mit hoher Wahrscheinlichkeit den aus dem Jahre 42 n. Chr.
stammenden Leuchtturm von Ostia als den ältesten echten Leuchtturm der Welt ansprechen (Fig. 2). Die Stelle bei Sueton, die uns von
der Errichtung dieses Bauwerkes Kunde gibt, lautet folgendermaßen [3]:

„Den Hafen von Ostia erbaute er (Claudius), nachdem er rechts und links einen
Seitendamm herumgeführt und am Eingang, da der Ankerplatz schon tief war, eine
Mole vorgelegt hatte: um diese fester und dauerhafter zu machen, versenkte er vorher
das Schiff, auf dem der große Obelisk aus Ägypten herangeschleppt worden war, und
errichtete über den zusammengetragenen Steinpfeilern einen sehr hohen Turm nach
dem Vorbild des Pharus von Alexandria, damit die Schiffe nach einem nächtlichen
Feuer ihren Lauf richten konnten."

[1] A. a. O. S. 3, Anm.
[2] III, 74.
[3] IV, 46.

und Dio Cassius berichtet, unabhängig von Sueton, entsprechend[1]:

„Hier errichtete er eine Insel und auf ihr einen Turm mit Leuchtfeuer" (πύργον τε ἐπ' ἐκείνῃ φρυκτωρίαν[2]) ἔχοντα κατεστήσατο).

Unter diesen Umständen könnte man unbedenklich den von Kaiser Claudius im Hafen von Ostia errichteten Leuchtturm endgültig als den ältesten der Welt betrachten, wenn nicht noch eine sehr merkwürdige Stelle die Vermutung eröffnete, daß er an einer ziemlich kulturfernen Küste vielleicht noch einen etwas älteren Vorläufer gehabt hat. Sueton berichtet nämlich an der Stelle, wo er von dem verrückten „Feldzug" des wahnsinnigen Kaisers Caligula gegen den Atlantischen Ozean erzählt, der mit einem Sammeln von — Muscheln endete[3]):

„Und zum Zeichen des Sieges errichtete er einen sehr hohen Turm, aus dem, wie aus dem Pharus[4]), nachts zur Regelung des Laufes der Schiffe Feuer erstrahlen sollte."

Der wunderliche Feldzug Caligulas an der gallischen Küste fand im Jahre 40 statt, der von ihm erbaute Turm stand bei Boulogne (Gessoriacum) bis zur Mitte des 17. Jahrhunderts und hat in der Geschichte des Leuchtturmwesens, wie wir noch hören werden, wiederholt eine bedeutsame Rolle gespielt. Zu welchem Zweck ihn aber der wahnsinnige Kaiser errichten ließ, und was ihn auf den Gedanken gebracht hat, ein Feuer auf dem Turm zu entzünden, ist nicht recht erfindlich, da, wie wir sahen, kein anderer „Leuchtturm" bis dahin vorhanden war, der als Vorbild hätte dienen können, und da außerdem im Ärmelkanal die Schiffahrt im Verhältnis zu derjenigen des Mittelmeergebiets naturgemäß nur sehr schwach entwickelt gewesen sein kann, so daß nicht einzusehen ist, weshalb eine an sich höchst segensreiche Einrichtung dort früher als hier zur Anwendung gekommen sein soll.

Caligula hatte eine kindische Freude an Feuerwerk aller Art[5]) — wie diese freilich im Zusammenhang stand mit der an sich höchst vernünftigen, an der fraglichen Küste aber ganz zwecklosen Errichtung eines Leuchtturms, ist nicht ohne weiteres erkennbar. Bemerkenswert aber ist, daß nach Adler[6]) der von Caligula begonnene Turm erst unter Kaiser Claudius im Jahre 46, also vier Jahre nach dem Leuchtturm von Ostia, vollendet wurde.

· Wie dem aber auch sei, die Türme von Ostia und von Boulogne, die fast zur gleichen Zeit errichtet wurden, sind zweifellos die ältesten echten Leuchttürme gewesen. Das Alter dieser unvergleichlichen Schiffahrtssicherung geht daher nicht weiter als bis aufs Jahr 40 nach Christi Geburt zurück. Es müssen dann ziemlich rasch weitere Leuchttürme im römischen Weltreich entstanden sein. Einige davon sind schon oben bei der Behandlung der römischen Münzdarstellungen aufgezählt worden. Es werden weitere von Plinius, Sueton und Statius erwähnt für die Häfen Ravenna (siehe oben), Brundusium (Brindisi), Dyrrhachium (Durazzo), Puteoli (Pozzuoli), Misenium (Miseno) usw. Bei den meisten dieser Türme ist die Zeit der Erbauung un-

---

[1]) LX, 11.

[2]) Dieser Ausdruck, der auch bei Herodian (IV, 2, 6) in gleichem Sinne wiederkehrt, widerlegt Veitmeyers Behauptung (a. a. O., S. 10): „die griechische Sprache hat keine Bezeichnung — kein Wort — für ‚Leuchtfeuer' oder ‚Leuchtturm'."

[3]) IV, 46.

[4]) Diese Stelle besagt zunächst auch nur, ebenso wie die oben angeführte über den Leuchtturm von Ostia, daß der Pharus zur Zeit des Sueton (70 bis 140) befeuert war.

[5]) Sueton, vita Caligulae, Kap. 18.

[6]) Adler, Der Pharos von Alexandria in der „Zeitschr. f. Bauwesen" 1901, S. 169.

bekannt, und es ist sehr wohl möglich, daß der eine oder andere von ihnen kein echtes Leuchtfeuer trug, sondern nur ein älteres Tagzeichen der Schiffahrt darstellte. Auch bei Rhegium (Reggio) dürfte ein altrömischer Turm gestanden haben, 12 km

Fig. 3. Der alte Leuchtturm des Caligula bei Boulogne nach einer mittelalterlichen Darstellung des 16. Jahrhunderts.

vom Ort entfernt, als Gegenstück zum Turm des Sextus Pompejus bei Messina; freilich findet er sich bei keinem Schriftsteller des Altertums erwähnt, sondern erst im 12. Jahrhundert beim Araber Abu Abdullah Mohammed al Edrisi (El Edrisi)[1]. Sichergestellt ist auch ein Leuchtturm im Hafen von Smyrna[2].

In der Zeit des ersten und der ersten Hälfte des zweiten nachchristlichen Jahrhunderts entstanden überhaupt in den verschiedensten Teilen des römischen Reiches zahlreiche richtige Leuchttürme. Buchwald zählt in seiner genannten Arbeit deren eine ganze Reihe auf und bemerkt dazu mit Recht[3]:

„Außer den hier angeführten Leuchtfeuern sind im Altertum wohl sehr viel mehr solcher im Betriebe gewesen ... Es dürfte schon in der Glanzzeit des kaiserlichen Rom, also um die Wende des 1. Jahrhunderts n. Chr., der Leuchtturm ein unerläßlicher Bestandteil eines jeden wichtigen Hafens gewesen sein."

Der einzige bis auf den heutigen Tag erhaltene und noch immer benutzte Leuchtturm des Altertums, der von Coruña (Brigantium), der den Namen Torre de Hercules führt, gehört nicht zu den ältesten Bauwerken dieser Art, sondern dürfte erst unter Kaiser Trajan, also ums Jahr 100 nach Christi Geburt, erbaut worden sein, wenn ihn auch die mittelalterliche Sage als ein Bauwerk des Herkules ansprechen wollte.

———

Während somit die Kenntnis des Leuchtturmwesens im Altertum keineswegs in so frühe Jahrhunderte hinaufreicht, wie es in der Regel dargestellt wird, scheinen

———

[1] Ausg. Jaubert, Bd. II, S. 259. Paris 1840.
[2] Anthologia Palatina, IX, 671 und 675.
[3] a. a. O. S. 83.

umgekehrt im Mittelalter die Leuchttürme verbreiteter gewesen zu sein, als es die übliche Lesart wahr haben will. Diese betont übereinstimmend, daß während des größten Teiles des Mittelalters, jedenfalls aber bis in die zweite Hälfte des 12. Jahrhunderts, keine Leuchttürme in Anwendung gewesen seien, mit alleiniger Ausnahme des Pharus von Alexandria, der bis ins späte Mittelalter hinein ziemlich ununterbrochen dem Seeverkehr gedient habe. Auch diese Auffassung dürfte nicht haltbar sein. Zwar kann es keinem Zweifel unterliegen, daß mit dem Niedergang der Herrlichkeit des römischen Reiches, etwa seit der zweiten Hälfte des 2. Jahrhunderts, das ehedem so sorgfältig gepflegte Leuchtfeuerwesen mehr und mehr verfiel, und daß vielleicht sogar ein volles Jahrtausend hindurch kein neuer Leuchtturm gebaut wurde. Aber es ist von vornherein unwahrscheinlich, daß die handelsfrohen und seetüchtigen Byzantiner, die so viele Errungenschaften der altrömischen Kultur übernommen hatten, gerade die gewaltigen Segnungen der Leuchtfeuer so völlig verkannt haben sollten, daß sie diese wundervolle Sicherheitsmaßnahme für die Schiffahrt nicht angewendet hätten, zumal da sie ja alljährlich Gelegenheit genug hatten, am Pharus von Alexandria die Vorteile einer guten Küstenbefeuerung an gefährdeten und vielbefahrenen Stellen praktisch zu erproben. Auch dieses ehrwürdige Wahrzeichen alter Zeit, das von Kleopatra nach den Römerkriegen wiederhergestellt wurde, wurde freilich nicht gleichmäßig in Ehren gehalten; im Laufe des 5. Jahrhunderts begann es zu verfallen, so daß ums Jahr 500 unter Kaiser Anastasios I. Ausbesserungen vorgenommen und Maßnahmen zur Verhütung einer Unterspülung getroffen werden mußten[1]). Trotzdem stürzten späterhin einige Teile ein, so besonders bei einem großen Erdbeben im Jahre 796[2]). Im Jahre 880 wurde abermals eine Erneuerung vorgenommen und einige Jahrzehnte später eine dritte, da im Jahre 955 ein Teil des oberen Stockwerks wiederum durch ein Erdbeben zum Einsturz gebracht worden war. In der zweiten Hälfte des 12. Jahrhunderts, als der neue Aufschwung des Leuchtfeuerwesens begann, brannte der Pharus noch immer, wie uns der Araber El Edrisi ungefähr vom Jahre 1153 nach eigenem Augenschein ausdrücklich bezeugt[3]):

„Man brannte dort Tag und Nacht Feuer, um den Schiffen auf ihren Reisen Zeichen zu geben."

In den Jahren 1193 bis 1213 wurde sogar noch eine vierte Ausbesserung und Sicherung der Fundamente durchgeführt. Erst im 14. Jahrhundert verfiel der Turm nach einer über $1^1/_2$ tausendjährigen Wirksamkeit im Dienste der Schiffahrt seinem Schicksal. Ein furchtbares Erdbeben im Jahre 1303 beschädigte ihn schwer, und da diesmal die Ausbesserung anscheinend unterlassen wurde, nahm das Verhängnis rasch seinen Lauf. 1349, als der große arabische Reisende Ibn Batuta nach Alexandrien kam, war der Pharus eine Ruine, deren letzte Reste gleichfalls zerstört wurden, als im Jahre 1480 die Steine des alten Bauwerks für die Herstellung des Forts Pharus verwendet wurden. Der Pharus war damit verschwunden, und auch die Insel, auf der er stand, ist seither, da sie unbeschützt blieb, vom Meer völlig verschlungen worden.

Zweifellos waren es in erster Linie die Byzantiner, die in der Zeit zwischen 500 und 1200 an erster Stelle für die Ausbesserung des mehrfach zum Teil zer-

---

[1]) Prokopios, Gaz. Panegyr. in Imperatorem Anastasium, ed. Migne, LXXXVII, 2818, XX.

[2]) Ibn Adari Bayan, ed E. Fagnan, Bd. I, S. 107. Algier 1901.

[3]) Ausg. Jaubert, Bd. I, S. 298. Paris 1836.

störten Pharus von Alexandria Sorge getragen haben, da sie als lange Zeit führendes Handels- und Seevolk im östlichen Mittelmeer das größte Interesse an der Erhaltung des nützlichen Leuchtfeuers hatten. Sie kannten also dessen hohen praktischen Wert — und trotzdem sollten sie sich nicht veranlaßt gesehen haben, die nützliche Einrichtung an anderen passenden Stellen nachzuahmen? Die Annahme leidet zu sehr an innerer Unwahrscheinlichkeit, als daß sie richtig sein könnte!

In der Tat läßt sich denn der Beweis liefern, daß den Byzantinern auch in den europäischen Meeren das Leuchtturmwesen durchaus nicht fremd war, und es ist fast unbegreiflich, wie man das Zeugnis zahlreicher byzantinischer Schriftsteller, das die Tatsache einwandfrei beweist, bisher hat übersehen können.

Zunächst stand in Konstantinopel selbst ein Tempel der Jungfrau Maria, der den Namen Pharus führte und offenbar den Schiffen nächtliche Feuerzeichen zu geben bestimmt war. Folgende zwei Belegstellen seien als Beweis dafür angeführt. — Zunächst heißt es bei Georgius Cedrenus von einem Ereignis des Jahrzehnts 810 bis 820[1]:

„Michael Rancabes begab sich mit seiner Gattin Procopia und seinen Kindern ins Heiligtum der Gottesmutter, das den Namen Pharus führt."

Noch deutlicher drückt sich der kaiserliche Geschichtsschreiber Konstantin VII. Porphyrogennetos (905 bis 959) aus, wenn er über dasselbe Geschehnis berichtet[2]:

„Da begab sich Michael auf das Drängen des Leo Armenius mit seinen Kindern und seiner Gattin mit abgeschorenem Haar in den Gottestempel, den man Pharus nennt, weil er allen ein Licht anzündet und zur Nachtzeit zu bestimmten Stellen trägt und somit jenes berühmten ägyptischen Pharus Namen und Bestimmung nachahmt, um daselbst die Milde Leos zu erflehen."

Von besonderer Wichtigkeit scheint ferner ein Leuchtturm am Eingang zum Bosporus gewesen zu sein, offenbar derselbe, den bereits die Römer auf dem Vorgebirge Panium errichtet hatten (vgl. S. 42). Dieser Turm, der schon in der römischen Kaiserzeit ein Feuer trug und der nach Veitmeyers Forschungen auch am Ende des 16. Jahrhunderts noch stand und befeuert wurde[3], demnach also anscheinend länger als der Pharus von Alexandria der Schiffahrt diente, war so bekannt, daß selbst der im 11. Jahrhundert bei Kiew lebende altrussische Chronist Nestor seiner Erwähnung tun konnte. Nach Nestor fand in der Nähe dieses Leuchtturmes im Jahre 941 eine große Schlacht zwischen Byzantinern und (russischen) Normannen statt; bei der Schilderung dieses geschichtlichen Ereignisses erwähnt nun Nestor ausdrücklich[4]:

„Theophanes ... wollte sie bei dem Leuchtturm Pharus angreifen, auf dem ein Feuer brennt zur Erleuchtung in der Nacht."

In der byzantinischen Literatur finden wir die Bestätigung der Meldung des russischen Schriftstellers, vor allem wieder bei Konstantin Porphyrogennetos,

---

[1] Georg Cedrenus, Kap. 848; Patrologia graeco-latina, Bd. 121, Sp. 934.

[2] Theophanes continuatus, Lib. I: Leo Armenius; Patrologia graeco-latina, Bd. 109, Sp. 34.

[3] A. a. O. S. 174, wo als Quellen Hakluyts „Voyages", Bd. II, S. 448, und Pierre Gilles „De Bosphoro Thracio libri tres" (Lyon 1561) angeführt werden. Gilles betont ausdrücklich, daß der Leuchtturm eine Lampe getragen habe, „die alle Nacht im Interesse der Schiffer angezündet wird". Da Gilles im 16. Jahrhundert lebte, ist damit erwiesen, daß selbst die Türken noch die Benutzung der Leuchtfeuer übernahmen.

[4] Nestor, Russische Annalen, Ausg. Schlözer, III, IV usw. Göttingen 1802 bis 1809.

dem Zeitgenossen jener Schlacht zwischen Byzantinern und Russen, der darüber berichtet[1]):

„Nachdem die Flotte in Kenntnis gesetzt und bereitgemacht war und er sich durch Fasten und Weinen vorzüglich vorbereitet hatte, griff er die Russen an, um ihnen eine Seeschlacht zu liefern. Da jene sich aber schon vereinigt hatten und in die Nähe des Pharus gesegelt waren (Pharus wird nämlich ein gewisser Turm genannt, ein Bauwerk, auf dem eine brennende Fackel angebracht wird, um denen, die sich zur Nachtzeit nähern, den Weg zu weisen) usw.“

Die obenerwähnte Verknüpfung christlicher und auch mohammedanischer gottesdienstlicher Elemente mit Leuchtturmanlagen scheint übrigens nicht vereinzelt geblieben zu sein. Auch das Theoderich-Grabmal in Ravenna führte, als es in eine Kirche umgewandelt wurde, den Namen „Santa Maria ad pharum“[2]).

Bei dieser Gelegenheit muß hingewiesen werden auf Thiersch's verblüffende, aber durchaus glaubhafte Darlegung[3]), daß die Minarette der mohammedanischen Gotteshäuser ursprünglich den Pharus (bei den Arabern manara genannt) unmittelbar als Vorbild benutzt haben mögen:

„Was heißt denn Manara, was heißt denn Minarett, die durchs Italienische zu uns gekommene Umbildung des arabischen Wortes? — — Manara heißt, wie wohl bekannt: Ort, wo Feuer, wo Licht brennt, Manara heißt Leuchte, Minarett Leuchtturm.“

Ich vermag Thiersch in diese architektonisch-philologische Beweisführung aus Mangel an einschlägigen Kenntnissen nicht zu folgen, möchte aber nicht unterlassen, darauf hinzuweisen, daß nach ihm vielleicht sogar allgemein ein ähnlicher Zusammenhang zwischen den ältesten byzantinischen und italienischen Glockentürmen christlicher Kirchen und den Seezeichen für die Schiffahrt herzustellen ist[4]). Die obigen Stellen des Cedrenus und Konstantin Porphyrogennetos lassen unbedingt darauf schließen, und im übrigen haben wir ja die Doppelrolle eines Turmes als Glockenturm und als Wahrzeichen der Schiffahrt nirgends schärfer ausgeprägt vor uns als bei dem berühmten, aus dem Jahre 888 stammenden Campanile von Venedig.

Daß auch sonst dem Mittelalter der alte Begriff der Leuchttürme durchaus nicht abhanden gekommen war, beweisen ferner einige Stellen bei den arabischen Geographen. Masudi erwähnt noch die Leuchttürme „des Herkules“[5]) (siehe S. 46):

„An den Grenzen, wo diese beiden Meere, das Mittelländische und der Ozean, zusammenfließen, stehen Pfeiler aus Kupfer und Stein, die der gewaltige König Herakles errichtet hat. Auf diesen Pfeilern befinden sich Inschriften und Figuren, die mit ihren Händen anzeigen, daß man nicht weiter zu gelangen vermag und daß es nicht ratsam ist, über das Mittelmeer in diese See (den Ozean) hinaus zu fahren, da hier keine Schiffe segeln: dort gibt es keine Kultur und keine Menschen, und die See hat weder in der Tiefe noch in der Weite Grenzen ... Einige sagen, daß jene Pfeiler nicht an der Straße selbst stehen, sondern auf einigen Inseln des Ozeans und an seinen Küsten.“

---

[1]) Theophanes continuatus, Lib. VI, cap. 423/4 in Patrologia graeco-latina, Bd. 109, Sp. 441/2.

[2]) Thiersch, a. a. O. S. 21.

[3]) A. a. O. S. 4.

[4]) Vgl. hierzu die Ausführungen bei Thiersch, S. 5.

[5]) Masudi, Ausg. von Aloys Sprenger: Meadows of gold and mines of gems, Bd. I, S. 282. London 1841.

Von einem Leuchtfeuer auf diesen Türmen verlautet zwar nichts mehr, aber
der Begriff der Leuchttürme als solcher scheint eben im Mittelalter nie ganz verloren gegangen zu sein, wie man bisher anzunehmen geneigt war. Vermutet doch
Thiersch mit gutem Grunde sogar das Vorhandensein einer ganzen Kette von
arabischen Leuchttürmen längs der Küste Nordafrikas zu Zwecken der Feuertele-
graphie und vielleicht auch zur Sicherheit der Schiffahrt[1]), einer Kette, die im
9. Jahrhundert von Ibrahim el-Aglab geschaffen worden und von Ägypten bis
zum Atlantischen Ozean gereicht haben soll.

Wie wenig man ein Recht hat, anzunehmen, daß die Kenntnis der Leuchtfeuer
im Mittelalter ganz verloren gegangen sei, beweist aber am schlagendsten eine Stelle
aus der von Einhard verfaßten Lebensbeschreibung Kaiser Karls des Großen. Sie
zeigt uns zur Genüge, daß damals in West- und Südeuropa nur deshalb keine Leuchttürme brannten, weil es keine Handelsschiffahrt gab, die davon hätte Vorteil haben
können, daß man aber das Wesen und den Wert der Leuchtfeuer keineswegs vergessen hatte. Einhard berichtet nämlich von folgenden Handlungen Kaiser Karls
aus dem Jahre 811[2]):

„Er selbst reiste inzwischen zur Besichtigung der Flotte, deren Bau er im Jahre
zuvor befohlen hatte, nach Boulogne, einer Gemeinde am Meer, wo eben jene Schiffe
versammelt waren, stellte daselbst den Leuchtturm wieder her, der vor alter Zeit zur
Regelung der Fahrt der Schiffe erbaut worden war, und entzündete auf seiner höchsten Spitze ein nächtliches Feuer."

Hiermit ist in jedem Fall erwiesen, daß zu Karls des Großen Zeit in Frankreich der gelegentliche Nutzen der Leuchttürme noch wohl bekannt war. Sicherlich
hat damals das wiederhergestellte Leuchtfeuer nur ganz vorübergehend gebrannt
und ausschließlich der erwähnten, von Kaiser Karl gegen die Normannen aus-
gerüsteten Flotte gedient.

Allard vermutet freilich[3]), daß der Leuchtturm von Corduan vielleicht schon
seit Karls des Großen Zeit wieder dauernd befeuert war. Diese Vermutung dürfte
sicher zu weit gehen, da man zur Zeit der gefürchteten normannischen Seeräuber,
wo kein irgendwie nennenswerter friedlicher Seehandel getrieben werden konnte,
schwerlich einen Leuchtturm zur Sicherung der Schiffahrt dauernd befeuert haben
wird. Immerhin gibt für das Jahr 1092 die Erwähnung eines Abtes und Eremiten
auf Corduan zu denken, da diese Eremiten[4]) „seit einer weit zurückliegenden Zeit
das Recht hatten, von jedem vorübergehenden Fahrzeug" eine Abgabe zu erheben,
die vermutlich für die Unterhaltung nächtlicher Feuerzeichen diente, und da
noch im Jahre 1409 ein Eremit auf Corduan bezeugt ist, der ebenfalls dies Recht
besaß.

Erweckt schon die Stelle bei Einhard durchaus nicht den Eindruck, als ob
dem westlichen Europa des 9. Jahrhunderts der Begriff des Leuchtturms fremd
geworden war, so zeigen uns zwei weitere Literaturstellen, daß man in der gleichen
Zeit und sogar noch früher im christlichen Westeuropa anscheinend überall, selbst
tief im Binnenlande, den Begriff der Leuchttürme nicht minder gut kannte als in
Osteuropa und in der arabischen Welt. Die älteste mittelalterliche Literaturstelle
überhaupt, die der Leuchttürme Erwähnung tut, liefert uns Isidorus von

---

[1]) Thiersch, a. a. O. S. 173.
[2]) Einhardi Annales, in Pertz: „Monumenta Germaniae", SS, Bd. I, S. 199.
[3]) E. Allard, Les phares, S. 40 bis 41. Paris 1889.
[4]) Thomas Rymer, Foedera, conventiones etc. inter reges Angliae.

Sevilla († 636), der in seinen 20 Büchern „de origine" folgende Bemerkung macht[1]:

„Ein Pharus ist ein sehr großer Turm, den die Griechen und Lateiner gewöhnlich nach der Bestimmung der Sache selbst, weil er durch Flammenzeichen auf weite Entfernung von den Schiffern gesehen wird, nach dem Pharus nennen, den Ptolemaeus bei Alexandria mit einem Kostenaufwand von 800 Talenten gebaut haben soll. Sein Zweck ist, den Schiffen auf nächtlichem Lauf zur Anzeigung von Untiefen und Hafeneinfahrten Feuerzeichen zu geben, damit die von der Dunkelheit überraschten Schiffer nicht auf Klippen auflaufen."

Bald nach Karls des Großen Zeit finden wir bei einem tief im Binnenlande, in Fulda und Mainz, lebenden deutschen Gelehrten, bei Hrabanus Maurus († 856), den Leuchtturm gleichfalls erwähnt, ja, in einer vom Jahre 1023 stammenden Illustrierung seines Werkes „de universo", dem Codex von Monte Cassino, ist sogar (worauf mich Herr Franz Feldhaus freundlichst aufmerksam macht) die Zeichnung eines befeuerten Leuchtturms enthalten[2]. Die Textstelle des Hrabanus Maurus[3] stellt eine wörtliche Abschrift des oben mitgeteilten Zitats aus Isidorus dar, mit einem Zusatz und einer ganz verunglückten etymologischen Erklärung:

„Denn Alexandria hat eine durch tückische Untiefen gefährliche Zufahrt. Daher also nennt man Hafenvorrichtungen zum Zwecke des Gebens von Leuchtzeichen Pharos. Denn phos heißt Licht und orasis Sehen."

Die aus Montecassino stammende Illustration vom Jahre 1023, die anbei wiedergegeben ist, Fig. 4, zeigt jedenfalls klar, wie sehr man zu Beginn unsres Jahrtausends in Italien mit dem Begriff des Leuchtturms vertraut war. Dabei verdient hervorgehoben zu werden, daß die Zeichnung offenbar nicht den alexandrinischen Pharos als Vorbild benutzt hat; eher könnte man eine Ähnlichkeit mit dem Campanile in Venedig herausfinden.

Daß man auch in Venedig selbst ungefähr zur gleichen Zeit über das Wesen des Leuchtturms unterrichtet war, beweisen die aus dem Ende des 11. Jahrhunderts stammenden Mosaiken in der Kapelle San Zeno von San Marco, auf denen wir den Pharus von Alexandria im Zusammenhang mit Szenen aus dem Leben des heiligen Markus abgebildet finden (Fig. 5). Haben aber die Venetianer im 11. Jahrhundert das Wesen der Leuchttürme so gut gekannt, so sei die Frage mit aller Vorsicht angeschnitten, ob nicht auch ihr Campanile, den ja Thiersch geradezu als Nachahmung des Pharus anspricht[4], zeitweilig ein Feuer getragen hat.

Fig. 4. Abbildung eines Leuchtturms aus dem Codex Montecassino vom Jahre 1023 zu einer Hrabanus-Maurus-Handschrift.

---

[1] Isidorus Hispal. Episcop.: de origine, Buch XV, Kap. 3. Ausgabe „apud Petrum Pernam", Basel, ohne Jahr, Spalte 363.

[2] Miniature sacre e profane dell' anno 1023 illustranti l'enciclopedia medioevale di Rabano Mauro. Tipo-Litografia di Montecassino 1896. Tafel 88, S. 349.

[3] Hrabanus Maurus: de universo, XIV, 13. — Ausgabe J.-P. Migne, Patrologia latina, Bd. 111, Sp. 388. Paris 1864.

[4] A. a. O. S. 6.

Fig. 5. Mosaik mit dem Pharus von Alexandria in der San Marcokirche zu Venedig
(Darstellung des 11. Jahrhunderts).

Ich glaube, man kann sogar einen gewissen Wahrscheinlichkeitsbeweis dafür
erbringen, daß die Leuchtfeuer durch die Byzantiner noch sehr viel weitere Verbreitung gefunden haben zu fernen, seefahrttreibenden Völkern, mit denen sie Handelsbeziehungen unterhielten. Eine sonst ganz unverständliche Äußerung Adams
von Bremen über eine Eigentümlichkeit der großen wendischen Handelsstadt
Jumne, des Urbildes der Vineta-Sage, wird mit einem Schlage klar, wenn man sie
auf ein von den „Griechen" (Byzantinern) entlehntes Leuchtfeuer deutet, und da
in der gewaltigen heidnischen Handelsmetropole an der Odermündung, wie Adam
uns gleichfalls erzählt, Griechen offenbar nicht ganz selten verkehrten, so gewinnt
die Vermutung, daß die berühmte, vielumstrittene Schilderung Adams, die nachstehend wiedergegeben ist, auf eine Leuchtfeuereinrichtung zu deuten sei, ganz erheblich an Wahrscheinlichkeit. Die betreffende Stelle lautet[1]:

„Es ist sicher die größte von allen Städten, die in Europa zu finden sind. In ihr
wohnen Slawen und andere Nationen, Griechen und Barbaren ... Jene Stadt, welche
reich ist durch die Waren aller Nationen des Nordens, besitzt alle möglichen Annehm-
lichkeiten und Seltenheiten. Dort findet sich der Vulkanstopf, den die Eingeborenen
das griechische Feuer nennen, dessen auch Solinus gedenkt."

Die an sich zunächst etwas unverständliche Fassung des letzten Satzes wird
sogleich klar, wenn man sich der folgenden Äußerung des im 3. Jahrhundert lebenden
Schriftstellers Solinus erinnert[2]), die übrigens Hrabanus Maurus in seinem
oben mitgeteilten Zusatz zum Isidorus Hispaliensis ebenfalls abgeschrieben hat:

„Daher nennt man Vorrichtungen, die in den Häfen zum Zwecke des Gebens von
Leuchtzeichen (ad praelucendi ministerium) hergestellt werden, Pharos."

Dem Adam von Bremen und seinen Lesern war der Begriff des Pharus vermutlich abhanden gekommen. So umschreibt er den ihm unbekannten Begriff
des Leuchtfeuers mit dem mystisch klingenden, aber durchaus verständlichen Wort
„Vulkanstopf", und die weitere Bezeichnung „griechisches Feuer" zeigt zur Ge-

---

[1]) Pertz, Monumenta Germaniae, SS. VII, 312.
[2]) Solinus 32, 42.

nüge, daß es sich um eine von den Byzantinern entlehnte „Annehmlichkeit und Seltenheit" handelt.

Mit der Anschauung, daß der „Vulkanstopf", das „griechische Feuer", das sich in Jumne fand, auf ein zur Nachtzeit brennendes Leuchtfeuer zu deuten sei, dessen Wert die Wenden gelegentlich ihrer Handelsbeziehungen zu Byzanz kennen und schätzen gelernt haben mögen, stehe ich übrigens, wie ich sehe, nicht allein da. Schon v. Raumer hat die gleiche Vermutung ausgesprochen, wenn er über den „Vulkanstopf" sich folgendermaßen äußert[1]:

„Nicht unwahrscheinlich ist hierunter ein großes Bakenfeuer zu verstehen, welches die Wolliner zum Nutzen der Schiffahrt bei Nacht unterhielten und von dem die Sage unter den Schiffern ging, es sei griechisches Feuer."

Hierzu ist erstens zu bemerken, daß von einer Schiffersage, „es sei griechisches Feuer", gar nicht die Rede zu sein braucht — mit dem, was wir sonst unter „griechischem Feuer" verstehen, hat freilich die Bemerkung Adams von Bremen nicht das Geringste zu tun, die man vermutlich mit demselben Recht als „byzantinische Leuchteinrichtung" übersetzen könnte. Und zweitens ist zu Raumers sonst im Grundgedanken wohl richtigen Bemerkung hinzuzufügen, daß die ehedem vermutete Identität von Julin-Wollin mit Jumne-Vineta heut als unhaltbar erkannt worden ist[2]) und wohl als abgetan gelten darf. Doch dies nur nebenbei!

Hat aber in der Tat in Jumne, das wir uns höchstwahrscheinlich nahe der heutigen Peenemündung vorzustellen haben, im 11. und wahrscheinlich auch im Anfang des 12. Jahrhunderts ein Leuchtfeuer bestanden, so muß dies auch den sächsischen, hansischen und normännischen Besuchern der wendischen Handelsstadt wohlbekannt gewesen sein, und so mögen sich denn vom alexandrinischen Pharus einerseits zu den ersten italienischen Leuchttürmen des Mittelalters, andererseits über Byzanz und den „Vulkanstopf" in Jumne zu den ersten mittelalterlichen Leuchttürmen in Südschweden und an der Travemündung kulturhistorische Brücken schlagen lassen, deren Vorhandensein bisher der Forschung in der Hauptsache entgangen ist.

Mit dem Jahre 1157/58, wo durch die Pisaner auf der Insel Meloria, und dem Ende des 12. Jahrhunderts, wo durch die Lübecker in Travemünde und auf Falsterbo Leuchttürme errichtet wurden, beginnt dann die neue Zeit in der Geschichte der Leuchttürme, die gut genug bekannt ist und zu der weitere Einzelheiten an dieser Stelle nicht beizutragen wären. Es sei nur noch erwähnt, daß die aus dem Anfang des 13. Jahrhunderts stammende Urkunde, worin König Waldemar von Dänemark den Lübeckern die Erlaubnis zur Errichtung eines Leuchtturms auf Falsterbo erteilt[3]), durchaus nicht den Anschein erweckt, als habe man damals ein solches Leuchtfeuer als eine ganz neue und nie zuvor dagewesene Einrichtung betrachtet.

Entgegen der üblichen Darstellung und Auffassung darf man also annehmen, daß Türme als Sicherheitsmaßregel für die Schiffahrt in der vorchristlichen Zeit lediglich als Tageszeichen bekannt waren. Leuchtfeuer dürften nicht

---

[1]) F. L. G. v. Raumer, Die Insel Wollin, S. 18. Berlin 1851.

[2]) Vgl. Conrad Müller, Das Rätsel von Vineta, Berlin 1909, und Richard Hennig, Ein verkehrsgeographischer Beitrag zur Vineta-Frage in der „Deutschen Rundschau für Geographie" 1914, S. 169.

[3]) Abgedruckt bei Veitmeyer, a. a. O., S. 186 und 188.

·vor der Zeit des Caligula oder Claudius, sicher aber nicht vor der der Tiberius in Gebrauch gewesen sein. Mit dem Niedergang Roms erloschen zwar die meisten Leuchttürme, aber die Kenntnis der Einrichtung ist niemals verloren gegangen, und es scheint, daß auch vor dem 12. Jahrhundert nicht nur am Mittelmeer, sondern auch am Schwarzen Meer und an der Ostsee, sowie an der atlantischen Küste vereinzelte mittelalterliche Leuchtfeuer gebrannt haben.

———————

Zum Schluß ist es mir eine angenehme Pflicht, Herrn Geh. Reg.-Rat Prof. Dr. Adolf Trendelenburg aufs herzlichste zu danken für die höchst wertvolle Unterstützung, die bedeutsamen Winke und das lebhafte Interesse, die er der Abfassung der vorliegenden Arbeit gewidmet hat.

Der Bickfordsche Sicherheitszünder und die Errichtung der ersten Sicherheitszünderfabrik in Deutschland.

Von

Professor Hugo Fischer, Dresden.

Am 6. September 1831 wurde in England an den Lederhändler William Bickford zu Tuckingmill in Cornwall[1]) unter Nr. 6159 ein Patent auf „The Miner's Safety Fuze" erteilt. Die deutsche Literatur nahm schon frühzeitig Kenntnis von dieser, die Sicherung der Sprengarbeiter in Bergwerken, Steinbruchbetrieben usw. anstrebenden Erfindung. Bereits im Jahrgang 1832 von Dinglers Polytechnischem Journal findet sich auf Seite 89 und Tafel III eine eingehende Wiedergabe des Inhalts der englischen Patentschrift. Andere deutsche Zeitschriften, so das Polytechnische Zentralblatt 1836, 45, 46, das Bayerische Kunst- und Gewerbeblatt 1847, die Zeitschrift für Berg-, Hütten- und Salinenwesen im Preußischen Staat 1855 und andere, folgten und lenkten die Aufmerksamkeit der beteiligten Kreise auf die neue Erfindung.

Bald entstanden inner- und außerhalb Englands Fabriken, deren alleiniger Zweck die Herstellung der Bickfordschen Sicherheitszünder war. In England wurde die erste Sicherheitszünderfabrik in Tuckingmill bei Camborne von Bickford selbst errichtet, der sich hierzu mit George Smith und Thomas Davey verband[2]). Auch das Entstehen weiterer Fabriken in Amerika, Frankreich, Österreich, Deutschland usw. ist mit dem Namen Bickford mehr oder weniger eng verknüpft. 1836 wurden in Simsbury (Connecticut) 1839 in Rouen (Frankreich) Fabriken errichtet. In Österreich führte der damalige k. k. Bergrat und spätere k. k. Ministerialrat und Direktor in Schemnitz, Joseph Russegger, die Fabrikation der Sicherheitszünder in Jenbach (Tirol) ein. In Deutschland bildete, wie später des näheren dargelegt werden soll, die Stadt Meißen im Königreich Sachsen den Ausgangspunkt für die Zünderfabrikation. Der 1844 hier errichteten Fabrik W. Bickford & Co. reihten sich später weitere Zünderfabriken an, die sich zurzeit auf Meißen (Vereinigte Fabriken englischer Sicherheitszünder, Draht- und Kabelwerke, A.-G., Brücker & Zinke), Jessen in Schlesien (W. Güttler), Minden (Brücker & Zschetzsche) und Torgau (Zünderfabrik, A.-G.) verteilen.

Die äußerlich gleiche Beschaffenheit der auf einheitlicher Grundlage hergestellten Zündschnurfabrikate hat die Fabriken veranlaßt, durch verschiedene Färbung des die Pulverseele durchziehenden Füllfadens (weiß-grün: Bickford & Co., Meißen; gelb: Vereinigte Fabr. engl. Sicherheitszünder A.-G., Meißen; rot:

---

[1]) Das Bildnis ist dem Bericht über den 7. Internationalen Kongreß für angewandte Chemie in England, London 1904, Whittaker & Co., entnommen.

[2]) Ann. des Mines 1843, Bd. IV.

Brücker & Zinke, Meißen; blau: Jessen; schwarz-weiß: Minden; grün: Rouen usw.) ein Unterscheidungsmerkmal für die verschiedenen Fabrikate zu schaffen. Hierdurch läßt sich der Fabrikationsort bei dem fertigen Fabrikat jederzeit leicht und sicher feststellen, was unter Umständen bei diesem Fabrikat, dessen Güte die verlangte Sicherheit bei der Benutzung wesentlich mit verbürgt, von besonderer Wichtigkeit sein kann.

Die Bickfordschen oder englischen Sicherheitszünder haben den Zweck, die Zündung von Sprengladungen möglichst gefahrlos auszuführen. Sie ersetzen die früher im Bergbau und Steinbruchbetrieb allgemein übliche Räumnadel und die Schießhalme, denen infolge mangelnder Vorsicht so mancher Sprengarbeiter zum Opfer gefallen ist. Auch gegenwärtig, wo der Sicherheitszündschnur durch die elektrische Zündung ein beachtlicher Mitbewerber erstanden ist, sind die ihr eigenen Vorteile doch solche, daß sie sich noch immer einer großen Bedeutung und vielfachen Verwendung erfreut.

„Einerseits ist die Handhabung der Zündschnur bedeutend einfacher und kann von jedem ungeübten Arbeiter ohne weiteres ausgeführt werden, andererseits sind die Kosten, auf den einzelnen Schuß berechnet, bei der Zündschnur erheblich geringer, abgesehen davon, daß die elektrische Zündung noch die kostspielige Anschaffung von Leitungsmaterial und Zündmaschinen erfordert[1].‘‘

Versuche über die Zündsicherheit des Zünders im Vergleich zu der der alten Schießmethoden mit Räumnadel und Schießhalm sind schon bald nach dem Bekanntwerden der Bickfordschen Erfindung angestellt worden und haben ihre Überlegenheit erwiesen. So teilt der Engländer Mullins mit, daß bei den Sprengarbeiten im Seehafen von Kingstown mit rd. 51000 m Zündschnur in 288719 Schichten 33385 kg Pulver verschossen wurden, wobei nur 2 bis 3 Schuß versagten, und kein einziger Unglücksfall vorgekommen sei.

Ein Aufsatz in den Annales des Mines von 1845 enthält Angaben über vergleichende Versuche bei der Sprengung verschieden fester Gesteine, woraus zugleich der Pulververbrauch und die dabei erzielte Sprengwirkung entnommen werden kann. In bezug auf die Zündsicherheit lassen diese Angaben ersehen, daß auf 206 nach dem alten Verfahren abgegebene Schüsse 25, auf 173 mit Bickfordscher Zündschnur erfolgte Sprengungen nur 1 Versager entfielen. Für gleiche Schußzahlen steht hiernach die Zahl der Versager in den beiden Fällen im Verhältnis 25 : 1,2.

____

[1] „Der Steinbruch.“ 1913.

Die Sicherheit der Zündung wird bei der Sicherheitszündschnur dadurch bewirkt, daß ein dünner, mit einer Schutzhülle umgebener Pulverfaden (die Pulverseele) den Zündort mit dem Sprengort verbindet. Dieser Pulverfaden kann beliebig lang gewählt werden, so daß bei der Kenntnis seiner Brenngeschwindigkeit der Zeitpunkt der Sprengung im voraus genau bestimmt und ihrem Eintritt vor erfolgter Bergung der Arbeiter vorgebeugt werden kann. Nur Fehlstellen im Zusammenhang des Pulverfadens, die bei sorgfältiger Herstellung des Zünders leicht zu vermeiden sind, aber bei fahrlässigem Anschluß des Zünders an den Besatz, oder bei angestückelten Zündern zuweilen auftreten, vermögen die Sicherheit des Zünders herabzusetzen.

Die Fortpflanzung der Zündung erfolgt in dem stetig verlaufenden Pulverfaden von Pulverkorn zu Pulverkorn. Die hierbei innerhalb der Schutzhülle entstehende Gasspannung bewirkt, daß beim Entzünden des freien Zünderanfanges während 6 bis 10 Sekunden eine bis 200 mm lange, von Funken durchsetzte Sprühflamme der Schutzhülle entströmt. Währenddessen schreitet die Zündung innerhalb der Schutzhülle um etwa 60 bis 100 mm fort. Die hierbei entstehenden festen Verbrennungsrückstände hindern schließlich den Gasaustritt, und das Fortschreiten der Zündung innerhalb der Schutzhülle ist in der Folge nur noch an vereinzelten Gasdurchbrüchen durch die Hülle und das mit weißgrauer Rauchentwicklung verbundene Vergasen ihres Überzuges zu bemerken. Nähert sich die Zündung dem Ende des Zünders, so daß der Gasdruck in der Richtung der noch vorhandenen Pulverseele einen geringeren Widerstand findet, so erfolgt die Verbrennung des Pulverrestes unter Verpuffungserscheinung und dem Austritt einer etwa 40 bis 50 mm langen scharfen Stichflamme, die, wenn das Zünderende innerhalb der Sprengladung liegt, deren Entzündung veranlaßt.

Eine gleiche, aber um vieles kürzere, Stichflamme tritt innerhalb der Schutzhülle auf, wenn die Pulverseele unterbrochen ist, und es hängt von der Länge der Unterbrechung, der Länge der Stichflamme und dem inneren Zustand des pulverfreien Teiles der Schutzhülle ab, ob die Zündung diese Fehlstelle zu überspringen vermag, oder ob der Zünder vor Erfüllung seines Zweckes erlischt. Versuche zeigten, daß bei mehr als 10 mm Länge der Fehlstelle die Zündung nicht mehr mit Sicherheit innerhalb der Pulverseele weitergetragen wird. Bei 10 mm langer Fehlstelle war die Übertragung bereits so unsicher, daß auf je drei Versuche 1 bis 2 Versager entfielen.

Aber nicht nur eine Unterbrechung der Pulverseele, auch ein Wechsel in der Dicke der Seele, hervorgerufen durch eine in das Pulver gefallene Faser, ein Haar oder eine geringe Abnutzung der bei der Herstellung des Zünders benutzten „Pulverführung", vermag die Zuverlässigkeit der Zündschnur zu beeinträchtigen, sofern dadurch die Brenndauer auf ein nicht zu schätzendes Maß herabgesetzt wird.

Die hieraus entstehenden Gefahren zu beseitigen, ist auf zweierlei Wegen versucht worden. Einmal durch sorgfältige Untersuchung der fertigen Schnur auf das Vorhandensein von mit Zündmasse nicht oder nicht genügend gefüllten Stellen, soweit sich diese durch eine Änderung der Schnurdicke kenntlich machen. Sodann durch Überbrücken der fehlerhaften Stelle durch einen in die Pulverseele eingelegten nitrierten Kernfaden[1]). Für die Dickenprüfung der fertigen Schnur genügt vielfach schon das Augenmaß; sie ist aber auch auf mechanischem Wege ver-

---

[1]) Fritz Herkenrath in Cölln b. Meißen, D. R. P. Nr. 84 860 vom 29. Januar 1895.

sucht worden. Unter anderem hat R. Stiehler in Cölln b. Meißen[1]) ein Meß-
werkzeug angegeben, das aus zwei mit Federschrauben versehenen Backen besteht,
zwischen denen die Zündschnur beim Austritt aus der Spinnmaschine hindurchläuft.
An den nicht voll mit Pulver gefüllten und daher schwächeren und nachgiebigen
Stellen der Zündschnur drücken die Federn die Backen gegeneinander, wodurch
der Stromschluß eines elektrischen Klingelwerkes oder das Abstellen der Maschine
verursacht wird.

Verwendung finden die Bickfordschen Sicherheitszündschnüre sowohl bei
dem Sprengen mit Schwarzpulver, als auch bei dem Sprengen mit Dynamit. Im
ersten Falle genügt es, das zu einer Schleife gebogene Ende des Zünders in die
Sprengladung einzusenken. Das Sprengen mit Dynamit erfolgt unter Vermittlung
eines mit Knallquecksilber gefüllten Zündhütchens, das am Ende der Zündschnur
mit einer Zange befestigt und so tief in die Patrone eingesenkt wird, daß diese an
der Schnur festgebunden werden kann.

Das Entzünden des freien Endes der Bickfordschen Zündschnur wird meist
dadurch erleichtert, daß der Pulverkern durch einen Längsschnitt auf eine kurze
Strecke freigelegt und in diese als Vorzünder ein Stück Schwefelfaden oder Feuer-
schwamm eingeschoben wird. Größere Sicherheit gewährt die Anwendung besonderer, auf das freie Ende der Zündschnur aufgesetzter Zündpillen, die durch
Reibung[2]) oder durch Stoß[3]) entzündet werden. Vielfach dienen diese Einrichtungen
auch dazu, das Ausströmen der glühenden Pulvergase zu verhindern und damit
die gefahrlose Verwendung der Zündschnur in Schlagwettergruben zu ermög-
lichen[4]). Auf preußischen Gruben angestellte Versuche[5]) ergaben, daß bei gleichzeitiger Anwesenheit von Schlagwettern und aufgewirbeltem Kohlenstaub durch
Zündschnüre Explosionen des Wettergemisches eintreten, wenn sein Gehalt an
brennbaren Gasen mindestens 10 v. H. beträgt. Bei 5 bis 7 v. H. Gehalt an Schlagwettern wurde nur ein kurzes Auftreten schwacher, bläulicher oder auch gelber,
flackernder Flammen in der Nähe der Zündschnur beobachtet.

Einen besonderen Vorzug der Bickfordschen Sicherheitszündschnur bildet
neben großer Billigkeit und Einfachheit der Handhabung die Möglichkeit, den
Zeitpunkt der Zündung einer Sprengladung mit großer Sicherheit im voraus zu
bestimmen. Er gründet sich auf die mit gleichförmiger Geschwindigkeit erfolgende
Fortpflanzung des Zündfeuers vom Zündpunkt bis zur Sprengladung, die den zwischen dem Anstecken der Schnur und dem Eintritt der Sprengzündung liegenden
Zeitraum für eine bestimmte Schnurart sicher berechnen läßt. Die Größe der
Fortpflanzungsgeschwindigkeit des Zündfeuers innerhalb der Schnur hängt von
den Mischungsverhältnissen des zur Schnurfüllung verwendeten Pulvers ab und
kann durch diese innerhalb bestimmter Grenzen geregelt werden.

Bei 16 verschiedenen Zündschnuren, die in Längen von 6 bis 8 m zur Ermitt-
lung der Brenngeschwindigkeit (c) verwendet wurden, schwankte diese zwischen
$c = 6{,}9$ und $13{,}2$ mm/sek. Als mittlere Geschwindigkeit ergab sich $c_m = 11{,}0$ mm/sek.

---

[1]) D. R. P. Nr. 88 054 vom 14. Februar 1896.

[2]) Gerstenberg, D. R. G. M. Nr. 177 888.

[3]) D. R. P. Nr. 86 569 vom 1. März 1895 und Zusatz Nr. 89 628 vom 15. März 1896; D. R. P.
Nr. 150 307 vom 15. Februar 1903.

[4]) D. R. P. Nr. 43 117 vom 6. Juli 1887; Nr. 82 925 vom 11. Februar 1894; Nr. 97 641
vom 17. Juli 1897; Nr. 136 548 vom 10. Mai 1901 und Zusatz Nr. 150 462 vom 9. Dezember 1902.

[5]) Ztschr. f. Berg-, Hütten- und Salinenwesen 1887, Bd. 35 B, S. 356.

Von den beobachteten Geschwindigkeiten waren 10 größer und 6 kleiner als die mittlere Geschwindigkeit.

Die aus der Brenngeschwindigkeit abgeleitete Brenndauer (t) stellte sich bei den Versuchen, entsprechend den obigen Zahlen, zu $t = 78$ bis 144 Sekunden, im Mittel zu $t_m = 91$ Sekunden für 1 m Schnurlänge heraus. Als normal gilt eine Brenndauer von 90 bis etwas über 100 Sekunden für 1 m, was einer Brenngeschwindigkeit von etwa 10 bis 11 mm/sek entspricht[1]). H. Rentzsch in Meißen[2]) hat empfohlen, die Brenndauer der Zündschnur durch Aufdrücken von Zeichen oder Bewickeln der Schnurstelle mit Papier, Faden usw. in Abständen von $^1/_2$ oder 1 Minute kenntlich zu machen.

Der technologische Aufbau der Bickfordschen Sicherheitszünder.

Der leitende Gedanke bei der Wahl des technologischen Baues der Sicherheitszündschnüre ist, die Pulverseele mit einer schützenden Hülle zu umgeben, die sie vor äußeren Einwirkungen, insbesondere vor Feuchtigkeit, schützt, das Austreten von Gasen oder Flammen aus der brennenden Schnur möglichst verhindert und so viel Biegsamkeit besitzt, daß die Schnur leicht den örtlichen Verhältnissen entsprechend ausgelegt werden kann. Er wird also in erster Linie durch den Verwendungszweck der Schnur bestimmt. Dementsprechend unterscheidet man einfache, doppelte, dreifache, Band- und Guttapercha-Zündschnüre[3]). Von diesen werden die ersten für trockene Sprengarbeiten über oder unter Tage, die zwei- und dreifachen für feuchte Sprengarbeiten, insbesondere in Gruben, und die Band- und Guttaperchazünder für sehr nasse Sprengarbeiten und solche unter Wasser verwendet. Die in den Handel kommenden Schnüre besitzen verschiedene Farbe, so daß schwarze (graue), weiße, gelbe und rote Schnüre unterschieden werden. Die Fabrik für Sicherheitszündschnüre in Jessen, Regierungsbezirk Frankfurt a. O., W. Güttler, gibt beispielsweise eine Musterkarte heraus, die nicht weniger als 30, durch Aufbau bzw. Farbe unterschiedene Schnursorten enthält.

Die Sicherheitszündschnüre kommen in Ringen von etwa 250 mm Durchmesser und durchschnittlich 8 m Schnurlänge[4]) in den Handel und werden, in Holzkisten oder Fässern verpackt, versandt. Das Gewicht eines Ringes schwankte zwischen 119,3 bis 227,8 g und betrug im Mittel 181,5 g; das Gewicht von 1 m Schnur lag zwischen 15,2 bis 28,5 g (Mittel = 22,7 g). Das kleinste Längengewicht ward an einer „einfachen, schwarzen Zündschnur" von 4 mm Dicke, bzw. an einer „Guttapercha-Zündschnur" von 4,5 mm Dicke bestimmt. Das größte Längengewicht besaß eine „dreifache, weiße Zündschnur" von 5,7 mm Dicke. 4 und 5,7 mm bildeten zugleich die Grenzwerte für die Dicke der untersuchten Schnuren, für die sich 5 mm als Mittelwert ergab.

---

[1]) Im Jahrgang 1898 der Ztschr. f. Berg-, Hütten- u. Salinenwesen, S. 105, ist die Brenndauer angegeben für Bickford-Schnur aus Meißen = 110 Sek. für 1 m, für trockene Schnur von Brücker & Zschetzsche in Minden = 92 bis 106 Sek., für Juteschnur nach achttägigem Lagern in der Grube = 105 bis 145 Sek. für 1 m. Die Schwankungen der Brenndauer können je nach dem Feuchtigkeitsgehalt bis 10 v. H. betragen.

[2]) D. R. P. Nr. 83 306 vom 8. Januar 1895.

[3]) Nach Ann. des Mines 1843, S. 3 u. f. wurden damals unterschieden: Sicherheitszünder im allgemeinen: safety fuze, la fusée de sûreté; gewöhnliche Zünder für trockene Sprengung: common fuze, la fusée ordinaire; Spezialzünder für nasse Sprengung: sump fuze, fusées spéciales.

[4]) Die Länge schwankte bei 16 Ringen zwischen 7,825 und 8,560 m.

Die Schutzhülle der Pulverseele setzt sich aus 2 bis 4 Schichten zusammen. Die innerste derselben, welche die Pulverseele unmittelbar umschließt, bestand bei allen untersuchten Zündern aus grobem Jutegespinst von Nummer 2 bis 3, das, zu 10 Fäden zusammengelegt, in Rechtsdrehungen um die Pulverseele gewunden ist. Diese Innenschicht, die als erste Schicht bezeichnet werde, ist durch eine bis drei Deckschichten gegen Aufdrehen geschützt, die aufeinanderfolgend abwechselnd Links- und Rechtsdrehung besitzen. Hierauf beruhen die Bezeichnungen einfache, doppelte und dreifache Schnur. Die der Innenschicht folgende zweite Schicht ist 6 fädig. Sie besteht bei den einfachen Zündern, für die sie also zugleich die Außenschicht bildet, sowie bei den zweifachen Zündern aus 3 fädigen Baumwollzwirnen der Nummern 6 bis 8, die rechtsläufig mit durchschnittlich 25 bis 30 Drehungen auf 100 mm aus links gedrehtem Garn, Nummer 18 bis 28, zusammengedreht sind. Eine Ausnahme hiervon machen die „doppelten Band-Zündschnuren", bei denen, wie bei den dreifachen Zündern, eine 6 fädige Lage von Jutegarn, Nummer 6 bis 7, die zweite Schicht bildet. Die dritte Schicht ist für die Doppelschnuren die Außenschicht und ist als solche aus 10 Baumwollzwirnen der schon genannten Art zusammengesetzt oder besteht (bei den Band-Zündschnuren) aus einer Umwicklung mit 15 bis 18 mm breitem Baumwollband. Für die dreifache Schnur wird sie entweder aus einer 8- bis 10 fädigen Jutegarnlage (Nr. 6 bis 7) oder aus einer der obigen gleichen Bandwicklung gebildet. Die vierte Schicht endlich besteht, weil Außenschicht, wieder aus einer 10 fädigen Lage des Baumwollzwirns oder (bei den Bandzündern) aus einer der vorigen gleichen Bandwicklung. Bei den Guttaperchazündern bildet ein Guttaperchaüberzug die Außenschicht.

Die zum Umwinden der Bandzünder benutzten „Bänder" haben keine Webleisten, sie sind, um ein gutes Aneinanderschmiegen der Ränder zu sichern, in der erforderlichen Breite aus einem Gewebe geschnitten, das etwa 20 Faden Schuß- und Kettendichte besitzt. Sie werden derart auf die Unterschicht aufgewunden, daß sich die Ränder um etwa 2 bis 3 mm übergreifen.

Ein ausreichender Schutz der Pulverseele gegen Feuchtigkeit ist ein wesentliches Erfordernis für die Sicherheit und Zuverlässigkeit des Gebrauches der Zündschnur. Dieser Schutz ist den verschiedenen Verwendungsarten anzupassen, da mit der Steigerung desselben auch der Preis[1]) der Zünder steigt, eine unnötige Steigerung daher vermieden werden muß. Im allgemeinen wird er erzielt durch Tränken aller oder einzelner Lagen der Pulverhülle mit Stoffen, die die Feuchtigkeit abwehren. Als solche kommen für trockene Verwendung die reine Leimung oder die Tränkung mit einer Leimlösung in Frage, die mit Mineralstoffen, wie Talkum, Gips, Schlämmkreide u. dgl., auch unter Zugabe von Farbstoffen versetzt ist. Beispielsweise 1,8 kg bester Leim, 0,9 kg gelbe Seife — bei geringer Wärme in 55 kg Wasser gelöst und 25 kg Schlemmkreide zugesetzt[2]) —, 1 kg Leim, 1 kg Alaun, 1 kg Mennige, 17 kg feiner Töpferton mit heißem Wasser zu dünner Salbe gemischt[3]).

Für den Gebrauch an feuchten Arbeitsorten werden die Innenschichten, vielfach aber auch die Außenschicht, mit einer Teertränkung versehen, wobei im letzten Falle die fertigen Schnüre mit Talkum bestreut werden, um bei der Lagerung und Versendung das Zusammenkleben zu verhindern. Auch wird das Kreiden

---

[1]) Guttapercha-Zündschnur kostet etwa 2,5 mal soviel als einfache weiße Zündschnur.
[2]) Engl. Pat. Nr. 10 928 vom 6. November 1845 von S. Bickford, G. Smith, T. Davey.
[3]) Engl. Pat. Nr. 1049 vom 12. April 1865 von S. Bickford.

der Außenschicht mit dem Teeren der einen oder auch dem mehrerer der inneren Schichten vereint.

Zündschnüre, die für das Sprengen unter Wasser bestimmt sind, erhalten einen Überzug von Guttapercha. Ein solcher wurde zuerst von Henry Carbines zu Hayle in Cornwall[1]) eingeführt. Davey empfahl im Jahre 1858 eine Mischung von 1 Teil Harz, 1 Teil Burgunder Pech und 4 Teilen Guttapercha heiß aufzutragen.

Versuche haben gezeigt, daß beim Lagern in feuchter Luft, wie sie beispielsweise in Grubenbauen vorhanden ist, die Zündschnüre Feuchtigkeit aufnehmen, die sich durch eine Gewichtsvermehrung kenntlich macht. So stieg das Gewicht nicht wasserdicht getränkter Schnüre aus Jute nach 5 Tagen um etwa 6 v. H., nach 10 Tagen um etwa 21 v. H.; bei Schnüren aus Baumwolle wurde nach 10 Tagen eine Gewichtszunahme von 5 v. H. ermittelt. Für Guttaperchazündschnüre gibt Güttler die Wasseraufnahme nach 10 Tagen zu 3 v. H. an[2]).

Die Stärke des Kreideüberzuges einer Fadenschicht schwankt etwa zwischen 2,6 bis 6,9 g, die Teerung zwischen 1,3 bis 3,9 g auf 1 m Schnur. Die größeren Werte gelten für die oberen Schichten. Der Gesamtverbrauch für 1 m Schnur kann zu etwa 3 bis 11 g Kreide, bzw. 3,5 bis 10 g Teer angenommen werden. Der letztere steigert sich mit der Verwendung der Schnur an nassen Orten. Eine untersuchte Guttaperchaschnur zeigte auf 1 m Länge 2,5 g Teergehalt und eine Guttaperchaumhüllung von 4,9 g Gewicht.

Über die Zusammensetzung des zum Füllen der Zündschnur verwendeten Schwarzpulvers liegen aus neuerer Zeit Mitteilungen nicht vor. Eine ältere Quelle[3]) gibt dessen Zusammensetzung

für Trockenzünder zu 73 Salpeter, 15,5 Kohle, 11,5 Schwefel
,, Naßzünder   ,, 77   ,,   13,5   ,,   9,5   ,,

an. Die Menge des in 1 m Zündschnur befindlichen Pulvers betrug im Jahre 1845 etwa 11 bis 12 g; gegenwärtig schwankt sie bei $1^{1}/_{2}$ bis 2 mm Dicke der Pulverseele etwa zwischen 5 und 7 g. Das Pulver ist kantig gekörnt. Die Korngröße ist ungleichmäßig und steigt von Mehlfeinheit bis zu etwa 0,6 mm. Beim Absieben des Pulvers ergab das

60 Maschensieb:	2,5	v. H. Rückhalt,	97,5	v. H. Durchlaß	
120	,,	3,7 ,,	,,	96,3	,, ,,
225	,,	20,3 ,,	,,	79,7	,, ,,
900	,,	69,5 ,,	,,	30,5	,, ,,
2500	,,	95,0 ,,	,,	5,0	,, ,,

Erwähnt sei, daß man verschiedentlich versucht hat, die lose Pulverseele durch andere explosible Mischungen zu ersetzen; beispielsweise durch Fäden, die für langsam brennende Zünder mit einem Teig aus Schießpulver und Gummiwasser, für schnell brennende mit einem solchen aus salpetersauren oder chlorsauren Kalisalzen umhüllt sind[4]). E. Gomez & Mills empfehlen, die Fäden in Strähnform mit einer dünnen Mischung der explosiblen Masse in Gummiwasser zu sättigen, dann durch einen dicken Teig derselben Mischung zu ziehen und zu trocknen[5]).

---

[1]) Engl. Pat. Nr. 10 364 vom 24. Oktober 1844.
[2]) Ztschr. f. Berg-, Hütten- u. Salinenwesen 1898, B., S. 105.
[3]) Ann. des Mines 1843, 4. Reihe, IV. Bd., S. 3 bis 42.
[4]) Engl. Pat. Nr. 14 065 vom 15. April 1852 von Davey und Chanu.
[5]) Dinglers polyt. Journal 1858, Bd. 150, S. 430.

Auch soll eine gleiche Mischung zum Tränken des Kennfadens der Bickfordschen Zünder benutzt werden, um dadurch auch bei nicht zusammenhängender Pulverseele die Zündung vollkommen zu machen[1]).

Die nachstehende Zusammenstellung enthält die technologische Analyse einiger der gegenwärtig in den Handel kommenden Bickfordschen Zündschnüre.

Einzelteile der Zünder, Gewicht in g/m	Zündschnüre für								
	trockene Sprengung			feuchte Sprengung			nasse Sprengung		
	ge-leimt	ge-kreidet	ge-teert	ge-kreidet	ge-teert	ge-teert	ge-teert	ge-teert	Gutta-percha
I. (Innen-)Schicht .	4,72 *j*	4,98 *j*	3,96 *b*	5,54 *j*	3,95 *j*	6,24 *j*	4,68 *j*	4,36 *j*	5,54 *j*
II. ,, .	1,28 *j*	1,31 *b*	1,14 *b*	1,31 *b*	1,34 *j*	1,40 *j*	2,80 *j*	1,59 *j*	1,58 *j*
III. ,, .	1,42 *b*	—	—	1,84 *b*	2,27 *b*	1,71 *b*	1,49 *j*	1,40 *Bb*	4,88 *g*
IV. ,, .	—	—	—	—	1,32 *b*	—	1,40 *b*	1,78 *Bb*	—
Füllfaden	0,06 *b*	0,07 *b*	0,06 *b*	0,07 *b*	0,06 *b*	0,07 *b*	0,06 *b*	0,06 *b*	0,07 *b*
Leim	1,92	—	—	—	—	—	—	—	—
Kreide + Leim . . .	—	2,59	—	4,22	10,11	—	—	—	—
Teer	—	—	3,46	3,44	3,54	6,91	10,25	9,90	2,47
Pulver	5,47	6,21	6,73	6,57	5,01	6,41	5,85	5,82	5,32
Gewicht v. 1 m Schnur	14,87	15,16	15,35	22,99	27,60	22,74	26,53	24,91	19,86

Hierin bedeutet *b* = Baumwollgespinste,
               j = Jutegespinste,
              g = Guttapercha,
          B b = Baumwollband.

Die Herstellung der Bickfordschen Sicherheitszünder.

Im Laufe der Zeit sind verschiedene Bildungsweisen der die Pulverseele unmittelbar umschließenden inneren Hüllschicht zur Anwendung gekommen. Ihnen entsprechen verschiedene Herstellverfahren der Sicherheitszündschnüre.

Das älteste davon ist das von Bickford angegebene; es gelangt gegenwärtig allein noch zur Anwendung. Kennzeichnend dafür ist die Bildung eines hohlen rechtsgedrehten Gezwirnes, dessen Höhlung die aus körnigem Pulver bestehende Zündfüllung aufnimmt und das durch Umspinnen mit einer oder mehreren Fadenschichten gefestigt wird. Die anderen Verfahren haben nur geschichtlichen Wert.

Nach dem einen, seinerzeit in der Sicherheitszünder-Fabrik zu Jenbach in Tirol zur Anwendung gekommenen Verfahren[2]) wird die schlauchförmige Pulverhülle durch zehn Fäden gebildet, die ohne gegenseitige Verzwirnung in gestreckter Lage aneinanderschließen und durch Umwinden mit einer Deckfadenlage zusammengehalten werden. Die Einrichtung der Maschine, die bei der Herstellung der Zünder Anwendung fand, ist aus Fig. 1 zu ersehen. Die von den feststehenden Spulen *a* durch den Haspel *b* abgezogenen Fäden schließen den Pulvertrichter *c* ein und vereinen sich unterhalb seiner Mündung zu einem Schlauch, der mit den Fäden der ihn umkreisenden Spule *d* umwunden wird. Die fertige Schnur läuft über die Leitrolle *e* und wird auf den Haspel *b* aufgewunden. Das in das Getriebe eingeschaltete Rad *f* dient zum Antrieb der Spulmaschine. Gleichzeitig mit dem

---

[1]) Engl. Pat. Nr. 1475 vom 28. Juni 1855.
[2]) Berg- u. Hüttenmännisches Jahrbuch für Leoben 1853, S. 275.

dem Pulvertrichter entfließenden Pulver wird ein der Spule *g* entnommener Füllfaden in die Schnur eingefügt.

Nach einem dritten, von G. Fr. James zu Manchester angegebenen Verfahren[1]) wird der Pulverschlauch aus einem 16fädigen Hohlgeflecht aus Jute oder Baumwolle gebildet, dem das Pulver am Entstehungspunkt zufließt. Zur Herstellung des Hohlgeflechtes wird eine Klöppelmaschine gewöhnlicher Bauart benutzt, bei der das Geflecht innerhalb eines senkrecht stehenden Führungsrohres, das sich an die abwärts gerichtete Ausflußmündung des Pulvertrichters anschließt, mittels eines Haspels nach unten abgezogen wird.

Ferner muß hier der von dem Ingenieur Michael Loam zu Treskerley[2]) und dem Zünderfabrikanten Simon Davey zu Tuckingmill[3]) angegebenen Herstellung von Zündern Erwähnung geschehen[4]). Beide ersetzen die Fadenhülle durch ein Stoffrohr, das mittels einer geeignet gestalteten Führungshülse durch Zusammenbiegen eines Stoffbandes hergestellt wird. Während Loam dieses Rohr mit losem Schießpulver füllt, lagert Davey mehrere Fäden in das Rohr ein, die nach dem schon erwähnten von ihm und Chanu angegebenen Verfahren mit Schießpulver imprägniert sind. In beiden Fällen wird das Bandrohr durch Umspinnen gefestigt. Fig. 2 und 3 führen die arbeitenden Teile der von Davey angegebenen Umspinnmaschine vor.

Von diesen verschiedenen Bildungsweisen der Pulverhülle hat sich, wie bereits erwähnt, die älteste von William Bickford schon 1831 angegebene bis auf die Jetztzeit erhalten[5]). Sie allein gewährt die Möglichkeit, ein fehlerfreies Fabrikat herzustellen und Pulververluste während der Herstellung zu vermeiden. Dieser letzte Punkt ist von besonderer Bedeutung, da derartige Verluste zu unbeaufsichtigtem Verstreuen von Pulver führen und dadurch die Gefahr einer Explosion nahelegen.

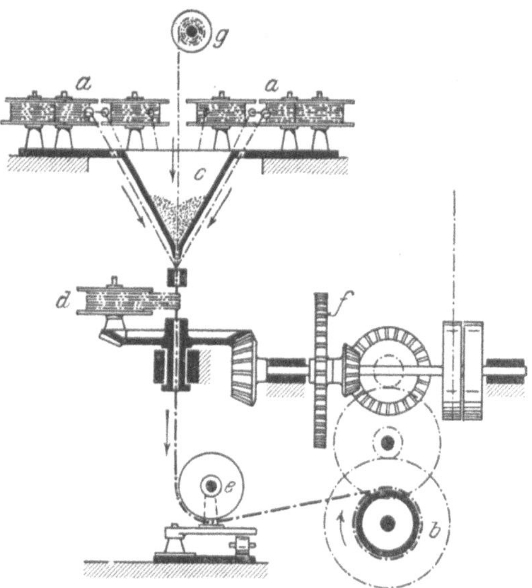

Fig. 1. Jenbacher Zünderspinnmaschine.

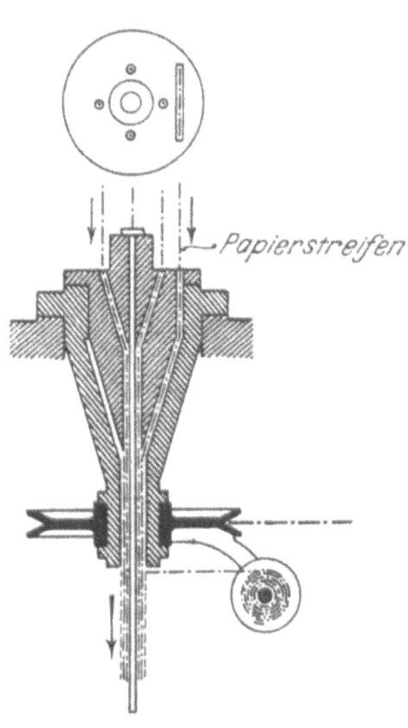

Fig. 2 u. 3. Zünderüberspinnmaschine von Davey.

---

[1]) Sächsisches Patent Nr. 3082 vom 11. März 1872.

[2]) Engl. Pat. Nr. 12 406 vom 11. Januar 1849.

[3]) Engl. Pat. Nr. 1475 vom 14. September 1855.

[4]) Mit anderen Zündmitteln als Schießpulver hergestellte Zünder, wie z. B. der „Britannia-Zünder" von Whitehorn in Melbourne, sind hier nicht berücksichtigt.

[5]) Das Bickford in England am 6. September 1831 erteilte Patent Nr. 6159 ist 1845 erloschen.

Die stetig fortschreitende Bildung des Fadengezwirnes erfordert auch die stete
Zuführung eines gleichmäßigen Pulverstromes. Hierbei muß das Pulver, wenn es
die nur wenige Millimeter im Durchmesser messende abwärtsgekehrte Ausflußmündung des Pulvertrichters verläßt,
sogleich in den am Umfang bereits geschlossenen Schlauch eintreten. Die
Schlauchbildung hat daher bereits oberhalb der Trichtermündung zu beginnen
und muß an dieser bereits beendet sein.
Dementsprechend wird das Trichter-
ende schlank kegelförmig gestaltet und
werden die Hüllfäden ihm in gleichmäßiger Verteilung und strahlenförmi-
ger Anordnung so zugeführt, daß die
Verzwirnung bereits oberhalb der Mündung beginnt, diese also von dem sich
schraubenförmig zu einem Hohlgezwirn
aneinander schmiegenden Fäden allseitig umschlossen wird, Fig. 4 und 5.

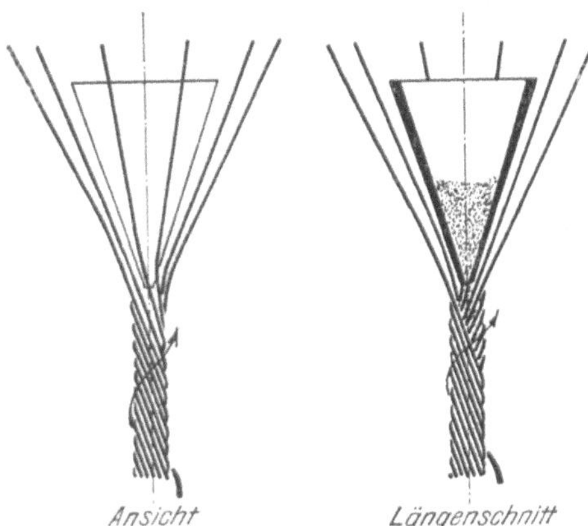

Fig. 4 u. 5. Bildung des Pulverschlauches.

Die von Bickford für die Bildung dieses Hohlgezwirnes ursprünglich benutzte
Zwirnmaschine, Fig. 6 und 7, ist dem bekannten Seilerrad nachgebildet. Die den

Spulen a entnommenen Gespinstfäden werden
über einen Führungsring b geleitet, durch Bohrungen in der Wand des Pulvertrichters c einer
unterhalb der Trichtermündung liegenden Hülse d
zugeführt und im weiteren Verlauf nach Ab-
lenkung durch eine Leitrolle e an den Haken f
einer drehbaren Spindel angeschlossen. Die Drehung der Spindel ist von der Verschiebung eines
sie tragenden Wagens g abgeleitet und wird unter

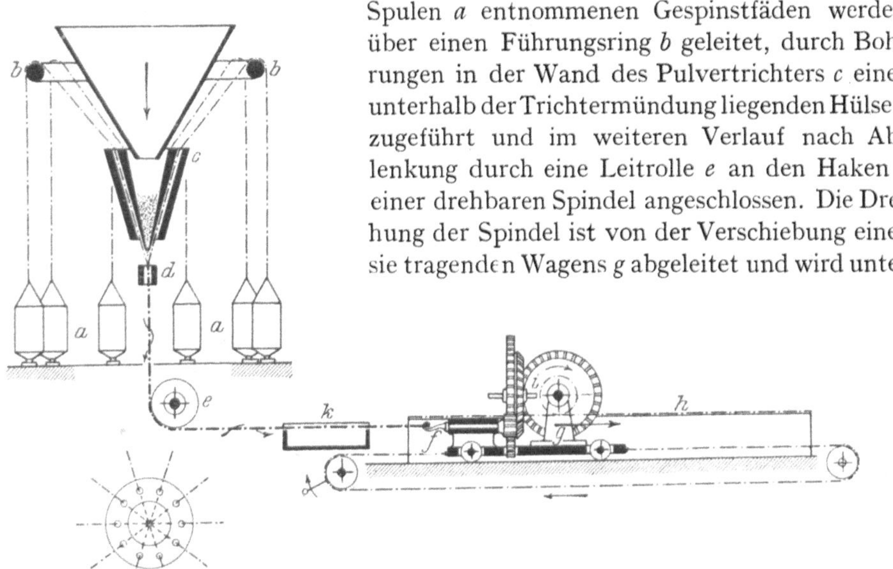

Fig. 6 u. 7. Zünderspinnmaschine (Zwirnmaschine) von Bickford.

Vermittlung einer der Wagenbahn entlanglaufenden Zahnstange h und eines mehrfachen Radgetriebes i derart bewirkt, daß das Gezwirn die auf die Längeneinheit
berechnete Drehungszahl erhält.

Nach Vollendung eines der Länge der Wagenbahn (beiläufig 65′ engl.) gleichen-
den Zünderstückes wird dieses vom Spindelhaken abgenommen und oberhalb des
Kastens k von dem in der Maschine zurückbleibenden Ende abgeschnitten. Es

wird hierauf zwischen die Haken *l* und *m* der Überspinnmaschine, Fig. 8 bis 10, eingeschaltet und während der von der Kurbel *n* eingeleiteten Drehung unter Benutzung einer zangenartigen Leithülse *o* mit den Überspinnfäden bedeckt. Der Spinner, der die Fadenspulen *p* trägt, schreitet mit der Leithülse an der umlaufenden Schnur entlang. Er beginnt hierbei am Haken *l*, wodurch die aufgelegten Fadenwindungen entgegengesetzte Drehung zu der Grundschnur erhalten. Ein an der Laufbahn entlanggeführter Klingelzug *q* gestattet ihm, sich bei auftretender Unregelmäßigkeit der Bewicklung mit dem Kurbeldreher in Verbindung zu setzen.

Diese Herstellungsart der Zündschnüre ist von der Firma Bickford & Co. zu Tuckingmill lange Jahre hindurch beibehalten worden. Sie hat die Inhaber der Firma John Salomon Bickford, George Smith und Thomas Davey veranlaßt, noch im Jahre 1845 ein Verbesserungspatent[1]) in England zu entnehmen mit dem Ziel, die Leistungsfähigkeit der Maschine durch Vermehrung der Pulvertrichter und Drehhaken zu steigern, so daß gleichzeitig drei und mehr Zündschnuren zur Anfertigung gelangen konnten.

Das genannte Patent bietet aber noch ein besonderes Interesse. In ihm findet der sog. „Füllfaden" erstmalig Erwähnung mit der Zweckangabe, den Austritt des Pulvers aus der Trichteröffnung zu fördern und zu regeln. Mit der Einführung dieses Fadens, der den Pulvertrichter

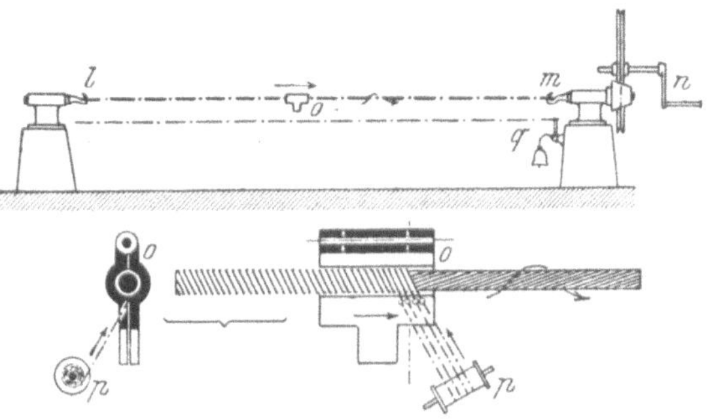
Fig. 8 bis 10. Zünderüberspinnmaschine von Bickford.

durchläuft, von dem fortschreitenden Zünder fortbewegt wird und sich in das Innere der Pulverseele einlagert, ist ein wesentlicher Fortschritt in der Fabrikation der Sicherheitszünder gekennzeichnet.

Es liegt die Vermutung nahe, daß das zuletzt genannte Patent in seinem ersten, die Leistungssteigerung der Zünderspinnmaschine betreffenden Teil, dem Streben entsprang, einem anderen ein Jahr früher aufgetauchten Fabrikationsverfahren das Gleichgewicht zu halten. Dieses neue Verfahren, das in zweckdienlicher Weise die Bildung der Pulverhülle und deren Festigung durch Umspinnen in einem Arbeitsgang ermöglichte, war im Jahre 1844 von Henry Carbines zu Hayle in Cornwall angegeben worden[2]). Es ist dieses Patent der Ausgang geworden für alle neueren Zünderspinnmaschinen, sofern es die lange Seilerbahn beseitigt und die Fabrikation auf kleinen Raum zusammendrängt, eine größere Sicherheit der Einführung des Pulvers in den Fadenschlauch gewährt und gestattet, diesen unmittelbar nach seiner Entstehung mit beliebig vielen Deckfadenschichten zu bedecken. Während Bickford die Fäden, die den Pulverschlauch bilden, feststehenden Spulen entnahm, läßt Carbines die Fadenspulen zum Zweck der Verzwirnung den Pulvertrichter umkreisen, so daß die Fadenwindungen von diesem abgleitend sich unmittelbar über der Trichtermündung zum Schlauch zusammenschließen, ohne daß dieser selbst eine Drehung um seine Achse erfährt. Der Zünder kann daher, dem Fort-

---

[1]) Engl. Pat. Nr. 10 928 vom 6. November 1845.
[2]) Engl. Pat. Nr. 10 364 vom 24. Oktober 1844.

schritt seines Entstehens entsprechend, in beliebiger Länge angefertigt und auf
einen Haspel aufgewunden werden.

Das Carbinessche Patent gibt eine Einrichtung der Spinnmaschine an, durch
welche der in der Bildung begriffene Zünder gleichzeitig mit einer Lösung von
Kautschuk oder Guttapercha getränkt wird. In Fig. 11, die den der Carbines-
schen Maschine zugrunde liegenden Konstruktionsgedanken wiedergibt, ist diese
Einrichtung, zwecks Vereinfachung der Darstellung, weggelassen worden. Von
den beiden Spulenkörben a und b, die sich um die gemeinsame Achse x gegenläufig
drehen, trägt der innere Spulenkorb a die zur Bildung des Pulverschlauches
bestimmten Fäden c, die am Pulvertrichter d herablaufen und sich unterhalb
seiner Mündung in der Hülse e zu einem rechtsgedrehten Gezwirne vereinen,
welches das dem Trichter entfließende Pulver aufnimmt. Bei dem Übertritt dieses

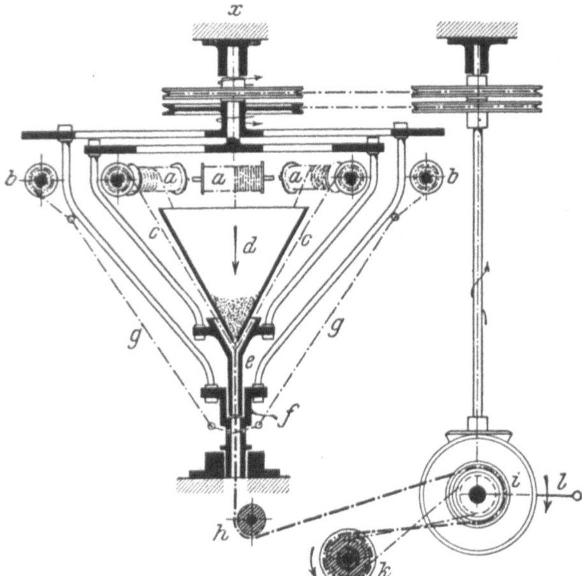

Fig. 11. Zünderspinnmaschine von Carbines.

Gezwirnes in die dem Spulenkorb b angehörende Hülse f
erhält es die aus den Fäden g
gebildete linksläufig aufgelegte
Deckfadenschicht. Im weiteren Verlauf wird der hiermit
fertig gesponnene Zünder über
die Leitscheiben h, i hinweg
dem Haspel k zugeführt. Der
Antrieb dieses Haspels wird
durch einen gekreuzten Riemen vermittelt und geht ebenso wie derjenige der Spulenkörbe von dem Kurbelan-
trieb l aus.

Von dieser Carbines-
schen Zünderspinnmaschine
unterscheiden sich die Maschinen der Neuzeit nur in
konstruktiver Beziehung. Die
Geheimhaltung der Fabrika-
tionseinrichtungen durch die Zünderfabriken macht es schwer, etwaige Fortschritte der Fabrikation zu verfolgen. Die neueste Veröffentlichung hierüber
entstammt dem Jahre 1892[1]), dürfte aber für die Gegenwart bezüglich der Einrichtung der Fabrikationsmaschinen im großen und ganzen noch maßgebend sein.
Die Patentliteratur läßt hinsichtlich dieser in der neueren Zeit völlig im Stich; die
einschlägigen Patente des In- und Auslandes sind allein in bezug auf den Bau und
die Anwendung der Zünder wegzeigend.

Der genannten Veröffentlichung von Rabitz sind die Unterlagen für die
beistehende Skizze, Fig. 12 und 13, entnommen, die die grundlegende Einrichtung
der Maschine in räumlich abgeänderter Art wiedergibt.

Die beiden Spulenkörbe a und b sind gleichachsig in dem Gestell der Maschine
gelagert. Sie werden in gegenläufigem Sinne durch zwei offene Riemen c und d
angetrieben, deren Antriebscheiben durch das Wendegetriebe e von der Antrieb-

---

[1]) Karmarsch u. Heeren, Technisches Wörterbuch, XI. Band; Stichwort: Zündschnüre
von Ingenieur C. Rabitz.

achse *f* aus verschiedensinnig umgetrieben werden. Die Bewegung der Achse *f* wird auch durch das Kegel- und Schneckenradgetriebe *g, h* auf die Abzugscheibe *i* übertragen und von da dem Schnurenführer *k*, sowie durch einen schlaffen und dadurch erforderlichenfalls gleitenden Kreuzriemen dem Haspel *l* zugeleitet. Der Pulvertrichter *m* enthält die Füllfadenspule *n* sowie einen Hahn *o*, der die ausfließende Pulvermenge dem Fortschritt der Schnurenbildung entsprechend regelt. Die

Spulenscheibe *a* trägt im Kreis geordnet 10 Fadenspulen *p* mit Jutegarn, deren Fäden sich in dem mit der Scheibe umlaufenden bronzenen Leittrichter *q* unter Aufnahme des Pulvers zu dem Innenschlauch *r* vereinen. Dieser wird beim Durchlaufen der ebenfalls von der Spulenscheibe getragenen zweiteiligen Spannkluppe *s* fest zusammengedrückt und gelangt sodann in eine zylindrisch gebohrte, auf der Spulenscheibe *b* sitzende Stahlöse *t*, über deren obere, mit sechs radialen Einschnitten versehene Kante ihr die 6 Umspinnfäden *u* zugeleitet werden. Während im weiteren Verlauf die kegelförmige Gestalt der vom Zünder dreimal umschlungenen Abzugscheibe *i* die Längsbewegung des Zünders sichert, gleicht der den Haspel treibende schlaffe Riemen Ungleichheiten in der Aufwickel-

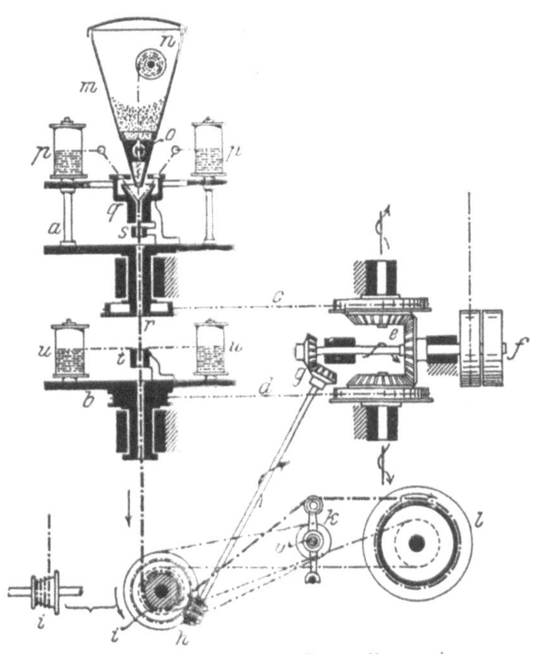

Fig. 12 u. 13. Schematische Darstellung einer neuzeitlichen Zünderspinnmaschine.

geschwindigkeit aus. Der Schnurenleiter *k*, den eine kreuzgängige Schraubenspindel *v* parallel zur Haspelachse hin und her führt, bewirkt das gleichmäßige Nebeneinanderlegen der Haspelwicklungen.

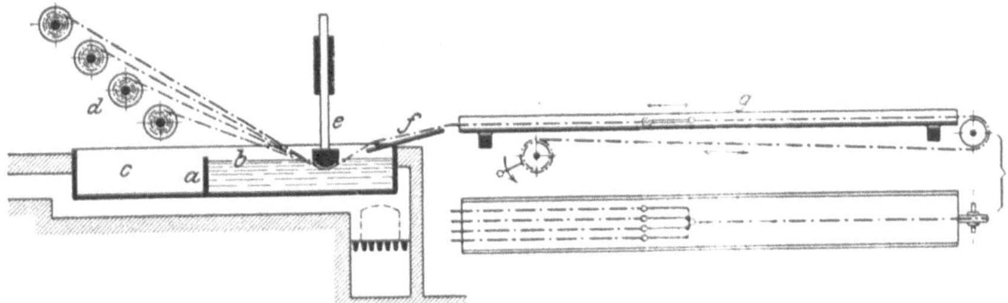

Fig. 14 u. 15. Vorrichtung von Bickford zum Firnissen der Zünder.

An die Herstellung der gesponnenen Schnur schließt sich das Tränken oder Überziehen derselben mit Leim, Teermischung oder Guttapercha. Nach dem Bickfordschen Patent vom Jahre 1831 wird zum Erwärmen der Mischung eine offene Pfanne benutzt, der Zünder durch das heiße Firnisbad gezogen und sodann auf einem langen Arbeitstisch zum Trocknen aufgelegt, Fig. 14 und 15. Eine nicht bis zum Pfannenrand emporreichende Scheidewand *a* teilt die Pfanne in zwei Abteilungen. Die eine *b* enthält die zu erwärmende Masse, die andere *c* nimmt die Masse auf, wenn sie infolge mangelhafter Wartung überkocht, so daß ihr Überfließen in den Arbeitsraum verhütet wird. Die von den Spulen *d* ablaufenden Zündschnüre werden unterhalb eines gerillten Tauchklotzes *e* durch das Bad gezogen und über ein Ablaufbrett *f* hinweg dem Trockentisch *g* zugeführt. Durch Bestreuen mit Talkpulver, Kreide u. dgl. wird hier das Zusammenkleben der Schnüre ver-

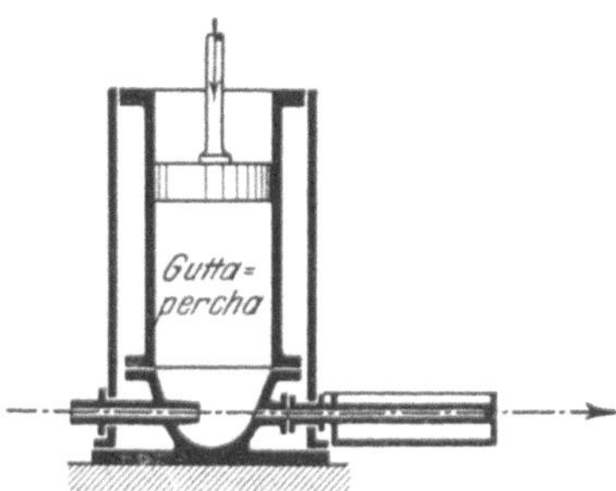

Fig. 16. Guttapercha-Presse von George Smith.

hindert. Bei den neueren Einrichtungen werden die Schnüre nach dem Firnissen auf Trommeln aufgewunden.

Für das Bedecken der Zündschnur mit Guttapercha benutzte, wie schon erwähnt, C a r b i n e s die von ihm angegebene Spinnmaschine; er ließ die Schnur vor dem Aufwinden der Deckfäden durch ein mit dem ersten Spulenteller verbundenes Gefäß laufen, das eine Guttaperchalösung enthielt und von einem Dampfgefäß umschlossen war.

Zwei Jahre nach der Erteilung des Patentes an C a r b i n e s gelang es George Smith, einem Teilhaber der Bickfordschen Zünderfabrik, Guttapercha unmittelbar zum Überziehen der gesponnenen Schnur zu verwenden[1]). Er leitete die Schnur quer durch einen mit einem Dampfmantel umgebenen Zylinder, Fig. 16, aus dem die durch Erwärmung erweichte Guttapercha durch die gleiche Düse ausgepreßt wird, durch welche die Zündschnur den Zylinder verläßt. Hierbei bedeckt sich diese mit einer der Düsenweite entsprechend dicken Guttaperchaschicht, die dann durch Kühlung in Wasser gehärtet wird.

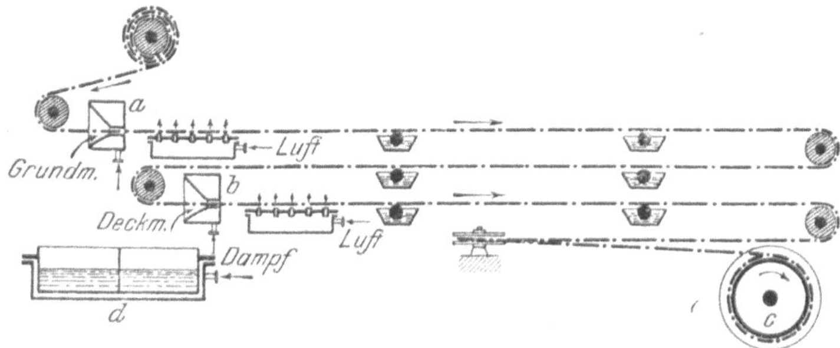

Fig. 17. Schematische Darstellung einer neuzeitlichen Vorrichtung zum Überziehen der Guttaperchazünder.

Das gleiche Patent schildert auch den Versuch, eine Guttaperchazündschnur durch unmittelbaren Einschluß des Pulvers in ein Guttapercharohr herzustellen[2]).

Gegenwärtig erfolgt die Herstellung der Guttaperchazünder nach der Mitteilung von R a b i t z[3]) derart, daß die Hüllfäden des Zünders vor dem Aufbringen des Guttaperchaüberzuges mit einer Mischung aus geringer Guttapercha, schwedischem Pech und Leinöl oder syrischem Asphalt, Leinöl und Guttapercha grundiert werden. Die Zündschnur durchläuft zwei mit Dampf geheizte Ziehdüsen *a* und *b*, Fig. 17, in deren kegelförmige Erweiterung auf der Eintrittseite die ge-

---

[1]) Engl. Pat. Nr. 11 447 vom 12. November 1846.

[2]) Andere auf Guttaperchazünder bezügliche Angaben enthalten noch die Engl. Pat. Nr. 1475 vom 14. September 1855 und Nr. 2382 vom 24. September 1861.

[3]) S. Abschnitt „Zündschnüre" im Techn. Wörterbuch von K a r m a r s c h u. H e e r e n.

schmolzenen zähen Massen eingestrichen werden. In der ersten Ziehdüse (*a*) erfolgt das Auftragen der Grundmasse, in der zweiten (*b*), etwas größeren, das des Guttaperchamantels. Unmittelbar nach dem Verlassen der Ziehdüsen wird die Schnur durch Anblasen eines kalten Luftstromes gekühlt und sodann wagerecht freihängend und nur stellenweise durch in Wasser laufende Holzrollen unterstützt, zum Zweck der Festigung des Überzuges mehrfach hin und her geleitet. Schließlich wird die Schnur in einfacher Lage auf eine etwa 1600 mm breite Trommel *c* aufgewunden. Der Umfang dieser Trommel ist zwischen 6 bis 8 m einstellbar, so daß die Trommelbewicklung durch einen parallel zur Trommelachse geführten Schnitt in eine Anzahl 6 bis 8 m lange Stücke, gleich der Handelslänge, zerlegt werden kann. Die Verflüssigung der aufzutragenden Massen erfolgt in einer durch Dampf geheizten zweiteiligen Schmelzpfanne *d*. Oberhalb dieser befinden sich in Wirklichkeit nicht zwei, sondern vier Ziehdüsen, wovon zwei für das Auftragen der Grundmasse, zwei für das der Deckmasse bestimmt sind. Dieselben liegen in gleicher Höhe über der Schmelzpfanne und werden gleichzeitig von zwei Zündschnüren durchlaufen.

Die erste deutsche Sicherheitszünderfabrik zu Meißen im Königreich Sachsen.

Die Einführung der Fabrikation der von W. Bickford im Jahre 1831 erfundenen Sicherheitszünder in Deutschland ist mit den Namen Franz Ludwig und Johann Ernst Jacobi, den Söhnen von Johann Gottlieb Jacobi, des

Johann Ernst Jacobi
geb. 1. April 1814   gest. 31. Mai 1867.

Franz Ludwig Jacobi
geb. 19. Okt. 1805   gest. 25. Sept. 1864.

Mitbegründers der „Gute Hoffnungshütte Jacobi, Haniel und Huissen" zu Sterkrade im Rheinland, innig verknüpft. Franz Jacobi hatte im Jahre 1835 gemeinschaftlich mit seinem Vetter Karl Jacobi im Triebischtal bei Meißen eine Eisengießerei und Maschinenfabrik begründet, die bald zu größerer Ausdehnung gelangte. Sein Bruder Ernst, der seit 1835 in der damals berühmten Maschinenfabrik und

Schiffswerft von Harvey & Co. zu Hayle bei Camborne in Cornwall als Ingenieur tätig gewesen war, kehrte im Jahre 1842 mit der Absicht nach Deutschland zurück, Teilhaber an der Eisengießerei seines Bruders zu werden. In Hayle war er mit den Leitern der in Camborne bestehenden Bickfordschen Zünderfabrik bekannt geworden und hatte deren Fabrikate kennen gelernt, die im Bergwesen Englands bereits Eingang gefunden hatten und den alten Zündverfahren gegenüber nicht unerhebliche Vorteile boten. Als umsichtiger Geschäftsmann benutzte Ernst Jacobi diese Kenntnis, die Sicherheitszünder in Deutschland einzuführen, und sein Eintritt in das Meißener Eisengießereigeschäft schien ihm die geeignete Gelegenheit hierzu zu sein. Es ist mit Sicherheit anzunehmen, daß die erste versuchsweise Anschaffung englischer Sicherheitszünder durch die Freiberger Gruben, die einer

Joseph Eales
gest. 21. März 1890.

Notiz im „Kalender für den Sächsischen Berg- und Hüttenmann"[1]), Jahrgang 1844, S. 129 zufolge, im Jahre 1842 stattfand, auf die Veranlassung der Firma F. L. und E. Jacobi in Meißen zurückzuführen ist, bzw. daß diese Firma den Bezug der Zünder aus England vermittelte.

Die Versuche wurden auf fünf Gruben, zum Teil auch in einem Steinbruch vorgenommen. Sie ergaben gegenüber den älteren Zündverfahren einen um 17 bis 20 v. H. geringeren Pulververbrauch und bestätigten die dem Sicherheitszünder nachgerühmte vorzügliche Eignung für wasserhaltige Löcher. Gleichzeitig traten aber auch Mißstände zutage, wie schweres Anzünden, nicht sicheres Fortbrennen und Wetterverderbnis durch den verdampfenden Pechüberzug der Schnur, so daß die Bergwerksverwaltung von weiteren Versuchen vorläufig absah. Solche wurden erst in den Jahren 1846 und 1847 in großem Umfange wieder aufgenommen und mit großer Umsicht unter besonderer Rücksichtnahme auf die Wirtschaftlichkeit des neuen Zündverfahrens durchgeführt[2]). Die zu den im Jahre 1842 angestellten Versuchen verwendete Zündschnur war englischen Ursprungs, hatte nahezu 5 mm Dicke und besaß eine 2 mm dicke Pulverseele. Die Umhüllung dieser bildeten 12 überpichte Leinenfäden und eine aus 13 bis 14 mm breitem Band bestehende Bandwicklung.

Das Interesse, das Ernst Jacobi an der Einführung der Sicherheitszünder in Sachsen nahm, sowie die Absicht der englischen Firma Bickford, Smith & Co.,

---

[1]) Seit 1858 „Jahrbuch für den Sächsischen Berg- und Hüttenmann".
[2]) Bericht des Berggeschworenen Tr. Fr. Graff vom April 1849 im „Kalender für den Sächsischen Berg- und Hüttenmann" 1850, S. 42 bis 46.

zum Zweck der Vermehrung und Erleichterung des Absatzes ihrer Fabrikate in Deutschland ebenso, wie sie es bereits in Amerika und Frankreich getan, eine Fabrik für englische Sicherheitszünder zu gründen, wurden für die Firma die Veranlassung, mit den Gebrüdern Jacobi in nähere Verbindung zu treten. Die Verhandlungen führten zum Abschluß eines Vertrages, kraft dessen die zu begründende Fabrik auf gemeinsame Rechnung von John Salomon Bickford, George Smith, Joseph Eales, Franz Ludwig Jacobi und Johann Ernst Jacobi unter der Firma Bickford & Co. in Meißen betrieben werden sollte. Den beiden letztgenannten fiel es zu, die Vorbereitungen zur Errichtung der Fabrik zu treffen, Eales wurde die technische Leitung der Fabrik übertragen.

Es lag für die Gebrüder Jacobi nahe, die neue Fabrik in der Nähe ihrer Eisengießerei zu errichten. Besonders geeignet hierfür erschien ihnen die Stelle, wo der unter dem Namen Goldgrund bekannte Taleinschnitt in das Triebischtal einmündet, Fig. 18, und die sowohl von der Eisengießerei als auch von der Stadt Meißen etwa 1 km entfernt war. Gegen die Triebisch hin erweitert sich das Tal. Hier stand bis zum Jahre 1852 ein von der Stadt Meißen als Armenhaus benutztes Gebäude, das bis in das dritte Jahrzehnt des vorigen Jahrhunderts der in Meißen garnisonierenden Artillerie als Laboratorium gedient und diesen Namen auch in der Folgezeit beibehalten hatte. Auch befand sich in der Nähe ein kleines Pulverhaus, das mit Genehmigung des Rates von den Kaufleuten Meißens zur Aufbewahrung ihrer Pulvervorräte benutzt wurde. Südlich zum Laboratorium und 20 bis 25 m von diesem entfernt lag in Obstgärten das dem Häusler Seifert gehörende Wohnhaus, ein mit Stroh gedeckter einstöckiger Fachwerkbau, der als Wahrzeichen vergangener Zeiten von der Zünderfabrik bis heute erhalten worden ist.

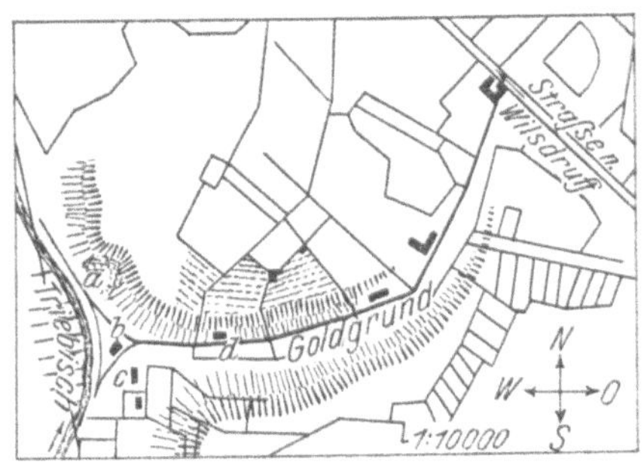

Fig. 18. Flurkarte des Goldgrundes aus dem Jahre 1830.

a Steinbruch   c Haus von Seifert
b Laboratorium   d Haus von Lorenz.

Nach Osten zu, da wo die Talwände sich bereits nähern, stand an dem Weinberge tragenden Südabfall des bis 193 m Höhe ansteigenden Plossenberges das zum Lorenzschen Weinberg gehörende, ziegelgedeckte Wohn- und Winzerhaus. Einige andere, tiefer im Grunde am Plossen befindliche Ansiedlungen sind für die vorliegende Darstellung ohne Bedeutung.

Als Franz Jacobi am 26. Juni 1844 an den Rat zu Meißen das Ersuchen um Überlassung eines Stückes Land von 120 bis 150 Quadratruten Fläche am Eingang des Goldgrundes hinter dem „Laboratorium" zum Zweck der Begründung eines „kleinen Fabrikgeschäftes" richtete, fand er bei diesem williges Gehör. Nach dem Ratsprotokoll vom 28. Juni 1844 erklärte Jacobi, das Unternehmen bezwecke die Anfertigung von Sicherheitszündern, die beim Sprengen von Felsen usw. verwendbar seien, bereits vielfach in den Bergwerken Sachsens angewendet würden, bisher aber ausschließlich in England zur Anfertigung gelangten. Ein zurzeit in Meißen anwesender Engländer, der eine solche Fabrik in England besitze, und mit dem er schon seit längerer Zeit in Verbindung stehe, wolle ihm das Geheimnis der Fabrikation anvertrauen. In Hinsicht auf Feuersgefahr seien Bedenken ausgeschlossen, da bei der Fabrikation nur wenig Pulver gebraucht werde und das

Gebäude in einer angemessenen Entfernung von den nächsten Gebäuden, d. i. dem Laboratorium und dem Lorenzschen Weinberghause, zu stehen kommen solle.

Auch in dem der K. Kreisdirektion am 10. Juli 1844 unterbreiteten Erlaubnisgesuch, das von einer Zünderprobe begleitet war, erklärte Franz Jacobi, daß an eine Gefahr bei der Errichtung der Fabrik nicht zu denken sei, da täglich „nur 2 bis 3 Pfd. Schießpulver erforderlich seien und der übrige Vorrat in dem nahe gelegenen von den Meißener Kaufleuten benutzten Pulverhäuschen verwahrt werden solle".

Dem Rat erschien die Unterstützung des Gesuches um so dringender, als die neue Fabrikation kein bestehendes bürgerliches Gewerbe schädigte und die Gefahr vorlag, Jacobi werde bei Abweisung seines Gesuches sich einer Nachbargemeinde zuwenden. Er beschloß daher im Einverständnis mit dem Bürgerausschuß, das von Jacobi an die Kreisdirektion gerichtete Gesuch mit dem Hinweis zu befürworten, „Jacobi sei ein tätiger und umsichtiger Fabrikunternehmer und habe binnen kurzer Zeit mit verhältnismäßig geringen Mitteln durch die Eisengießerei im Triebischtal ein Unternehmen begründet und erhalten, welches weit und breit rühmlichst bekannt sei und große Bestellungen zu besorgen habe, so daß daselbst mehr als 100 Arbeiter reichlichen Unterhalt fänden. Eine Gefahr sei nicht vorhanden, da der Platz von beiden Seiten mit Bergen umgeben sei und die nächsten Gebäude sich in mindestens 50 bis 60 Ellen (rd. 28 bis 34 m) Entfernung befänden."

Als daher die Kreisdirektion am 25. Juli 1844 beschloß, dem Stadtrat die Erteilung der Konzession zu überlassen, da die Fabrik innerhalb des städtischen Bezirks begründet werden solle und entgegenstehende Zunftverbietungsrechte nicht in Frage kämen, zögerte dieser nicht, dem Gesuche Jacobis zu willfahren und sprach diesem nach mehrfachen Unterhandlungen über die Preisfrage am Eingang des Goldgrundes ein „Stück Land von 85 Quadratruten (rd. 16 ar) Fläche zur Anlegung einer Sicherheitszünderfabrik und dazu nötigen Wasserbehälters für die Summe von 56 Thlr. 20 Ngr." zu[1]). Es zeugt von dem Ernst der Unternehmer, daß der Stadtrat bei einer am 30. Oktober 1844 vorgenommenen Ortsbesichtigung bereits das Fabrikgebäude vollendet vorfand, zu dem Franz Jacobi den Riß am 27. Juli zur obrigkeitlichen Prüfung überreicht hatte.

Der Bau war als niedriger Fachwerkbau von $25\frac{1}{2}$ Ellen (14,4 m) Länge und 10 Ellen (5,7 m) Breite gedacht, wurde aber in der Folge um 6 Ellen verkürzt mit 5 Fenstern Front und massiven Umfassungswänden ausgeführt. Sein Abstand vom Seifertschen Hause betrug 60, vom Laboratorium 50 und vom Lorenzschen Hause 70 sächs. Ellen; damit war dem § 10 der Bauverordnung vom 11. März 1841 Genüge geleistet.

In der Folge treten bei weiteren Verhandlungen mit dem Stadtrat zu Meißen die Gebr. Jacobi zurück. Die Verhandlungen werden meist von dem Mitinhaber und technischen Leiter der Fabrik, Joseph Eales, geführt; doch galt einem Schreiben der Kreisdirektion Dresden vom 22. April 1854 zufolge der Eisengießereibesitzer Franz Jacobi nach wie vor auch als „Besitzer der Sicherheitszünderfabrik". Auch trägt eine von der Fabrik herausgegebene Beschreibung ihrer Fabrikate dessen alleinige Unterschrift. Da diese Beschreibung nicht ohne Interesse ist, ist sie ebenso wie die von der Fabrik ausgegebene Gebrauchsanweisung der Zünder hier im Wortlaut angefügt.

---

[1]) Kaufvertrag vom 1. November 1844.

Patentierte englische
Sicherheitszünder für Sprengarbeiten.

Vor Erfindung dieses Sicherheitszünders waren die Unglücksfälle in den Bergwerken von England zahllos und erschrecklich. Fast täglich enthielten die Zeitungen herzzerreißende Erzählungen von Verstümmelungen und Tötungen, welche durch zu frühe Explosion beim Sprengen entstanden. Der Jammer der zurückgebliebenen Witwen und Waisen war das langanhaltende Echo der erschütterndsten Trauerszenen.

Der Sicherheitszünder wurde eingeführt. Eine Grube nach der anderen nahm ihn an, und in dem Verhältnisse, wie sich der Kreis seines Gebrauches erweiterte, wurden auch der Unglücksfälle weniger. Jetzt, wo derselbe beinahe in allen Bergwerken Englands gebraucht wird, haben beinahe alle Fälle unzeitiger Entladungen aufgehört.

Der Zünder hält $^3/_{16}$ Zoll im Durchmesser und ist äußerlich einem gefirnißten Stricke ähnlich. Seine Vorteile gegen jedes früher gebrauchte Zündmittel sind überwiegend. Bei seiner Anwendung wird keine Nadel gebraucht; das Aufschütten und Zündpapiermachen wird gänzlich vermieden und hierdurch zugleich Zeit erspart, während er von der anderen Seite den Arbeitern Zeit genug zu ihren Vorsichtsmaßregeln läßt. Will man den Zünder gebrauchen, so wird er einfach in die Ladung gesteckt, der Besatz gemacht und gleich angezündet. Er brennt so langsam (18 Zoll in der Minute), daß die Arbeiter hinlänglich Zeit haben, sich zurückzuziehen. Unter tausend schlägt nicht einer fehl; bei gehöriger Vorsicht nicht einer unter einer Million. Abgesehen von dem großen Vorteile der Sicherstellung gegen Unglücksfälle und von dem weiteren Vorteile der Zeitersparnis und der Unfehlbarkeit, so wird die ganze Anlage für den Zünder durch die Ersparnis an Pulver gedeckt. Bei der gewöhnlichen Art des Zündens verursacht die Größe des Nagelloches einen großen Verlust der Pulverkraft. Dieser wird durch den patentierten Zünder gänzlich vermieden, und beläuft sich die Pulverersparnis auf ein Fünftel der sonst erforderlichen Quantität. Hierbei ist noch in besondern Betracht zu ziehen, daß die patentierten Zünder ebensogut bei feuchtem als bei trockenem Boden zu gebrauchen sind, ja das Feuer läßt sich 200 Fuß unter Wasser herleiten, was den Zündern einen unberechenbaren Vorteil beim Sprengen von Felsen in Flußbetten gewährt.

Unter all diesen Rücksichten erscheinen die patentierten Zünder als eine der nützlichsten Erfindungen des 19. Jahrhunderts.

Der Zünder wird in Längen von 24, 48 und mehreren Fuß verkauft, wie er verlangt wird; soll er für Sprengarbeiten unter Wasser gebraucht werden, so muß dieses bemerkt werden, indem die Sorten für trockene und feuchte Arbeiten verschieden sind.

Aufträge werden mit der größten Sorgfalt unter Hinzufügung einer genaueren Gebrauchsanweisung ausgeführt durch

Franz Jacobi,
Eisengießerei bei Meißen in Sachsen.

Gebrauchsanweisung des Patent-Sicherheitszünders.

1. Gebrauche man ihn nur allein zum Sprengen; wenn er zum Aufbinden der Werkzeuge oder als Leine gebraucht worden, darf er nicht mehr zum Sprengen genommen werden.

2. Man hebe ihn bis zum Gebrauch trocken auf.

3. Der äußere Faden wird 2 Zoll von dem Ende des Zünders, welches in das Loch gesteckt wird, abgestreift.

4. Nachdem das Loch (die Kammer) geladen ist, wird der Zünder hineingesteckt, das Pulver zusammengedrückt und das Loch vorsichtig mit einem feuchten Wischstock gereinigt, so daß alles Pulver von den Seiten des Loches wegkommt.

5. Jedenfalls muß der Besatz von der Ladung durch eine Substanz geschieden sein, welche kein Feuer gibt (schlägt).

6. Der Zünder muß, während der Operation des Besetzens, straff gehalten werden, indem man entweder das äußere Ende mit Lehm befestigt, oder es mit der Hand oder dem Fuße, wie es sich am besten macht, hält.

7. Der eingesetzte Zünder brennt ohngefähr $1^1/_2$ Fuß in der Minute.

8. Wo der Boden feucht ist, muß der Arbeiter Sumpfzünder nehmen, welche doppelt gelegt und überfirnißt sind, und besonders für solche Stellen gemacht werden.

9. Man hat stets auf die Art des Aufsatzes achtzugeben; weicher Stein ist wohl das Beste, wo man ihn haben kann, sonst ist feiner Stämps oder anderer Sand gut befunden worden, da er sich hart schlägt und dem Zweck wohl entspricht.

Fig. 19. Die Zünderfabrik von Bickford & Co. 1852.

Bereits im Jahre 1852 wurde die Erweiterung der Fabrik, Fig. 19, zur Notwendigkeit. Hierbei zeigte es sich, daß die Wahl des Platzes eine solche schon vorausgesehen hatte, denn zu ihr bot die nach der Triebisch gerichtete Talöffnung den geeigneten

Fig. 20. Das „Laboratorium" im Goldgrund bei Meißen 1852.

Raum. Aus einer Niederschrift in den Akten des Stadtrates zu Meißen vom 30. April 1852 geht hervor, daß Herr Joseph Eales beim Stadtrat den Antrag gestellt hatte, ihm die Berghänge zu beiden Seiten des Fabrikgebäudes nebst dem Talgrund bis an die Triebisch und dem auf diesem Lande stehenden städtischen Armenhause, Fig. 20, (dem „Laboratorium") käuflich zu überlassen. Er erklärte das letztere abtragen, die Sicherheitszünderfabrik erweitern und für sich selbst ein Wohnhaus auf diesem Grund und Boden erbauen zu wollen. Am 22. Juni 1852 teilte Eales dem Rat noch mit, daß der Kauf für die Sicherheitszünderfabrik, bzw. die Firma Bickford & Co., abgeschlossen und für letztere in die Bücher des Rates eingetragen werden solle. Das Gelände umfaßte 205 Quadratruten (3800 qm) und wurde von der Stadt für einen Kaufpreis von 1200 Talern an die Firma abgetreten; am 9. Juli 1852 fand die Übergabe des Landes statt. Dem hierüber an den Rat erstatteten Bericht zufolge war das Armenhaus bereits am 3. September abgetragen und der Vergrößerungsbau der Fabrik begonnen worden. Nach der Triebisch zu wurde nach einer Verschiebung dieser das Grundstück durch eine mit Fußsteig und Geländer versehene 90 Ellen lange Terrassenmauer abgegrenzt und hierdurch Raum für ein Wohnhaus und einen gärtnerischen Schmuckplatz gewonnen.

Erhebliche Vergrößerungen erfuhr die Fabrik in den Jahren 1858 und 1867. Um die letztgenannte Zeit verfügte die Fabrik über 15 Zünderspinnmaschinen (spinning machines), 8 Einfach-Überspinnmaschinen (countering machines), 2 Zweifach-Überspinnmaschinen (double countering machines), 2 Bandwickelmaschinen (taping machines), 14 Spulmaschinen mit 600 Spulen (spooling machines), 2 Firnisbäder (varnishing apparatus) und 1 Guttaperchabad (Gutta-Percha apparatus), die sämtlich durch Menschenhände in Gang gesetzt und bedient wurden. Im ganzen fanden etwa 40 bis 50 Menschen in der Fabrik Beschäftigung.

Im Jahre 1867 wurde das dreigeschossige, nach Süden gelegene Fabrikgebäude errichtet und der Handbetrieb der Maschinen durch Dampfbetrieb ersetzt. Die achtpferdige liegende Dampfmaschine lieferte die Firma F. L. & E. Jacobi in Meißen, den Dampfkessel, der zugleich die Heizung der Fabrik speiste und insgesamt 16 qm Heizfläche besaß, der Fabrikant Gobiet in Düsseldorf. Der Dampfbetrieb führte zu einer Steigerung der Fabrikleistung. Dies spiegelt sich insbesondere in dem Pulververbrauch der Fabrik wieder, der in der Folge auf täglich 2 bis 3 Zentner stieg.

Der Pulvervorrat wurde in einem etwa 130 m von der Fabrik am südlichen Berghang gelegenen Pulverhaus aufbewahrt. Die Lagerung sowie die Abfuhr des aus Freiberg bezogenen Pulvers nach der Fabrik erfolgte in festen Säcken von 50 kg Inhalt; jeder Sack war in einem gutgearbeiteten Holzfaß verpackt. Die Fässer wurden in wollene Decken gehüllt paarweise morgens und nachmittags vor Beginn der Arbeit mittels Schiebebockes in die Fabrik übergeführt. Den Transport geleitete in der Regel der Fabrikleiter oder ein von diesem bestellter Beamter der Fabrik. Die Fabrikationsräume, insbesondere der Spinnsaal, enthielten daher stets nur so viel Pulver, als am Tage verarbeitet wurde. In der Fabrik wurde das Pulver gesiebt, um etwaige beigemengte Fasern abzuscheiden, und hierauf in Flaschen gefüllt den Arbeiterinnen zum Eintrag in die Maschinen übergeben. Das Betreten des Spinnsaales war Fremden untersagt und den Arbeiterinnen nur in Filzschuhen gestattet. Alle Stunden fand die Reinigung des Fußbodens statt, der unter Vermeidung aller freiliegenden Nägel und sonstigen Eisenteile, gewissenhaft und den behördlichen Vorschriften entsprechend ausgeführt war.

An die Pechküche, die sich in dem alten von dem Maschinenhaus getrennten Gebäude befand, schloß sich der Arbeitsraum an, in dem das Trocknen der geteerten Schnüre erfolgte. Auch hier waren alle Vorkehrungen getroffen, um die Sicherheit des Betriebes zu gewährleisten. Die beiden Räume standen nur durch zwei in der Trennmauer befindliche quadratische Öffnungen von 300 mm Seite in Verbindung, durch welche die im Pechkessel geteerten Schnüre in den Trockenraum gelangten. Im Fall eines in der Pechküche entstehenden Brandes konnten die Öffnungen mit eisernen Läden verschlossen und das Übergreifen des Feuers in den Trockenraum verhindert werden. Die bei dem Erhitzen des Teeres auftretenden brennbaren Gase und Dämpfe wurden anfänglich in den Schornstein abgeführt, nachdem aber infolge Überlaufens des Teerkessels im November 1871

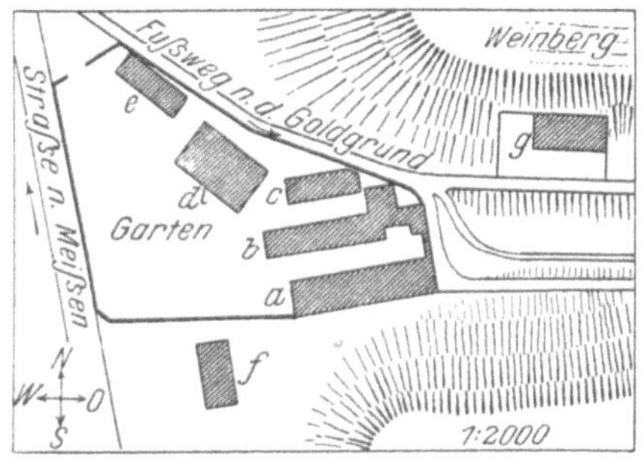

a, b, c Fabrikgebäude
d Wohnhaus
e Stall
f, g ehemalige Häuser von Seifert und Lorenz.

ein Essenbrand entstanden war, führte man die Gase durch ein besonderes Ableitungsrohr über das Dach des Gebäudes.

Diese geschilderten Maßnahmen lassen den berechtigten Schluß zu, daß von der Leitung der Zünderfabrik alles geschehen war, um den Betrieb zu einem möglichst sicheren und gefahrlosen zu gestalten und insbesondere einer Explosionsgefahr vorzubeugen. Um so erschreckender wirkt der aktenmäßige Bericht über die Verheerungen, die die am Nachmittag des 9. Februar 1875 in der Fabrik erfolgte Pulverexplosion im Gefolge hatte. Ihr fielen in Zeit weniger Stunden die beiden Maschinenhäuser und 12 Menschenleben zum Opfer, während fünf von den acht Verwundeten wieder Genesung fanden.

Die Ursache der Explosion ist nie bekannt geworden. Obgleich die Erörterungen der Aufsichtsbehörden noch am Tage der Explosion an Ort und Stelle einsetzten und eine sorgfältige

Fig. 21 u. 22. Fabrik von Bickford & Co. 1875.

gerichtliche Untersuchung stattfand, war es nicht möglich, den Herd und die Veranlassung der Explosion festzustellen; die Zeugen hierfür waren wohl einem schrecklichen Tode zum Opfer gefallen. Nur so viel steht fest, daß die erste nachmittags 4 Uhr eingetretene Explosion im Maschinensaal des alten Fabrikgebäudes stattfand und $\frac{1}{2}$6 Uhr eine zweite Explosion in dem am südlichen Berghang stehenden Fabrikgebäude zur Folge hatte. Durch die Tagesblätter in die Öffentlichkeit gedrungene Angaben, welche die Ursache der Explosion in Fehlern der Fabrikleitung finden wollten, haben durch die behördliche Untersuchung eine Bestätigung nicht gefunden.

Den Wiederaufbau der Fabrik, den die Fabrikleitung unmittelbar nach dem Geschehnis einleitete und der am 9. Juni 1875 die behördliche Genehmigung erhielt, sowie die heute betriebene Fabrikation, die sich seit 1903 außer auf die Bickfordschen Sicherheitszünder auch auf die Herstellung von elektrischen Minenzündern erstreckt, zu besprechen, liegt außerhalb der Grenzen, die von vornherein für diesen Aufsatz gezogen wurden. Die Leitung der Fabrikation ging nach dem am 21. März 1890 im Alter von 79 Jahren erfolgten Tode des Mr. Joseph Eales auf dessen am 22. Juli 1846 zu Rattery in der Grafschaft Devon, England, geborenen Stiefsohn Mr. Joseph Freeman-Eales über, der sie fast ein Vierteljahrhundert in Händen hatte. Als er am 23. November 1911 in Meißen verstarb, wurde sein Sohn Randolph als Nachfolger von der Firma berufen.

Nach dem im September 1864 erfolgten Ableben des Herrn Franz Jacobi schied auch dessen Bruder Ernst, dem Gesellschaftsvertrag entsprechend, aus der Firma aus, und es ging diese ausschließlich in englische Hände über. Dem neuen, am 30. November 1865 geschlossenen Gesellschaftsvertrag zufolge wurden die Herren John Salomon Bickford in Tuckingmill, George Smith in Camborne, Joseph Eales in Meißen und Simon Davey in Rouen die Teilhaber der Firma. Joseph Eales blieb wie bisher mit der Wahrnehmung der Interessen der Meißener Fabrik betraut. Ein abermaliger Wechsel der Firmeninhaber trat ein, als J. S. Bickford am 17. Februar 1870 im Alter von 65 Jahren verstarb; schon vorher war im Jahre 1868 G. Smith durch den Tod ausgeschieden.

Seitdem haben noch zweimal die Inhaber der Firma infolge Todesfalls gewechselt[1]); doch haben stets die rechtlichen Nachfolger die Teilhaberschaft übernommen. Die Fabrik selbst behauptet nach wie vor ihren Platz unter den im Laufe der Zeit auch in Deutschland entstandenen Konkurrenzunternehmen, und ihre Erzeugnisse finden die gleichwillige Abnahme, die ihnen vor 70 Jahren zur Zeit ihres Entstehens zuteil geworden ist.

Die Betriebsleitung der Bickfordschen Zünderfabrik hatte sowohl die Fabrikationseinrichtungen als auch das bei der Herstellung der Zünder geübte Arbeitsverfahren von vornherein streng als Geheimnis behandelt. Sie verfolgte hierbei die Absicht, dem Entstehen gleichgerichteter Unternehmen vorzubeugen. Wie wenig ihr dies jedoch gelang, ergibt sich daraus, daß in Sachsen bereits am Anfang der 50er Jahre auch zu Werdau und zu Domselwitz bei Lommatzsch die Fabrikation von Sicherheitszündern betrieben wurde.

In Werdau hatten die Fabrikanten Gottlieb Ebersbach und Wilhelm Aderhold, in Domselwitz der Kommissar Heinrich Schmidt die Zünderherstellung aufgenommen und 1855 bzw. 1857 ihre Fabriken erweitert. 1861 bewarb sich der Stellmacher Adolph Zschäbitz in Meißen um die Genehmigung der Anlage einer Zünderfabrik auf Meißener Stadtflur, die aber durch den Tod des Gesuchstellers gegenstandslos wurde. Im Jahre 1891 bestanden in Meißen drei größere Fabriken zur Herstellung von Bickfordschen Sicherheitszündern: die Fabrik von Bickford & Co. im Goldgrund, die Vereinigten Fabriken englischer Sicherheitszünder im Drosselgrund und die Fabrik von Brücker & Zinke in Cölln bei Meißen, deren Fabrikate durch einen grünweißen, gelben bzw. roten Füllfaden unterschieden sind.

Diese Vermehrung der Zünderfabriken und die Gefahren, welche die Aufbewah-

---

[1]) „Meißener Tageblatt" Nr. 198 vom 25. August 1878 und Nr. 131 vom 8. Juni 1912.

rung und Verarbeitung größerer Pulvermengen[1]) bei mangelhaften Fabrikations-einrichtungen und nicht streng geordnetem Betrieb in sich schließt, gaben schon früh der sächsischen Staatsregierung Veranlassung, auf behördliche Maßnahmen bedacht zu sein. Die angestellten Erörterungen fanden ihren Niederschlag erstmalig in einer vom Ministerium des Innern am 4. April 1854 erlassenen Vorschrift, die die in Sicherheitszünderfabriken zu beobachtenden Sicherungsmaßregeln betraf. Gleichzeitig mit dem Erscheinen dieser Vorschrift wurden die Ortsbehörden angewiesen, die bestehenden Zünderfabriken von Zeit zu Zeit einer Besichtigung zu unterziehen und bei Neuanlagen die technische Prüfung und Begutachtung der Pläne durch die Kgl. Artilleriekommission herbeizuführen.

Die Verordnung zerfiel in 9 Hauptabschnitte, von denen die Nummern 1 bis 5 Vorschriften über die Aufbewahrung der Rohstoffe, insbesondere des Pulvers und anderer feuergefährlicher Stoffe, des Pulvertransportes vom Magazin in das Fabrikgebäude und die Einrichtung der Räume, in denen das Spinnen, Füllen und Überfirnissen der Zünder erfolgt, enthielten. Die Punkte 6 bis 8 enthielten Vorsichtsmaßregeln, die beim Spinnen, Füllen und Teeren der Zünder beobachtet werden sollten, und Punkt 9 umfaßte allgemeine, die Errichtung von Zünderfabriken betreffende Anordnungen.

Dieser Verordnung folgte am 18. Juni 1855 eine zweite, die die bei der Errichtung von Privatpulvermühlen auftretenden Fragen ordnete und der auch die Pulverhäuser der Zünderfabriken unterstellt wurden, in denen größere Mengen des zu verarbeitenden Pulvers aufbewahrt wurden. Eine am 12. Dezember 1856 erlassene „Verordnung, polizeiliche Maßregeln in bezug auf die Verarbeitung und Aufbewahrung leicht entzündlicher und explodierender Stoffe und Präparate betreffend" ergänzte diese Vorschriften. Am 1. April 1882 endlich wurde die Mitwirkung der Artilleriekommission bei der Genehmigung und Beaufsichtigung der Sicherheitszünderfabriken aufgehoben und bestimmt, daß diese den Pulverfabriken gleichzuachten und den Gewerbeinspektionen als Aufsichtsbehörde zu unterstellen seien. In neuester Zeit hat die Berufsgenossenschaft der chemischen Industrie besondere Unfallverhütungsvorschriften für Fabriken von Zündern jeder Art erlassen[2]).

Quellennachweis.

Für die Geschichte der Meißener Zünderfabrik dienten als Unterlagen:
Akten des Stadtrates zu Meißen:
   Altes Archiv Y, Kommungrundstück Nr. 98 vom Jahre 1834.
   Ratsgüter Nr. 26 (Y), Kommungrundstück Nr. 104 vom Jahre 1844.
   Altes Archiv, Polizeisachen Nr. 876 vom Jahre 1854.
   Altes Archiv P II, Feuerlöschwesen Nr. 217 vom Jahre 1875.
Akten der Kgl. Gewerbeinspektion Meißen F XVII, die Sicherheitszünderfabriken betr., C. 5.
Akten der Kgl. Artilleriekommission 1858 und 1875.
Akten des Kgl. Amtsgerichts Meißen, Rep. H., cap. I, Nr. 68 vom Jahre 1864.
Album der Sächsischen Industrie oder Sachsens größte und ausgezeichnetste Fabriken, Manufakturen, Maschinen- und andere wichtige gewerbliche Etablissements von Louis Oeser in Neusalza, wahrscheinlich 1859 bis 1863.
The Rise and Progress of the British explosives industry. Published under the Auspices of the VII th International Congress of Applied Chemistry by its Explosives Section. London 1909, Whittaker and Co.

---

[1]) In den 3 Pulverhäusern der Meißener Fabriken lagerten insgesamt bis zu 10 000 kg Schwarzpulver.

[2]) Genehmigt vom Reichsversicherungsamt am 7. November 1911.

James B. Francis.
Zur hundertsten Wiederkehr seines Geburtstages.

Von

Dr. Karl Keller, München, vormals Professor in Karlsruhe.

James Bicheno Francis, den wohl jeder amerikanische Ingenieur dem Namen nach kennt, und den sogar die meisten von ihnen als einen der ersten unter ihren Berufsgenossen in Neu-England nennen, war von Geburt gar kein Amerikaner, sondern ein Engländer, geboren in Southleigh in der englischen Grafschaft Oxfordshire am 15. Mai 1815.

In die Zeit, da seine Knabenjahre zu Ende gingen und für ihn die Jahre der Berufsarbeit beginnen sollten, fällt die Geburt der Eisenbahnen, die damals die begabtesten und tüchtigsten Ingenieure in ihren Bannkreis zogen. So hatte schon im Jahre 1823 George Stephenson seine anfangs kleine Werkstätte in New Castle gegründet, und als im Jahre 1825 die Eisenbahnstrecke Stokton—Darlington eröffnet werden sollte, war er in der Lage, hierzu seine erste fertiggestellte Lokomotive „Active“ und dann noch zwei weitere ähnliche dem Eisenbahnkomitee zu liefern. Mit jener ersten Lokomotive, die freilich der heutigen, ja nicht einmal Stephensons in der Folge gebauten Lokomotive „Rocket“ ähnlich war, wurde am 27. September 1825 auf jener Bahn die erste Probefahrt unternommen, die so glänzend ausfiel, daß damit der Sieg des Eisenbahnbetriebes durch eine solche „Reisemaschine“ über den Betrieb durch eine stehende Maschine entschieden wurde. Vier Jahre später hatte George Stephenson in seinen inzwischen vergrößerten Werkstätten und durch die mit der „Active“ gemachten Erfahrungen gefördert, seine Maschine „Rocket“ fertiggestellt, die am 8. Oktober 1829 bei der Station Rainhill der Liverpool-Manchesterbahn einen so entscheidenden Sieg über ihre Mitbewerber errang, daß von da ab die Annahme des Stephensonschen Lokomotivsystems für alle kommenden Eisenbahnunternehmungen entschieden war. Nun bildeten sich in kurzer Zeit zahlreiche Gesellschaften zur Unternehmung des Baues und Betriebes von Eisenbahnen. Auch der Vater von James Francis war Direktor einer solchen kleinen Bahn und der zugehörigen Hafenanlagen in Porthcawl im Süden von Wales. So mag es ganz selbstverständlich erscheinen, daß die Tätigkeit des Vaters auch den Sohn auf die technische Laufbahn hinwies, der denn auch im Jugendalter von 14 Jahren seinem Vater als Gehilfe zur Seite trat. Doch war der junge Francis weniger mit der Konstruktion der Lokomotiven oder überhaupt des Betriebsmaterials als mit der Errichtung mannigfacher Land- und Wasserbauwerke beschäftigt, die jener Bahnbau im Gefolge hatte, so insbesondere im Jahre 1831 mit dem Bau des Great-Western-Kanals in Devonshire und Sommersetshire.

Die Hoffnung, in Amerika befriedigende und auch materiell lohnende Beschäftigung im Bauingenieurfach zu finden, zu dem sich Francis zunächst noch mehr hingezogen fühlte als zum Lokomotivbau und überhaupt zum Maschinenbau, veranlaßte ihn, obwohl erst 18 Jahre alt, sein Vaterland zu verlassen; am 11. April 1833 traf er in New York ein und hatte das Glück, beinahe unmittelbar nach seiner Ankunft Stellung zu finden beim Bau der Stonnington-Providence-Boston-Bahn im Staate Connecticut. Als besonderen Glücksfall aber mußte er es betrachten, und er hat es auch in der Folge oft als einen solchen bezeichnet, daß er in Major George W. Whistler einen Chef erhielt, der damals schon zu den bekanntesten und tüchtigsten amerikanischen Ingenieuren zählte. Whistler war von einer Industrie- und Handelsgesellschaft, die sich als Besitzerin der Kanal- und Schleusenanlagen am Merrimackflusse: „Locks- and Canal-Company on the Merrimack-River" nannte[1]), gewonnen worden, um ihre Werkstätten nun auch für die Herstellung von Eisenbahnbedarf einzurichten. In diesen Werkstätten fand Francis zunächst Stellung als Maschinenzeichner, was allerdings seinen Neigungen nicht ganz entsprochen haben mag. Immerhin aber wird berichtet, daß seine Zeichnungen, die zum großen Teil noch jetzt in den Archiven der Gesellschaft aufbewahrt würden, Muster von Genauigkeit und Sauberkeit

James Bicheno Francis
geb. 15. Mai 1815   gest. 18. Sept. 1892.

gewesen seien. Zu seinen ersten und bemerkenswertesten Arbeiten dieser Zeit gehört die Zerlegung, Aufnahme aller Maße und Herstellung vollständiger Werkzeichnungen von einer englischen Lokomotive, die kurz vorher aus der G. Stephensonschen Fabrik in New Castle nach Amerika herübergebracht worden war, um als Muster für die zu erbauenden Lokomotiven der Boston-Lowell-Bahn zu dienen, der ersten Eisenbahn mit Lokomotivbetrieb in Neu-England. Dessenungeachtet aber blieb diese Lokomotivarbeit für die Werkstätten der Kanalgesellschaft nur vereinzelt, wie auch Francis nur in geringem Maße mit den Konstruktionen für Eisenbahnbetriebsmaterial, mehr dagegen mit dem Entwurfe und den Zeichnungen für den Bau von Werkzeugmaschinen beschäftigt war. Und in der Tat wurden ihm vielfach schwierige und verantwortungsvolle Aufgaben gestellt, als es sich um die Beschaffung der maschinellen Einrichtung der damals im Bau begriffenen

----

[1]) Im folgenden noch öfters zu erwähnen und einfach als „Kanalgesellschaft" bezeichnet.

Boot-Baumwollspinnerei in Lowell handelte; auch mit der Beaufsichtigung der Ausführung dieser Anlage wurde Francis von seinen Vorgesetzten betraut, obwohl er damals, im Jahre 1834, erst 19 Jahre zählte.

Freilich waren die damals errichteten Fabriken, wie die Bootspinnerei mit ihren 5000 Spindeln, nur klein im Vergleich mit den riesenhaften Anlagen der heutigen Zeit; aber ihre Ausführung erheischte nicht weniger, sondern wahrscheinlich größere, angestrengte geistige Tätigkeit und mehr Scharfsinn als heutzutage, wo den Ingenieuren, die aus den besten Schulen kommen, Erfahrungen anderer im Überfluß zur Verfügung stehen, die ihnen zur Richtschnur dienen können, während Francis und seine Zeitgenossen beinahe ohne höhere Schulbildung und ohne weitgehende Erfahrung arbeiten mußten. Und noch dazu mußten sie eine Verantwortung übernehmen, die mindestens ebensogroß, ja vielleicht noch größer war, als es heutzutage bei der Durchführung von zehnmal umfangreicheren Unternehmungen der Fall ist.

Für Francis war der Umstand günstig, daß er bei seinen Arbeiten und Bestrebungen vielfach Förderung und Unterstützung fand durch die Ingenieure und die teilweise hervorragenden Techniker, mit denen er als mit seinen Stellungsgenossen dienstlich zu tun hatte. Und von allen diesen sagen die zeitgenössischen Berichte, daß es durchaus Leute waren, denen grundlegende Verdienste um die Hebung der Industrie jener Gegend zukommen. Wenn auch Francis ihnen in nicht geringem Maße seine technische Vervollkommnung zu danken hatte, so kann doch seine hervorragende wissenschaftliche Entwicklung nur zurückgeführt werden auf das eifrige und unausgesetzte Selbststudium, dem er jede dienstfreie Stunde seines ohnedies schon fast übermäßig angestrengten Lebens, insbesondere die der Ruhe schuldigen Abendstunden widmete. Ihn leitete dabei das Bestreben, die ihm in seiner Jugend, wie er wohl erkannte, nur in beschränktem Maße zuteil gewordene Ausbildung nach verschiedenen wissenschaftlichen Richtungen, insbesondere in Mathematik und Mechanik, zu vertiefen und zu vervollständigen.

Sein Eifer konnte auch seinen Vorgesetzten nicht verborgen bleiben; jedenfalls gelang es ihm, das Vertrauen des Generaldirektors der Werkstätten der Kanalgesellschaft George Brownell in dem Grade zu erwerben, daß dieser ihm seine Tochter zur Frau gab, mit der sich Francis im Jahre 1837, also im jugendlichen Alter von 22 Jahren, verheiratete.

Um die gleiche Zeit gab Major George W. Whistler seine Stellung als erster Betriebsleiter in den Werkstätten der Gesellschaft auf. Er hatte einen Ruf nach Rußland erhalten, um dort den Eisenbahnbau einzuführen. Francis wurde trotz seiner Jugend zu Whistlers Nachfolger ernannt und blieb von da an 55 Jahre lang im Dienste der Kanalgesellschaft; als er dann mit 77 Jahren von seiner Stellung mit Rücksicht auf sein Alter zurücktrat, blieb er noch immer erster und höchstgeschätzter, fast unentbehrlicher Ratgeber und Sachverständiger der Gesellschaft. In der ersten Zeit seiner Tätigkeit als Werkstättenleiter hielten die Direktoren der Kanalgesellschaft es immerhin für angezeigt, Francis noch eine besondere Kommission zur Seite zu stellen. Diese Maßregel war nicht etwa die einer Kontrolle, auch war sie nicht einem Mangel an Vertrauen zuzuschreiben, obwohl dies bei der Jugend von Francis am Ende schon erklärlich gewesen wäre; sie hatte vielmehr ihren Grund darin, daß die Gesellschaft beabsichtigte, ausgedehnte Kraft- und Wassermessungen vornehmen zu lassen, und es zunächst noch nicht als erwiesen betrachten konnte, ob Francis sich auch als Experimentator ebenso bewähren werde wie in allen andern Richtungen. Jene Kommission war gebildet aus dem bisherigen

Betriebsleiter Whistler, der damals noch nicht nach Rußland abgereist war, und zwei weiteren Ingenieuren: James Baldwin und Charles Storrow. Von letzterem ist bekannt, daß er, obwohl damals erst 30 Jahre alt, schon Direktor der Boston-Lowell-Eisenbahn war, vorher an den ersten Schulen von Frankreich seine technische Ausbildung erhalten hatte und als einer der hervorragendsten Ingenieure in der dortigen Gegend galt. Die genannte Kommisison kam nun aber bald zur Überzeugung, daß alle von Francis durchgeführten Arbeiten, sowohl die Wassermessungen als auch die dynamometrischen Untersuchungen sich als ebenso sorgfältig in der Anordnung und Durchführung, wie zuverlässig und vertrauenswürdig in den Ergebnissen erwiesen hätten. Die Kommission erkannte es daher für vollständig berechtigt an, daß die Vorstände der einzelnen industriellen Abteilungen, soweit sie der Kanalgesellschaft unterstellt waren, alle derartigen Arbeiten im Bedarfsfalle dem jungen Francis jederzeit allein und selbständig übertragen sollten. Da sonach die Gesellschaft nach dieser Entscheidung der Kommission die seltenen Fähigkeiten ihres jungen Ingenieurs anerkennen mußte, sah sie sich auch veranlaßt, seine Bezüge freiwillig und in bedeutendem Maße zu erhöhen. Sie wollte es auf diese Weise erreichen, daß er selbst im Dienste der Gesellschaft befriedigt sein sollte und daher auch nicht leicht in die Versuchung käme, irgendeinem der von anderer Seite kommenden Stellungsangebote zu folgen, die an den jungen, damals schon in weiten Kreisen bekannten Ingenieur nicht selten kamen. Ein derartiges Angebot war — eine mindestens eigentümliche Tatsache — sogar von einem Mitglied der Kontrollkommission an ihn gelangt. Dies war Storrow, der an Francis den Antrag stellte, ihm beizustehen bei den Arbeiten zur Verwertung der Wasserkräfte des Merrimackflusses an der Stelle, wo jetzt Lawrence steht. Dies war im Jahr 1845, als Francis gerade 30 Jahre alt war.

Einer seiner Erfolge in dieser Zeit war besonders geeignet, ihm die allgemeine Anerkennung seiner weitgehend voraussehenden Beurteilung schwieriger Verhältnisse zu erwerben: das war die Erbauung des prachtvollen Northern-Kanals, der zur Erweiterung der auszunutzenden Wasserkräfte im Bezirke der Stadt Lowell dienen sollte, nebst der Herstellung der dazu nötigen Schleusen- und Wehranlagen. Um beim Entwurfe der nötigen Baukonstruktionen in bezug auf die Höhe der zu errichtenden Kanaldämme sicher zu gehen, mußte Francis die denkbar größte möglicherweise eintretende Hochwasserhöhe in Rechnung ziehen. Denn nur auf solche Weise konnte das dem Kanal anliegende Gelände mit der daraufstehenden Stadt Lowell und alles, was an industriellen Anlagen und Fabriken dazu gehörte, gesichert werden. Francis sammelte daher mit größtem Fleiße alles, was er über die Wasserstände früherer Jahre an schriftlichen Aufzeichnungen und mündlichen Überlieferungen erhalten konnte, und ging dabei bis zum Jahre 1785 zurück, wo das größte bisher erlebte Hochwasser eingetreten war. Nach diesem Maße bestimmte er die Dammhöhe, die Weite und Höhe der Schleusen und Abschlußfallen sowie deren Aufzugshöhe und erhielt dabei Abmessungen, die freilich alles bisher Dagewesene überschritten Im Jahre 1848 begann er mit den Ausführungsarbeiten, und als nach zwei Jahren der Bau der ganzen Anlage beendet war, da zeigten sich die Verhältnisse dieser Bauten, die über eine halbe Million Dollar kosteten, so übermäßig, so über allen Begriff kolossal, daß man allgemein nur von ,,Francis folly‘‘, von Francis' Verrücktheit sprach. Aber es dauerte nicht lange, da war der ,,verrückte‘‘ Francis vollständig gerechtfertigt. Im Jahre 1852, also nur zwei Jahre nach Fertigstellung der Anlage, am 22. April kam ein Hochwasser, dessen Höhe die größte bisher bekannte vom Jahre 1785 noch erheblich überschritt, und nur der vorher allseitig verspotteten Dammhöhe und der damit zusammenhängenden „verrückten" Schleusenkonstruktion war es zu danken, daß die Stadt Lowell mit ihren Geländen und Fabrikanlagen vor Überflutung geschützt und damit unsagbares Unheil abgewendet wurde.

Nun freilich kam der Bevölkerung von Lowell die Erkenntnis des Unrechts, das sie mit der Verhöhnung von Francis begangen hatte; und alle Tagesblätter brachten überschwengliche Artikel, voll des Lobes und der Bewunderung für ihn, für seine Voraussicht, seine durch keinen Spott zu beirrende Tatkraft und seine Kühnheit. Eine Zeitung, der Boston Daily Advertiser, sagte u. a.:

> „Es ist schrecklich, zu denken, was die unvermeidliche Folge gewesen wäre, wenn jene neuen Wasserbauten nicht errichtet worden wären. Bis auf die letzte Spur würden die alten Schleusenanlagen weggefegt worden sein, und ein mächtiger Strom hätte sich unwiderstehlich durch das Herz von Lowell gewälzt, alles zerstörend, was er in seinem Laufe getroffen hätte."

Und einige Zeit später überreichte ihm eine Abordnung der Bürgerschaft von Lowell auf silberner Platte einen Krug mit darauf angebrachter Inschrift als Ehrengeschenk und „als Zeichen der Bewunderung ob seiner Voraussicht und Kühnheit", mit der er die neuen Sicherheitsschleusen konstruiert habe, und durch die er Retter der Stadt geworden war.

Im Jahre 1849, also noch während er mit den eben erwähnten Kanal- und Schleusenbauten beschäftigt war, erhielt er von den Industriegesellschaften in Lowell den Auftrag, nach England zu reisen, um dort das Verfahren der Holzkonservierung in Augenschein zu ·nehmen. Die Folge dieser Reise war der Entwurf einer Holzkyanisieranstalt für die Bedürfnisse der Fabrikanten von Lowell; die Anstalt wurde dann auch nach den Plänen von Francis errichtet und unter seiner Leitung in Betrieb genommen. Über die in dieser Anstalt angestellten Versuche und die über die Konservierung des Holzes gemachten Erfahrungen veröffentlichte er eine Abhandlung in den „Transactions of the American Society of Civil Engineers"[1]). Überhaupt begann Francis in diesen Jahren sich in hohem Grade auch der literarischen Tätigkeit zu widmen mit Veröffentlichungen aus allen technischen Gebieten, in welchen er Gelegenheit hatte, zu arbeiten und Untersuchungen anzustellen. Solche Veröffentlichungen erschienen dann in den Verhandlungen der zahlreichen Vereine, denen er als tätiges und sehr geschätztes Mitglied beigetreten war, besonders der „American Society of Civil Engineers".

Sein langjähriger Assistent, Hiram F. Mills, erzählt in dem Francis gewidmeten Nachruf[1]) nachstehendes aus eigenen Beobachtungen:

> „Seine Art, sich eine Aufgabe in seinem Kopfe zurechtzulegen, war etwas pedantisch zwar, aber konsequent von ihm befolgt. Oft kamen seine eigenen Direktoren oder die Vertreter anderer Industriegesellschaften und legten ihm Fragen vor, die sich auf ihr Geschäftsgebiet bezogen, Fragen, die also von so verschiedener Art waren, daß man von einem, der nicht gerade in dieser Spezialrichtung beschäftigt war, nicht erwarten durfte, sachgemäße Auskunft zu erhalten. Er aber behielt zunächst die Frage genau im Gedächtnis, ging in sein Arbeitszimmer, nahm sein Taschenbuch und fing darin eine Aufzeichnung an mit den Worten: ‚Herr … wünscht zu wissen, oder … braucht Auskunft über …. Sodann trug er alles ein, was in der betreffenden Angelegenheit irgend an Wertvollem zu finden war, mit den Folgerungen, die er daraus ziehen konnte. Wenn er dann den Fragesteller wieder antraf, war er gerüstet, über den Gegenstand nach allen

---

[1]) Zunächst als Vortrag in der „Corporation of the Institute of Technology", 14. Dez. 1892, dann aber auch in die Berichte anderer Journale übergegangen, z. B. in das „Journal of the Association of Engineering Societies" 1894, Januar.

Beziehungen zu sprechen und einen durchaus klaren Aufschluß zu erteilen. Aus dieser seiner Gewohnheit, alle Gegenstände, die ihm vorgelegt wurden, gründlich zu untersuchen und alle zu findenden Angaben und ihre Folgerungen in einer für einen Bericht klaren Form aufzuzeichnen, ergab sich, daß er als Sachverständiger und als Autorität in aller möglichen Beziehung anerkannt und gerufen wurde."

Wenn auch der große Wert aller obenerwähnten Leistungen des noch jungen Ingenieurs Francis für die dortige Gegend vollauf anerkannt werden mag, wenn ferner über ihn in den Berichten der amerikanischen Gesellschaften zu lesen ist, daß er zur Ausbildung der Ingenieurwissenschaften wesentlich beigetragen habe, wenn sogar ein solcher Bericht ihn geradezu als Vater des modernen Ingenieurwesens bezeichnet, so kann man doch wohl unbestritten sagen, daß er in der Geschichte der Ingenieurwissenschaft für uns Deutsche nicht die ihm tatsächlich zuerkannte Stellung einnähme, wenn es nicht noch andere Umstände wären, die in Deutschland das höchste Interesse der beteiligten Fachkreise auf den amerikanischen Ingenieur Francis gelenkt hätten.

Eine der hauptsächlichsten Aufgaben, die ihm als erstem Ingenieur der Kanalgesellschaft zugewiesen waren, war nämlich die Verteilung und Bewertung der dort zur Verfügung stehenden Wasserkräfte an die einzelnen Interessenten, Industriegesellschaften und Fabrikunternehmungen mit Berücksichtigung ihrer bezüglichen Rechtsansprüche; besonders erforderte die Bewertung der Wasserkräfte, im ganzen sowohl wie in einzelnen Teilen, ausgedehnte und sorgfältige Versuche, die er denn auch in den Jahren 1847 bis 1852 unternahm und durchführte. Diese Versuche bezogen sich auf die Messung der Wassermengen bei vollkommenen Überfällen, in kurzen Kanälen von rechteckigem Querschnitt, sodann bei unvollkommenen Überfällen und in sich teilenden Röhrenleitungen; endlich aber auch waren es dynamometrische Versuche mit Turbinen verschiedener Systeme. Über alle diese Versuche und deren Ergebnisse verfaßte Francis eine umfangreiche Druckschrift, die im Jahre 1855 in erster Auflage erschien unter dem Titel: „The Lowell Hydraulic Experiments"[1]), sodann im Jahre 1868 in zweiter, 1871 und 1883 in dritter und vierter Auflage.

Diese Schrift war, wie es in zeitgenössischen Berichten heißt, epochemachend in der Ingenieurliteratur von Amerika wie auch für die Entwicklung des ganzen Ingenieurberufes. Durch diese Schrift erfuhr die technische Welt außerhalb von Amerika, besonders in Deutschland, von dem neuen Turbinensysteme, das noch heute den Namen Francis-Turbine führt und die Grundlage bildet für eine Reihe der allerneusten Typen von Turbinen, wenngleich von mancher Seite mit mehr oder weniger Berechtigung die Priorität der Erfindung, soweit sie Francis betrifft, nicht anerkannt wird.

In der Einleitung zu seinen Berichten sagt Francis:

„Die Arbeiten des Ingenieurs, soweit sie für die Wasserkraftanlagen von Lowell durchzuführen waren, erforderten eine viel eingehendere Kenntnis auf dem Gebiete der Hydraulik, als sie aus den mir zugänglichen wissenschaftlichen Publikationen zu schöpfen waren. Hieraus ergab sich für mich, um mir die hierzu nötigen Kenntnisse zu verschaffen, die unabweisbare Notwendigkeit, besondere Vorversuche in dieser Richtung zu unternehmen."

Um aber auch seiner Kanalgesellschaft und den übrigen industriellen Gesellschaften, für die er jene Versuche unternahm, den ihnen gebührenden Anteil am Erfolge und am Verdienste nicht vorzuenthalten, setzt er hinzu:

---

[1]) Der vollständige Titel des Werkes ist: The Lowell Hydraulic Experiments by James Bicheno Francis, civil engineer, fellow of the American Academy of arts and sciences. — Boston; Little, Brown and Comp. 1855.

„So oft aber und wo immer ein Bedürfnis zu solchen Versuchen sich herausstellte, jederzeit waren die maßgebenden Leiter der betreffenden industriellen Anstalten mit einer Freisinnigkeit, die auf ihrer Weitsichtigkeit in bezug auf die wahren Interessen der durch sie vertretenen Werke beruhte, bereit, die nicht geringen erforderlichen Kosten zu genehmigen, damit nur jene Versuche auch in zufriedenstellender Weise durchgeführt werden konnten."

Francis nimmt auch durchaus nicht für sich die Ehre in Anspruch, der erste gewesen zu sein, der Untersuchungen von Turbinen auf wissenschaftlicher Grundlage durchführte, sondern sagt ganz offen:

„Daß die amerikanischen Ingenieure auf die verbesserten Reaktionsräder, wie sie in Frankreich und anderen Ländern von Europa schon längere Zeit in Gebrauch waren, aufmerksam gemacht wurden, ist dem Franklin-Institute zu danken, dessen Journal in einer Reihe von Artikeln auf diese neuen Wasserräder hinwies. In einer dieser Mitteilungen aus der Feder des ausgezeichneten Ingenieurs Ellwood Morris erschien eine Übersetzung der Berichte des französischen Kapitäns Arthur Morin über die Prüfung von solchen „sogenannten Turbinen" im Jahre 1843. Im gleichen Journal bringt Ellwood Morris Mitteilungen über eine Reihe von Versuchen, die er selbst mit zwei nach seinen Entwürfen ausgeführten Turbinen angestellt hatte, welche in der Nähe von Philadelphia in Betrieb waren."

Die erste von Francis untersuchte Turbine, worüber er in seinem großen Werke Mitteilung macht, ist eine nach den Plänen seines Freundes Uriah A. Boydon umgebaute Fourneyron-Turbine, die dieser, ein hervorragender Ingenieur von Massachusetts, im Jahre 1844 für eine Baumwollspinnerei der Appleton-Company bei Lowell bestimmt hatte[1]). Francis zählt zunächst die, wie er hervorhebt, teilweise wertvollen Verbesserungen auf, die Boydon angebracht habe, unter diesen besonders erstens die einseitige Einleitung des Wassers in die auf dem Leitrade aufgesetzte vertikale Röhre, wodurch dem Wasser schon hier eine für den Eintritt in die Leitkanäle zweckmäßige spiralförmige Bewegung erteilt werde und zweitens die Anwendung eines über dem Wasserspiegel angebrachten zweiteiligen Lagertopfes, zum Zweck der bequemeren Beaufsichtigung und Ölung sowie zur leichteren Bewerkstelligung von Reparaturen. Daß Francis diese Versuche mit besonderer Sorgfalt durchzuführen bestrebt war, hatte unter anderem seinen Grund darin, daß von der Appleton-Gesellschaft dem Patentinhaber vertraglich zugesichert worden war, ihm bei einem erzielten Wirkungsgrad von 78 vH die Summe von 1200 Pfund und für jedes Prozent weiter eine Zulage von 400 Pfund als Gratifikation auszuzahlen. In der Tat ergaben sich bei den von Francis angestellten Versuchen Wirkungsgrade teilweise bis zu 88 vH. Er benutzte hierbei zur Messung der erzielten Leistung einen Pronyschen Zaum und für die gleichzeitige Feststellung des verbrauchten Aufschlagswassers ein in den Kanal·eingebautes Wehr mit scharfer Überfallkante und von der vollen Breite des Kanals, mithin unter Vermeidung der seitlichen Kontraktion[2]).

Aus seinen Beobachtungen und einer sorgfältigen graphischen Verfolgung des Wasserweges im Rad folgert Francis einen Satz, den er für den wichtigsten beim Turbinenbau erklärt und deshalb durch auffälligen Druck hervorhebt: „Jedes Wasserteilchen im Rade bewegt sich mit der gleichen Geschwindigkeit und in der gleichen Richtung gegen den zugehörigen Radius,

---

[1]) Ein Bericht über diese Prüfung der Boydon-Turbine durch Francis findet sich in der Z. Ver. deutsch. Ing. 1858, S. 133, aus Civil Engin. and Archit.-Journal. Mai 1856.

[2]) Da später noch einmal darauf Bezug genommen werden muß, sei die von Francis benutzte Formel beigesetzt, für engl. Maß $Q = 3,33 \, (l - 0,1 \, h) \, h^{\frac{3}{2}}$, mit Fuß und Kubikfuß als Einheit; für Metermaß $Q = 1,84 \, (l - 0\,1\,h)\, h^{\frac{3}{2}}$.

wie jedes andere in demselben Abstand von der Achse." — ein Satz, der freilich nach heutiger Anschauung über Wasserbewegung und Druckverhältnisse nicht mehr als allgemein zutreffend bezeichnet werden kann. Wenn Francis schließlich noch für die „Boydon-Turbine" einfache Regeln zur Bestimmung der Abmessungen gibt, so können hier diese Regeln, die heute nur noch historischen Wert haben, außer Berücksichtigung bleiben.

Einen besonderen Abschnitt seiner Schrift widmet Francis der Beschreibung und Prüfung seiner neuen Turbine, die er „centre-vent-water-wheel" nennt, also ungefähr „Radialturbine mit äußerer Beaufschlagung und innerem Wasseraustritt". Die fragliche Turbine war eine von einem Paar solcher, die er im Jahre 1849 nach seinen eigenen Ideen und Plänen für die „Boot-Cotton-mills" in Lowell gebaut hatte.

Er gesteht aber ganz offen ein, daß seine Boot-Turbine nicht in allen Beziehungen eine Originalkonstruktion darstellt, und erzählt in dieser Hinsicht:

„Schon früher, im Jahre 1838, erwarb sich ein gewisser Samuel B. Howd von der Regierung von Geneva, einer Stadt im Staate New York, ein Patent auf ein Wasserrad, das in einigen Beziehungen mit den von mir gebauten Rädern Ähnlichkeit hat, und in verschiedenen Teilen jener Gegend in größerer Anzahl ausgeführt und in Betrieb gesetzt wurde. Der Verfasser hat jedoch bei seinen ‚Booträdern' so viele Änderungen und Verbesserungen angebracht, daß diese neuen Räder eine von den ‚Howd'-Rädern vollständig verschiedene Konstruktion darstellen, wenn auch, möglicherweise, manches an den neuen Rädern, streng genommen, in das Patent Howd fallen mag. Andere Einzelheiten wiederum fallen in Form und Konstruktion der neuen Räder in den Bereich der Patentansprüche von Uriah Boydon."

Über dieselben Räder von Howd und überhaupt über die Priorität von Francis' neuer Turbinenkonstruktion sagt ein neuzeitiger Bericht[1]:

„Nach einer Mitteilung von R. Camerer in der ‚Zeitschrift für das gesamte Turbinenwesen' soll die bei uns als Francis-Turbine bekannte Bauart gar nicht von Francis, sondern von A. N. Swain herrühren, der sie Francis zur Prüfung angeboten und dessen anfängliche Zurückhaltung durch Versuche überwunden hat. Weiter findet man, daß auch Swain nicht der erste war, der die außenbeaufschlagte Turbine angewendet hat, sondern Samuel Howden schon 1838 ein amerikanisches Patent auf eine solche Konstruktion erlangt habe. Diese Turbinen sind unter der Bezeichnung ‚Howd-wheels' in einigen Teilen Amerikas aus Holz hergestellt worden; daraus erklärt sich auch, daß in Amerika die Bezeichnung Francis-Turbine nicht verstanden wird. Camerer macht aus diesem Grunde und ferner mit Rücksicht darauf, daß auch Zeuner und Poncelet unabhängig von Francis den Wert der außenbeaufschlagten Radialturbinen gekannt haben, den Vorschlag, die Bezeichnung Francis-Turbine fallen zu lassen und eine allgemeinere, z. B. Zentripetalturbine zu wählen."[2]

Daß Turbinen mit äußerer Beaufschlagung um diese Zeit überhaupt in Amerika mehrfach versucht worden sind, zeigt auch ein kurzer Bericht in der Zeitschrift des Vereines deutscher Ingenieure[3]. Es heißt darin nach einer kurzen Beschreibung der Konstruktion: Diese Art der Verwendung des Wassers beruhe auf wissenschaftlichen Grundsätzen, und was Einfachheit und Dauerhaftigkeit anbelange, so sei diese Konstruktion unübertrefflich. Die Redaktion der Zeitschrift[4] fügt die Be-

---

[1] Z. Ver. deutsch. Ing. 1906, S. 149.

[2] Dieser Vorschlag von Camerer ist nicht neu. In: „La grande Encyclopédie", Bd. 24, S. 422, findet sich die Bemerkung: Si l'eau agit en restant dans un plan perpendiculaire à l'axe, dont elle s'approche ou s'éloigne, la turbine est dite centripète dans le premier cas, et centrifuge dans le second. . . .

[3] Z. Ver. deutsch. Ing. 1859, S. 111.

[4] Wahrscheinlich Grashof, der damals die Redaktion der Zeitschrift allein besorgte.

merkung hinzu: „Der einfachen Wasserzuführung wegen schien uns die Konstruktion der Mitteilung und Beachtung wert."

Wenn also Francis selbst die neue Radkonstruktion nicht als seine ihm allein eigene Erfindung in Anspruch nimmt und in einer Fußnote sogar selbst darauf hinweist, daß schon im Jahre 1826 in Frankreich durch Poncelet eine in wesentlichen Teilen ähnliche Radkonstruktion vorgeschlagen worden sei, so kann er doch nicht umhin, auch von seiner Erfindertätigkeit, soweit sie die neuen Räder betrifft, zu reden und sagt:

„Zur Konstruktion seiner neuen Bootturbine ist aber der Verfasser (Francis) geführt worden durch die Betrachtung des Wasserweges durch das Laufrad, welcher der Voraussetzung in dem oben angeführten Hauptsatze entspricht. ... Die Einfachheit, verbunden mit seinen anderen Eigenschaften, die dieses System als guten hydraulischen Motor charakterisieren, machen es in vielen Fällen zu einem empfehlenswerten."

Bei der nun folgenden Beschreibung seiner Turbine hebt er hervor, daß sich diese Räder dadurch auszeichnen, daß sie zum Unterschiede von allen anderen bisher bekannten die flachsten Leitschaufeln erhalten, letztere sogar vollständig geradlinig begrenzt angenommen werden können[1]), und ferner, daß die gesamte neue Anordnung mit dem Wasserdurchfluß von außen nach innen den Vorteil biete, die Widerstände zu verringern.

„Denn diese Widerstände wachsen mit dem Quadrate der Geschwindigkeit und werden daher bei dieser Turbine geringer als bei anderen, weil bei diesem Wasserdurchfluß die Zentrifugalkraft im Laufrade der Ausflußgeschwindigkeit entgegenwirkt und diese verkleinert."

Zu dem, daß aus diesem Grunde der Wirkungsgrad unter sonst gleichen Verhältnissen günstiger würde als bei den früher bekannten Rädergattungen, käme noch der praktische Vorteil, daß die neuen Räder überall leicht zugänglich seien. Endlich sei als eine schätzenswerte Neuerung zu bezeichnen, daß wegen des geschlossenen Austrittstrahles die Anbringung einer vorteilhaft wirkenden Saugröhre möglich sei.

Die Turbine, über deren Prüfung Francis berichtet, leistete bei voller Beaufschlagung 136 PS und ergab einen Wirkungsgrad von 80 vH, der allerdings bei geringerer Beaufschlagung bis 38 vH herabsank. Wie streng aber Francis seine eigene Arbeit zu beurteilen wußte, zeigt eine Bemerkung hierzu, die wörtlich beigesetzt sein möge:

„Bei Betrachtung der Zeichnung wird man erkennen, daß der Strahlquerschnitt beim Eintritt in das Laufrad nicht unbedeutend größer ist als beim Austritt aus den Leitkanälen; infolgedessen muß eine plötzliche Änderung der Wassergeschwindigkeit eintreten, und damit ist nach allgemein bekannten Grundsätzen ein Verlust an Kraft verbunden. Wenn dieser Umstand auch auf einen Fehler in der Zeichnung hinweist, so werden doch die Ergebnisse dieser ersten in größerem Maßstabe durchgeführten Versuche zu der Hoffnung berechtigen, daß, wenn auf die Beseitigung des erwähnten Fehlers die nötige Aufmerksamkeit verwendet wird, das neue Turbinensystem den gleichen ökonomischen Wirkungsgrad werde erzielen lassen, wie es bei jenem anderen berühmten Motor[2]) der Fall war."

Die Francis-Turbine wurde nun auch bald in Deutschland, überhaupt auf dem Kontinent bekannt und geschätzt, besonders in ihren Abarten und unter diesen

---

[1]) Ein Umstand, welcher die Möglichkeit begründete, durch die von Prof. Fink vorgeschlagene Drehbarkeit der Leitschaufeln eine gewisse Regulierfähigkeit der Turbine zu erreichen.

[2]) Die vorher besprochene von Boydon verbesserte Fourneyronturbine.

ganz hervorragend in der Konstruktionsweise von Prof. Fink in Berlin[1]); in
bezug hierauf sagt ein Bericht schon aus dem Jahre 1864[2]):

> „Diese Konstruktion wurde seit dem Jahre 1859 in vielen Exemplaren ausgeführt
> und hat sich seit dieser Zeit so vorteilhaft bewährt, daß eine Beschreibung ... nicht
> unerwünscht sein dürfte ... Bei Neustadt-Eberswalde befinden sich sechs solcher Tur-
> binen seit 1860 in Tätigkeit. ... “

Später wurde ein Hauptvertreter dieses Systems in Deutschland W. v. Kankelwitz, Professor an der Technischen Hochschule Stuttgart[3]). Durch Kankelwitz kam die Anregung zu dieser Konstruktion nach Heidenheim in das technische
Bureau der Turbinenfabrik von J. M. Voith. Wie von der Direktion dieser Firma
mitgeteilt wird, befinden sich die Zeichnungen von Kankelwitz für eine solche
Turbine, und zwar mit festen Leitschaufeln, also nach der Original-Francis-Bauart,
noch in den Archiven der Fabrik. Im deutschen Museum in München ist die erste
von Voith selbst konstruierte Francis-Turbine mit Drehschaufeln zur Ausstellung
gebracht. Sie wurde 1874 ausgeführt und in Betrieb gesetzt.

In einem weiteren Abschnitt seiner Schrift, Hydraulic experiments ..., worin
Francis über eine Reihe von Versuchen über Wassermessungen berichtet, benutzt
er dieselbe Berechnungsweise, wie bei den ähnlichen Messungen bei Untersuchung
seiner Turbinen. Da ein Eingehen hierauf an dieser Stelle untunlich erscheint, möge
nur auf eine Bemerkung hingewiesen werden, die sich in jenem Abschnitte findet.
Er versucht nämlich, zum Vergleich der verschiedenen, damals in Gebrauch befindlichen Formeln[4]) zur Berechnung der Wassermengen, die Rechnung nach diesen
verschiedenen Formeln durchzuführen und kommt dabei auf Zahlen wie 294, 286,
244 u. a., also mit Unterschieden bis zu 20 vH, und sagt daran anknüpfend:

> „So große Irrtümer sind wir imstande zu begehen, wenn wir die Regeln der
> Hydraulik falsch anwenden.“

Dieser Ausspruch erinnert an einen ähnlichen des berühmten französischen
Hydraulikers H. Bazin[5]), der in bezug auf seine Methode, die Wassermenge in einem
offenen Kanal durch einen Überfall zu messen, sagte:

> „Il n'y a rien de plus bête, que de calculer d'après mes formules“, wobei er ganz
> richtig meinte (in einem Gespräche mit Herrn Professor Ingenieur Oberst Pestalozzi
> in Zürich[6]) und von diesem dem Verfasser mitgeteilt): daß die von ihm zu jenem
> Zwecke aufgestellten Formeln nur als zutreffend angesehen werden dürfen unter den
> genau gleichen Voraussetzungen, unter welchen die den Formeln zugrunde liegenden
> Versuche durchgeführt worden waren.

Von besonderem Interesse in bezug auf die hierdurch wohl erwiesene Priorität
der Erfindung eines heutzutage vielfach bei Wassermessungen benutzten Appa-
rates, Fig. 1, ist ein kurzer Absatz, in dem Francis sagt:

> „Die Wasserhöhe über der Überfallkante wurde beobachtet durch die Haken-
> meßlatte. Diese ist eine Erfindung von Uriah A. Boydon und ein Werkzeug von
> unschätzbarem Werte bei hydraulischen Messungen. Alle anderen Methoden, die Ober-

---

[1]) Professor Karl Fink, geb. 24. Februar 1821 zu Potsdam; gest. 15. Februar 1888 zu Berlin.
[2]) Z. Ver. deutsch. Ing., 1864, S. 218.
[3]) Mitgründer des Vereines deutscher Ingenieure; geb. 25. Januar 1831 zu Neustrelitz;
gest. 13. Februar 1892 in Niederlößnitz.
[4]) Auch seiner eigenen, oben S. 85 2) in einer Fußnote angegebenen Formel.
[5]) H. Bazin, inspecteur général des ponts et chaussées.
[6]) Pestalozzi, geb. 4. Mai 1825 zu Neuhof (Aarau); gest. 14. Januar 1891 in Zürich.

fläche von ruhendem Wasser zu bestimmen, sind ernstlich erschwert durch die Wirkung der Kapillaranziehung, während gerade auf diese physikalische Erscheinung die außerordentliche Genauigkeit der Messung mit diesem neuen Werkzeuge zurückzuführen ist[1]).

... Die geeignetste Art, Beobachtungen hiermit zu machen, ist nach Erfahrung des Verfassers (Francis) folgende: Zuerst tauche man die Spitze des Hakens ein wenig unter die Wasseroberfläche, dann hebe man sie langsam, bis eine Verzerrung des Wasserspiegels sichtbar wird; sodann bewege man den Haken wieder ein wenig abwärts, bis die Verzerrung des Wasserspiegels verschwindet. Die letztere Stellung der Hakenspitze entspricht dann fast genau der Lage des Wasserspiegels."

In einer Fußnote weist Francis darauf hin, daß Weisbach in seinen „Versuchen über den Ausfluß des Wassers", Leipzig 1842, ein Instrument beschreibe, das mit dem besprochenen einige Ähnlichkeit habe, Boydon aber habe schon mehrere Jahre vor Veröffentlichung der Weisbachschen Schrift dieses Instrument in einer viel vollkommeneren Form benutzt, so daß also Boydon die Priorität zuzuerkennen sei[2]).

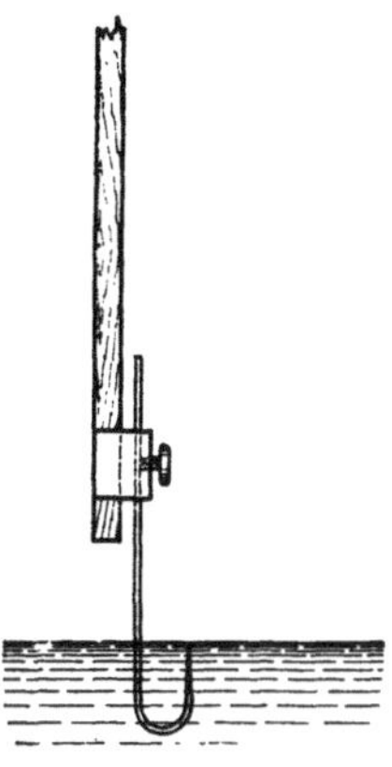

Fig. 1. Hakenmeß-platte.

Außer der erwähnten Schrift, „Hydraulic experiments", erschienen von Francis' Hand noch eine stattliche Anzahl anderer, von mehr oder weniger großem Umfang, in den Veröffentlichungen der technischen Vereine und wissenschaftlichen Körperschaften, denen er als Mitglied beigetreten war oder die ihn — als Zeichen der Anerkennung seiner Leistungen und großen Verdienste — zufolge eigenen Beschlusses zu ihrem Mitglied gewählt hatten.

Unter diesen gelehrten Körperschaften war die erste die „American Academy of Arts and Sciences" in Boston, die schon im Jahre 1844 den damals erst 29 jährigen jungen Ingenieur zum Mitgliede (fellow) wählte, mithin zu einer Zeit, wo ihm noch nicht einmal das große Verdienst zur Seite stand, durch seine kühnen Damm- und Schleusenbauten die Stadt und Umgebung von Lowell vor Überflutung und Vernichtung gerettet zu haben. Dieser Akademie legte er dann später eine größere Abhandlung vor über die Festigkeit gußeiserner Säulen. Veranlassung zu dieser Arbeit gab Francis, der im Jahre 1860 erfolgte Einsturz eines Fabrikgebäudes in Lawrence, der lediglich auf den Bruch der dabei verwendeten Säulen zurückzuführen war. Über diese Abhandlung erstattete in der Sitzung der Akademie Professor D. Treadwell das Referat und sagte dabei nach dem Berichte über den Inhalt der Schrift zum Schlusse:

„Ich halte die von Herrn Francis verfaßte Abhandlung für außerordentlich wertvoll und glaube, daß sie als wissenschaftliches Werk zu großem Ansehen gelangen und künftig bei auszuführenden Baukonstruktionen gebührende Berücksichtigung finden wird."

Die nächstdarauffolgende Anerkennung wurde Francis durch das Dartmouthcollege zuteil, das ihn — honoris causa — zum Meister der Künste, „Master of Arts", ernannte im Jahre 1851.

---

[1]) Hier folgt Beschreibung und Darstellung dieser Hakenmeßlatte; hiervon darf wohl an dieser Stelle abgesehen werden, da sie wohl allen, die sich mit Wassermessungen beschäftigt haben, bekannt sein dürfte.

[2]) Auch Seemann weist in einem Berichte über eine Turbinenmessung in Immenstadt (Z. Ver. deutsch. Ing. 1882, S. 301), wobei er über die Benutzung dieses Instruments spricht, auf die Schrift von Francis und die von diesem erzielten günstigen Ergebnisse hin.

Im Jahre 1852, also bald nach seinem glänzenden Erfolge mit der Rettung von Lowell, erwählte ihn die „American Society of Civil=Engineers" zu ihrem Mitgliede, als welches er dieser Körperschaft 40 Jahre angehörte, davon ein Jahr als Präsident und schließlich in seinem letzten Lebensjahre 1892 als Ehrenmitglied. — Die meisten Arbeiten von Francis finden sich in den Veröffentlichungen dieser Gesellschaft; immer sind es Arbeiten, wozu jeweils gerade vorliegende technische oder wissenschaftliche Fragen oder vorgekommene Ereignisse ihm Veranlassung boten. Hierher gehören Abhandlungen über „Biegung kontinuierlicher Träger", „Wassermenge bei unvollkommenen Überfällen", „Durchlässigkeit von Portlandzement für Wasser", „Widerstand hoher Stau- und Kanaldämme gegen Wasserdruck", „Begründung der Tatsache, daß die Geschwindigkeit in offenen Kanälen nicht an der Oberfläche, sondern in einiger Tiefe unter derselben den größten Wert hat", „Verteilung der gefallenen Regenmenge in Neu-England bei dem großen Unwetter vom 3. und 4. Oktober 1869" und noch manche andere Abhandlungen. Unter diesen möge nur noch eine besonders erwähnt werden, weil sie auch Aufnahme in unsere deutschen wissenschaftlich-technischen Zeitschriften gefunden hat, nämlich über „Versuche mit einer Humphrey-Turbine". Der Berichterstatter[1]) beginnt seinen Aufsatz mit den Worten:

„Der bekannte amerikanische Ingenieur und Hydrauliker J. B. Francis hielt in der Jahresversammlung der „American Society of Civil-Engineers" am 10. Juni 1884 einen Vortrag über Versuche, die er mit einer Turbine und im Anschluß hieran mit Überfällen angestellt hat ... Die in Rede stehenden Versuche zeichnen sich durch Zweckmäßigkeit der angewendeten Hilfsmittel, durch Sorgfalt, gute Anordnung und große Anzahl der Beobachtungen derart aus, daß es gewiß nicht unwillkommen sein wird, über dieselben etwas Näheres zu erfahren. . . ."

Im Jahre 1858 wurde ihm wieder eine neue große Auszeichnung zuteil, indem er vom Harvard-College „honoris causa" zum „Master of Arts" ernannt wurde; außerdem wurde er noch Ehrenmitglied einer Anzahl von historischen, naturwissenschaftlichen und technischen Gesellschaften, von deren namentlicher Aufzählung wohl abgesehen werden darf. Über sein Verhältnis zu allen diesen Vereinen und Gesellschaften und deren einzelnen Mitgliedern sagt der Nachruf von Hiram Mills:

„Wenn er bei den Zusammenkünften dieser Vereine erschien, war er stets herzlich willkommen, und jedes Wort, was er sprach, wurde mit höchster Achtung vernommen. Sein Wesen galt nur dem Suchen nach Wahrheit, und als gewandter Ingenieur ergriff er stets die besten sichersten Mittel, um zu dem gewünschten Ziele zu gelangen. . . ."

Sein Beispiel war, wie besonders betont wird, in gewisser Beziehung ein geradezu erzieherisches für seine Zeitgenossen und darum für sie und ihre Nachkommen ein Segen. Er wollte wissenschaftlich durchgeführten Versuchen jederzeit den Charakter der Führung gewahrt wissen; soweit als tunlich, müsse man sich vor sogenannten empirischen Regeln hüten und immer nur sorgfältige eigene praktische Versuche zur Richtschnur nehmen, auf die man sich allein verlassen könne.

Francis dehnte seine Tätigkeit aber gleichzeitig noch auf andere Gebiete aus, die der Hydraulik und den hydraulischen Motoren ferner lagen. So wurde auf seine Anregung und unter seiner Leitung zwischen den einzelnen in und um Lowell gelegenen Fabrikanlagen eine Übereinkunft abgeschlossen über wechselseitige Unterstützung gegen Feuerschaden. Diese Abmachung bezog sich nicht allein auf Teilung

---

[1]) Z. Ver. deutsch. Ing. 1886, S. 47.

des durch Feuer entstandenen materiellen Schadens, sondern auch auf Einführung und Anordnung von Einrichtungen, wodurch der Ausbruch ernsterer Brandunfälle tunlichst verhindert oder doch deren Ausbreitung entgegengewirkt werden sollte.

Hierzu gehörte vor allem die Vorsorge für eine zweckgemäße Wasserversorgung zu Löschzwecken, sodann die Gründung von Feuerwehren und die organisierte Verbindung der einzelnen Fabrikfeuerwehren zum Zwecke eines gedeihlichen Zusammenwirkens. Durch solche Maßnahmen wurde auch in der Tat erreicht, daß die in Lowell entstandenen Feuerschäden an Zahl und Umfang vergleichsweise viel geringer waren als in den übrigen Bezirken der amerikanischen Baumwollindustrie.

Es war weder der Ehrgeiz von Francis darauf gerichtet, noch gewährte ihm ein günstiges Zusammentreffen äußerer Umstände, daß er sich in einem großen imponierenden Bauwerk ein Denkmal seines Schaffens hinterlassen konnte. Was er an Bauten selbst unternahm oder zur Ausführung empfohlen hatte, waren zum großen Teil Tiefbauten, die äußerlich für den Laien kaum sichtbar waren, jedenfalls konnten sie von den außerhalb Stehenden in ihrer Wichtigkeit und Schwierigkeit kaum geschätzt werden. Aber gerade hierin fiel ihm die Aufgabe zu, durch seinen Eifer, seine Erfahrung und sein darauf gegründetes, fast unfehlbares Urteil zum Führer und Ratgeber für die jüngeren Ingenieure zu werden, sobald diese beim Auftauchen von besonderen Schwierigkeiten unsicher zu werden schienen. Daß er so oft als Gutachter und Ratgeber und zur Entscheidung über die verschiedenartigsten Fragen zugezogen wurde, war neben seinem technischen Wissen in seiner Charakterfestigkeit und Lauterkeit, in seiner unbeugsamen Liebe zur Wahrheit begründet. Mehr als ein halbes Hundert von Wasserkraftanlagen und Wasserwerken, von Bewässerungsanlagen und Gründungen in verschiedenen Städten und Staaten der Union verdanken ihre gelungene und befriedigende Ausführung seinem sachverständigen Rate.

Als er im Jahre 1889 das 74. Lebensjahr und gleichzeitig das 50. Jahr seiner Tätigkeit im Dienste der Kanalgesellschaft als deren Ingenieur und Vertreter erreicht hatte, zog er sich von der gebundenen praktischen Berufsarbeit zurück. Die Gesellschaft überreichte ihm zum Zeichen ihres Dankes ein kostbares Silbertafelgerät, dessen Widmungsinschrift besagte, daß der außerordentlichen Weisheit und Tatkraft, durch welche sich seine Verwaltung ausgezeichnet habe, die hervorragende Entwicklung der Industrie von Lowell zu danken sei.

Ganz untätig war Francis auch nach seiner „Zur-Ruhe-Setzung" noch nicht. Abgesehen davon, daß er ein hochgeschätzter und immer noch von Zeit zu Zeit gesuchter Berater seiner Gesellschaft blieb, wurde er durch eine ganz besondere, seinem ganzen bisherigen Tätigkeitsgebiete fernliegende Aufgabe in Anspruch genommen, deren Zuwendung er seinem alten Freunde Uriah A. Boydon zu danken hatte. Dieser veranlaßte es nämlich, daß Francis zu einem der Kuratoren für eine große Stiftung von 130 000 Dollar gewählt wurde, aus der die Errichtung eines neuen astronomischen Observatoriums oder der Ausbau eines schon bestehenden bestritten werden sollte. Die Hauptbedingung, die hierfür gestellt war, war, daß das Observatorium auf einer Höhe mit möglichst freier Rundsicht gelegen sein sollte, damit alle Hindernisse, wie sie sich bei den schon bestehenden solchen Anlagen geltend machen und sich der genauen Beobachtung des ganzen Himmelsgewölbes entgegenstellen, vor allem die aus atmosphärischen Einflüssen hervorgehenden Störungen, tunlichst vermieden werden könnten. Um die Stiftungsgelder der bestmöglichen Verwendung entgegenzuführen, besuchte Francis — und zwar größtenteils auf

eigene Kosten — nahezu, wenn nicht tatsächlich — alle Observatorien des Landes.
Die Kuratoren übertrugen schließlich dem Präsidenten und den Mitgliedern (fellows)
vom Harvard-College, zu denen auch Francis gehörte, die Entscheidung über die
Verwendung der genannten Stiftung und noch anderer zum gleichen Zweck zur Verfügung stehender Stiftungen. Die Wahl für den Ort des zu errichtenden Observatoriums fiel auf einen Berg von etwa 2400 m Höhe in der Nähe von Arequipa in Peru.

Bei einem Charakter, wie es Francis war, ist es wohl selbstverständlich, daß
er sich auch seinen Verpflichtungen gegen Gemeinde und Staat nicht entziehen konnte
noch wollte. So finden wir ihn denn auch in dem Gemeinderat der Stadt Lowell und
als Mitglied des gesetzgebenden Körpers des Staates Massachusetts.

Das Lebensbild von James B. Francis würde aber als unvollständig betrachtet
werden müssen, wollten wir nicht auch eine Charakteristik seines inneren Lebens
beifügen, wie sie sich in der einen oder der anderen Form in allen ihm gewidmeten
Nachrufen findet. Es heißt darin: Er, in dem sich alle edlen Tugenden eines Christen
verkörpert fanden, hatte neben der unerreichten Regsamkeit seines bewunderungs-
werten Lebens noch Zeit, sein Denken und Tun dem Wohle der Kirchengemeinde
von St. Anna zu widmen, der er als Mitglied, als Kirchenältester und Vorsteher der
Gemeinde angehörte und dabei noch der Waisenpflege als Leiter vorstand. Diese
Ehrenämter versah er bis zu seinem Tode am 18. September 1892.

Aus seiner Ehe mit Sarah Wilbur Brownell überlebten ihn vier Kinder,
drei Söhne und eine Tochter; von den Söhnen wurde der älteste George E. Francis
ein hervorragender Arzt in Worcester, Mass., der zweite James Francis trat in
die Fußstapfen seines Vaters und erhielt auch später dessen Stelle als oberster Ingenieur der Kanalgesellschaft, der dritte Charles Francis wurde städtischer
Ingenieur in Davenport (Jowa).

Und nun möge es gestattet sein, zum Abschlusse des Lebensbildes eines in
gewisser Beziehung einzig dastehenden Mannes und Berufsgenossen einige wenige in
einem Nachrufe enthaltene allgemeine Sätze beizusetzen, die in ganz besonderem
Grade unsern Francis kennzeichnen[1]):

„Leben ist Betätigung des Charakters, ist der Ausdruck der Summe von mensch-
licher Energie, soweit sie in Werken und Taten in die Erscheinung tritt. Wenn im allgemeinen das Wort ‚Lebensschicksal‘ die gewöhnlichen Ereignisse in einem Menschenleben umfaßt, die Gesamtsumme aller Einzelvorgänge, die — jeder für sich — für die
Menschheit in ihrer Gesamtheit nebensächlich sein können, so wird doch durch eine große
Tat, durch die Vortrefflichkeit eines großen, gut zu Ende geführten Werkes, das Maß
des Ruhmes und des Glanzes bestimmt, mit dem ein eben vollendetes Leben gekrönt
wird, zumal aber wird der Wert eines solchen Lebens für die Menschheit gemessen durch
dessen ihrem Wohle und ihrer Förderung dienenden Werke.
Und wenn dies das Leben von

James Bicheno Francis

war, so möge dessen Lebensbild, als Denkmal, das ihm hiermit gesetzt sein soll, andere
stärken und ihnen Mut und Ausdauer verleihen in dem Bestreben, sich, so wie er, mit
aller Kraft dem Wohle der Menschheit zu weihen.“

Das Haus in Lowell, in dem die Ingenieure der Kanalgesellschaft ihre Arbeits-
stätte gefunden hatten, heute unter dem Namen „Whistler-Haus“ bekannt,
Fig. 2, wird als dauerndes Denkmal an jene große Zeit erhalten. So wie darin ein besonderes Zimmer als „Whistler-Zimmer“ den späteren Generationen von In-

---

[1]) Aus „Illustrated History of Lowell, Mass.“, S. 164, mitgeteilt durch Professor George
Swain, von der Harvard-Universität.

genieuren den Namen jenes Ingenieurs und sein Wirken im Gedächtnis erhalten soll, so sollte dies auch für James Bicheno Francis geschehen, indem das Zimmer, das so viel Jahre seine Heimat und der Ort seines Schaffens war, das bei seinen Lebzeiten von seiner Familie stets als „Vaters Zimmer" bezeichnet wurde, zu seinem dauernden Gedächtnis als Bibliotheks- und Lesezimmer für den Verein der Ingenieure von Lowell (Arts Association) eingerichtet und „Francis-Zimmer" genannt worden ist. Am 15. Dezember 1909 fand die feierliche Einweihung dieses Zimmers statt, wobei über der Feuerstelle das bekränzte Bild von Francis hing. Fast rührend berührt auf diesem, jedenfalls aus den letzten Lebensjahren stammenden

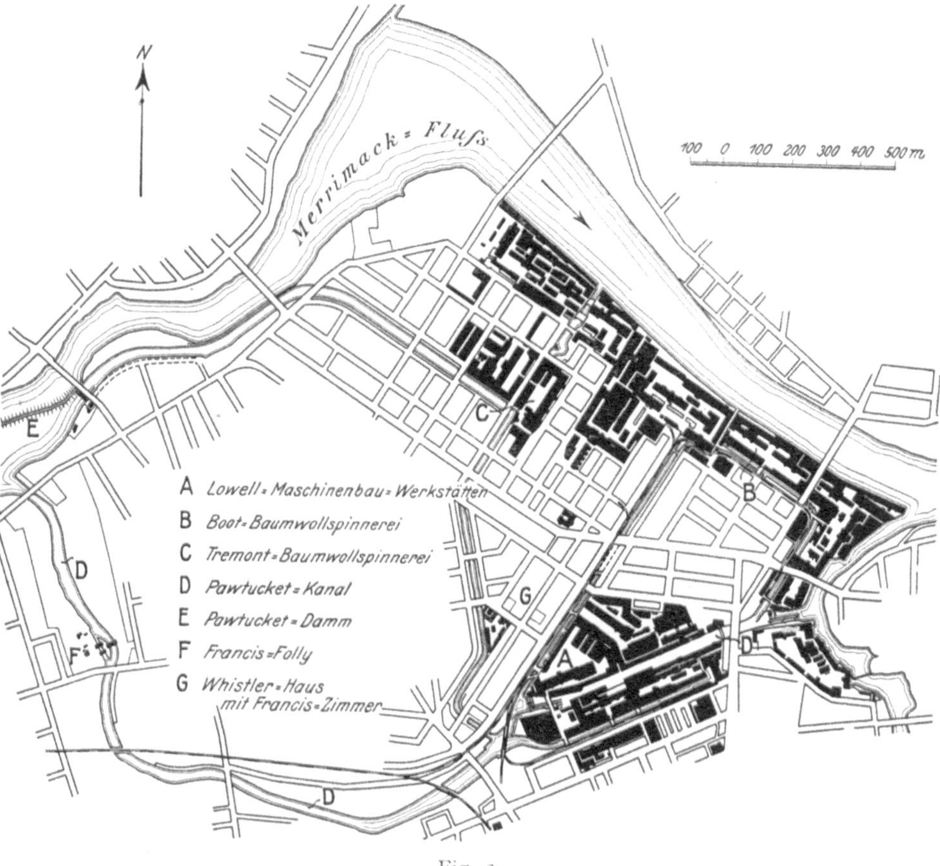

Fig. 2.

Bilde das lange schneeweiße Haar, das die immer noch durchgeistigten Züge des Greises umwallt.

Unter den vielen bei der Einweihungsfeier gehaltenen Ansprachen ist die bedeutendste die von einer Frau, Miß Mabel Hill, gehaltene, die das ganze Leben und Wirken von Francis umfaßt und mit den Worten schließt:

„Solange das Wasser zu Tal fließt, und darinnen sich Turbinen drehn, wird der Name von James Bicheno Francis dauern als der eines großen hydraulischen Ingenieurs und eines guten Bürgers seiner Stadt."

Benutzte Literatur.

Poggendorf, Literarisch-biographisches Handwörterbuch.
Nachrufe aus Journal of the Association of Engineering Societies. 1894.
— — Engineering News. 1892.
— — Corporation of the Institute of Technology Lawrence. 1892.
— — Illustrated History of Lowell.
Lowells hydraulic Experiments by James B. Francis. 1855.
Rühlmann, Allgemeine Maschinenlehre. I. Band.
Zeitschrift des Vereines deutscher Ingenieure.
Encyclopedia Britannica, New American supplement.
The Encyclopedia Americana.
La grande Encyclopédie.

Peter Ritter von Tunner und seine Schule.

Von

Hofrat Dr.-Ing. h. c. Josef Gängl v. Ehrenwerth, o. ö. Professor der
k. k. Montanistischen Hochschule in Leoben.

Eine Biographie Peter Ritter von Tunner's zu schreiben, ohne auch auf
das Entstehen und die Entwicklung der Schule einzugehen, welche mit ihm ins
Leben trat, hieße einem Bilde das Licht versagen, durch welches es erst in seinem
vollen Werte erkannt wird.

Es sei darum gestattet, zunächst auf das Bestehen der Montanistischen Lehranstalt für Berg- und Hüttenwesen, mit dem besonderen Zwecke der wissenschaftlichen und praktischen Pflege des Eisenhüttenwesens, einzugehen.

Dies führt uns zurück in den Anfang des vorigen Jahrhunderts.

Die Kriegsjahre jener Zeit (Ende des 18. und Beginn des 19. Jahrhunderts)
hatten die volkswirtschaftlichen Verhältnisse des Staates tief herabgedrückt; mit
Ausnahme der Waffenschmieden lag insbesondere die Eisenindustrie, dieser damals
breit und tief verzweigte Lebensnerv der Steiermark und ihres Nachbarlandes
Kärnten, welcher der Land- und Forstwirtschaft konstanten und reichlichen Absatz, der Bevölkerung guten Verdienst verschaffte, schwer danieder.

Andererseits kamen die technischen Wissenschaften in den Beginn neuen
Lebens. Mit wahrhaft kaiserlicher Munifizenz schuf Kaiser Franz das polytechnische
Institut in Wien, das erste Europas. Seinem leuchtenden Beispiele folgend, grün-
dete sein besonders für Steiermark so fürsorglicher Bruder Erzherzog Johann 1811
in Graz die zweite Schule dieser Art, das „Joanneum" — nunmehr technische Hochschule —, das er mit seiner Bibliothek und wertvollen Sammlungen beschenkte,
durch viele Jahre als Protektor und Zeit seines Lebens durch sein Interesse und
seinen hohen Einfluß förderte. Und seinen wiederholten Anregungen und persönlichen Bemühungen ist auch in erster Linie das Entstehen der Schule zu danken,
an der als erster Lehrer Tunner wirkte.

In weiser Erkenntnis, wie tief der über die ganze Steiermark und ihre Nach-
barländer verbreitete Erwerbszweig der Eisenindustrie den Wohlstand beeinflusse,
und wie sehr wissenschaftliche Fachbildung ihn fördern müsse, veranlaßte Erzherzog Johann schon 1814 das Kuratorium des Joanneums (mit 16. November
1814) an Se. k. k. Apostolische Majestät, Kaiser Franz, die Bitte um Bewilligung
der Errichtung einer Lehrkanzel für Eisenhüttenkunde an diesem Institute zu
richten und gleichzeitig den Direktor des Fabrikproduktenkabinetts, Alois von
Wittmannstetten — als Steiermärker, mit den Verhältnissen des Landes vertraut,

im Bergbau- und Hüttenbetrieb durch Reisen nach England usw. erfahren — als geeignetste Persönlichkeit für diese Professur vorzuschlagen.

Wenngleich diese Bitte nach Wiederholung und über besondere Befürwortung seitens Erzherzog Johanns mit kaiserlicher Entschließung vom 8. Oktober 1816 bewilligt und auch Wittmannstettens Anstellung genehmigt wurde, schlummerte die Angelegenheit doch wieder ein, da Wittmannstetten sich für die Übernahme der Professur zu alt fühlte. Sie kam erst 1828 wieder in Fluß, als infolge eines Sr. Majestät über den Zustand des Joanneums unterbreiteten Berichtes, in dem die Notwendigkeit der Angliederung einer Lehrkanzel für Berg- und Hüttenwesen zur Ausbildung von Werkbesitzern und Werkbeamten neuerlich hervorgehoben war, das Kuratorium seitens des Protektors dieses Institutes — Erzherzog Johanns — beauftragt wurde, „die Verhandlung, insoweit es nicht schon geschehen sein sollte, in gehörigem Wege einzuleiten".

Obwohl nun das Kuratorium seiner Aufgabe rasch nachkam und eine vom Ständischen Ausschuß an den Landtag gerichtete, die Systemisierung (hinsichtlich Gehalt des Professors, Erfordernis für Einrichtung und Dotation) betreffende Vorlage sofort voll angenommen und darauf mit Allerhöchster Entschließung vom 12. März 1829 die Errichtung der Lehrkanzel für Hüttenkunde mit besonderer Berücksichtigung des Eisens in allen Punkten bewilligt wurde, dauerte es bis zur Aktivierung derselben dennoch mehr als ein Dezennium. Verschiedene Vorfragen mußten erst entschieden werden.

Peter Ritter von Tunner.
geb. 10. Mai 1809   gest. 8. Juni 1897.

In den bezüglichen Beratungen wurde beschlossen,

1. daß der Unterricht ein höherer sein soll und die hierfür erforderliche Vorbildung an Polytechnikum oder Universität zu holen sei, wofür das Joanneum die Mittel biete;

2. daß der theoretische Unterricht mit praktischer Anschauung und Übung in Verbindung gebracht werden müsse und aus dem Grunde die Lehrkanzel an einen Ort zu verlegen sei, wo möglichst viele Berg- und Eisenwerke bestehen, daß also Graz nicht der geeignete Ort dafür sei, wohl aber Vordernberg, welches, nicht weit von Graz entfernt, inmitten einer ausgedehnten Eisenindustrie — Erzberg, 14 Hochöfen, benachbart viele Eisenhämmer mit verschiedenen Frischmethoden — liege;

3. daß der ganze Unterricht auf 4 Jahre zu verteilen sei, wovon die ersten drei für die vorbereitenden Fächer — reine und angewandte Mathematik, Meßkunst, diverse Zeichenübungen, Maschinenlehre, Physik, Chemie, Mineralogie —, das vierte für den speziellen theoretisch-praktischen Unterricht verwendet werden sollte.

Auch waren verschiedene Vorbereitungen hinsichtlich Lokalitäten usw. notwendig, die erst nach der 1836 erfolgten Bewilligung des ganzen Planes in Angriff genommen werden konnten.

Vor allem aber handelte es sich darum, für die neue Lehrkanzel die richtige Persönlichkeit zu finden. Und da war es abermals Erzherzog Johann, welcher sich mit Wärme der Aufgabe annahm und sie in persönlichem Eingreifen in glücklichster Weise löste.

Nach eingehenden Beratungen mit mehreren, mit den Verhältnissen vertrauten Persönlichkeiten und indirekten Verhandlungen mit hervorragenden Männern, fiel endlich die Wahl auf Peter Tunner, damals fürstl. Schwarzenbergscher Verweser am Stahlhammer zu Katsch, unweit Murau in Steiermark, den Erzherzog Johann bereits persönlich kannte.

Peter Tunner wurde am 10. Mai 1809 zu Deutsch-Feistritz bei Peggau in Steiermark als Sohn Peter Tunners, damals Eisenhochofen- und Hammerwerksbesitzer zu Salla und Obergaden bei Köflach in Steiermark geboren, wo schon sein Großvater eine Nagelschmiede angekauft und zu einem Hammerwerke erweitert hatte.

Hier in Salla, vorwiegend aber in Obergaden, verbrachte auch Tunner seine erste Jugend. Von da aus besuchte er die $^1/_2$ Stunde entfernte Dorfschule zu Piber, nach deren Absolvierung er in seinem 12. Jahre in die sogenannte 4. Klasse (Unterrealschule) zu Graz übertrat, deren beide Jahrgänge er mit vorzüglichem Erfolge absolvierte.

Als der Vater, durch Erzmangel veranlaßt, den Hochofenbetrieb aufließ und als Verweser des fürstl. Schwarzenbergschen Berg- und Hüttenwerkes nach Turrach übersiedelte, folgte ihm nach Absolvierung der 4. Klasse dahin auch sein Sohn, der sich nun eifrig der hüttenmännischen Praxis widmete, zum Teil beim Hochofen sich verwendete, zum Teil auf fürstl. Schwarzenbergschen Werken durch eigene Handanlegung die Eisen- und Stahlfrischarbeiten erlernte. Durch seine Tätigkeit und Erfolge aufmerksam gemacht, beriefen ihn die Gebrüder von Rosthorn auf ihr Eisenwerk Frantschach in Kärnten, um bei der dort bestandenen sogenannten Kartitscharbeit (Herdfrischerei) Verbesserungen einzuführen. Die Erfolge daselbst bestimmten sie, ihn für seinen beabsichtigten zweijährigen Besuch des k. k. polytechnischen Institutes während der Jahre 1828 bis 1830 unentgeltlich in das Haus des Mathias von Rosthorn in Wien aufzunehmen.

Während dieser Jahre hörte Tunner auch Vorlesungen über Mineralogie und Geologie an der Wiener Oberrealschule unter Franz Riepl, und über Mineralogie im Hofmineralienkabinett unter Bergrat Friedrich Mohs.

Nachdem er seine Studien mit vorzüglichem Erfolg vollendet und eine ihm angetragene Assistentenstelle am gedachten Institute, wie eine Hüttenbeamtenstelle am ersten österreichischen Puddlingswerke Witkowitz ausgeschlagen hatte, kehrte er auf Wunsch seines Vaters wieder in seine Heimat Turrach zurück.

Von da aus besuchte er noch im Herbst 1830 die Eisenwerke in Salzburg und Tirol und begab sich dann nach Neuberg, um die dortige, als vorteilhaft gerühmte Frischarbeit am Schwallboden durch eigene Betätigung zu erlernen.

Hier erkrankte er schließlich und mußte durch Wochen das Bett hüten. Anfangs April 1831 von seinem Vater nach Turrach zurückgebracht, genas er allmählich und folgte dann einer Einladung des Herrn Franz von Rosthorn zur Ordnung von dessen reichhaltiger Mineraliensammlung nach Wolfsberg in Kärnten, wo er seine volle Gesundheit wiedererlangte. Nachdem er 1831 als Werkführer noch das sehr vernachlässigte Werk Mauterndorf im Salzburgischen wieder in vollen Stand gebracht hatte, übernahm er endlich als Verweser die Leitung des neuerbauten fürstl. Schwarzenbergschen Stahlhammers zu Katsch bei Murau, welches Werk er zu sehr hohem Ruf brachte.

Die drei Jahre, welche er hier, zum Teil selbst Hand anlegend, mitten unter seinen Arbeitern, obgleich noch jung, doch von diesen hoch verehrt, verbrachte, zählte Tunner zu den angenehmsten seines Lebens.

Dahin begab sich im November 1833 gelegentlich der Teilnahme an einer Versammlung der Landwirtschafts-Gesellschaft zu Teufenbach, Erzherzog Johann selbst, um persönlich mit Tunner betreffs Übernahme der neu zu errichtenden Professur für Berg- und Hüttenwesen zu verhandeln.

Als der Erzherzog Tunner das Anbot machte, sagte dieser, daß er zwar einige Vorstudien durchgemacht und sich praktische Fähigkeit erworben, nie aber an eine Professur gedacht habe, und ihm dafür ja noch manches fehle. Darauf bemerkte Erzherzog Johann, daß für seine weitere Ausbildung schon gesorgt werden würde.

In dem, nach erhaltener Zusage, an den Verordneten Ausschuß der Stände von Steiermark gerichteten Vorschlage vom 14. September 1833 sagt Erzherzog Johann:

„Infolge der unter dem 9. März 1813 erlassenen Allerhöchsten Entschließung und Gubernial-Intimat vom 7. Mai d. J. ist auf den Antrag der Herren Stände die Lehrkanzel für Berg- und Hüttenkunde und zu ihrem Behufe die Ernennung eines Professors bewilligt worden. Es ist nun an der Zeit, auf die Ausführung dieses Gegenstandes zu denken. Bis vom Allerhöchsten Orte die Bewilligung herabgelanget und nach Erfolg derselben die vollkommene Ausführung des Baues und Einrichtung des zu diesem Behufe angetragenen Hauses in Vordernberg geschehen sein wird, wird eine geraume Zeit verfließen."

„Diese wäre dazu zu benützen, um dem für die Professur zu bestimmenden Individuum durch Reisen in das Ausland die Vollendung seiner Bildung zu verschaffen. Nach meiner Überzeugung schlage ich den Peter Tunner, dermalen Fürst Schwarzenbergscher Verweser des Hammerwerkes Katsch, zu diesem Endzwecke vor. Landeskind, vom besten moralischen Charakter, einer der vorzüglichsten Zöglinge des polytechnischen Institutes, folglich ausgerüstet mit den erforderlichen wissenschaftlichen Kenntnissen, vollkommen erfahren in der heimischen Eisenmanipulation, da er längere Zeit als Meister auf dem Hammer arbeitete, von guter Körperbeschaffenheit, genügsam, verbindet er alle erforderlichen Eigenschaften, um den Zweck zu erfüllen, welchen wir beabsichtigen müssen. Diesen trage ich an, reisen zu lassen nach Schlesien, Schweden und da, wo es noch weiter erforderlich sein dürfte. Zur Bestreitung dieser Reise dürften die bereits als Dotierung des Professors der Hüttenkunde bewilligten 1200 fl. C.-M.,wozu noch ein Zuschuß zu kommen hätte, zu verwenden sein."

„Zur sicheren Erreichung dieses Gegenstandes glaube ich als das zweckdienlichste, sobald die Herren Stände mir darüber eine Eingabe machen, dieselbe an Se. Majestät den Kaiser durch einen eigenhändigen Vortrag einzureichen.

Erzherzog Johann m. p."

Zwei Jahre später, mit kaiserlicher Entschließung vom 21. März 1835 wurde Peter Tunner zum Professor für Berg- und Hüttenwesen am Joanneum zu Graz ernannt, davon mit Dekret vom 15. Mai verständigt und am 17. Juni beeidigt, mit der Bestimmung, daß in den Vorträgen aus Bergwesen auf Steinkohle, in jenen aus dem Hüttenwesen auf Eisen, Stahl und Blei besonders Gewicht zu legen sei.

Gleichzeitig wurde auch die beantragte Bildungsreise nebst bedeutenden Geldmitteln (10 000 fl. C.-M.) bewilligt.

Reichlich mit Empfehlungen ausgestattet (von Erzherzog Johann, Fürst Schwarzenberg, Prof. Friedrich Mohs, Prof. Jaquin, von Haidinger, von Thienfeld und anderen), bereiste nun Tunner vom 15. Oktober 1835 an die wichtigsten Berg- und Hüttendistrikte Mährens, Schlesiens, Böhmens, weiter Sachsen, Preußen, den Harz, Schweden, England — wo er die Werke in Sheffield, Birmingham, Southwalls, die Bleiwerke in Derbyshire, die Kupferwerke in Swansea und Zinnwerke in Cornwall besuchte —, Belgien, Rheinland-Westfalen, Frankreich, Württemberg, Bayern, indem er unter einem an einzelnen Orten, so in Freiberg, Berlin, Falun, London, Paris auch längeren (2 bis 4 Monate) Aufenthalt nahm, um mit in gewissen Fächern besonders hervorragenden Persönlichkeiten — Plattner (Lötrohrprobierkunst), Weissbach, Reich, Karsten und Gätschmann in Freiberg; mit Heinrich Rose und Mitscherlich (Chemie), Gustav Rose und Dechen (Mineralogie und Geologie) in Berlin; Prof. Dr. Sefström in Falun, Faraday in London — in engeren Verkehr zu treten und sich von diesen Unterricht bzw. Unterweisung in Laboratoriumsarbeiten zu holen und kehrte endlich im Dezember 1837 über Luzern wieder in die Heimat zurück.

Während seiner Reise war Tunner auch eifrig bemüht, Zeichnungen und verschiedene Demonstrationsobjekte, Hüttenprodukte und Mineralien usw. zu sammeln, die er periodisch der Heimat zusandte.

Von seiner Reise zurückgekehrt, nahm Tunner nach kurzem Besuch in Graz längeren Aufenthalt in Wien, um sich für seine beabsichtigten Arbeiten die nötigen Behelfe anzuschaffen. — Von da aus besuchte er im Jahre 1838 (vom 20./4. bis 19./7.) die k. k. Bergakademie zu Schemnitz, um sich über die dortigen Einrichtungen, Sammlungen und Vorträge zu unterrichten, und nach sechswöchigem Aufenthalt daselbst, daran anschließend die meisten Werke Oberungarns (Kremnitz, Neusohl, Herrengrund, Altgebirg, Tajova, Libethen, Rohnitz, Mittelwald, Pochorella, Dobschau, Theisholz, die Werke des Rimamurany-Tales, Rosenau, Schmölnitz, Göllnitz, Aranytka und Kaschau).

Auf einer dritten kurzen Reise (vom 25. August bis 11. Oktober 1838) über Mailand, Gromo, Baldrione, Schilparia, Dezzo, Sovero, Bisogne, Brescia, Gardone, Rovegno, Riva besuchte er fast alle Werke Oberitaliens, auf der Heimreise Hall, Jenbach, Pillerse, Kessen in Tirol, Bergen, Achtal, Hammerau in Baiern, dann Salzburg, Werfen und Flachau im Salzburgischen, Turrach, Liezen und Kallwang.

Nach Wien zurückgekehrt, vermählte er sich 1839 mit Fräulein Maria Zahlbruckner, welcher Ehe 6 Kinder (3 Söhne, 3 Mädchen) entsprossen und übersiedelte dann nach Graz, wo er sich durch Zusammenstellung seiner Vortragsschriften über Berg- und Hüttenwesen und wissenschaftliche Arbeiten für seine lehramtliche Tätigkeit vorbereitete.

Mittlerweile wurden die Bauten und Vorbereitungen in Vordernberg vollendet, so daß am 4. November 1840 die Eröffnung der „Steiermärkisch-Ständischen Montanlehranstalt" stattfinden konnte.

Bei dieser Feier, welche mit einem Hochamte eingeleitet wurde, und an welcher viele hervorragende Persönlichkeiten der Steiermark teilnahmen, trat insbesondere eine Persönlichkeit, die sich auch schon um das Entstehen und die Gestaltung der Schule große Verdienste erworben hatte, durch ihr erleuchtetes fortschrittliches Denken und edles Fühlen in würdigster Weise hervor, der Studiendirektor des Steiermärkisch-Ständischen Joanneums zu Graz: Ludwig Crophius von Kaierssieg, Abt des Zisterzienserstiftes Rein.

In seiner denkwürdigen Eröffnungsrede sagte er:

„Eine Feier von großer Bedeutung gewährt mir heute die Ehre, in der Mitte einer so ausgezeichneten Versammlung das Wort zu nehmen: Es ist die Weihe des ersten

7 *

Tages, an welchem eine langersehnte, dem Wohle weit umfassender Ländergebiete gewidmete Lehranstalt auf diesem, von der gütigen Vorsehung vorzugsweise gesegneten Boden in das wirksame Leben tritt." „Es ist die Vermählungsfeier des großartigsten der Gewerbe mit der Wissenschaft. — Es ist die Setzung des Schlußsteines zu jenem herrlichen Institute, das in Steiermarks Hauptstadt einen hochgefeierten Namen trägt.

Ferner bezüglich der Naturschätze Österreichs und insbesondere Steiermarks:

„Unter den mannigfaltigen Schätzen, mit welchen die Natur die unter Österreichs glorreichem Zepter blühenden Länder ausgestattet hat, ist jener an Metallen und anderen wertvollen Mineralien gewiß der vornehmste. Wessen Vaterlandsliebe fühlt sich nicht freudig angeregt durch das Bewußtsein, daß gerade unser teures Heimatland und die demselben zunächst verschwisterten Provinzen mit dieser kostbaren Gabe in vorzüglichem Grade bedacht sind? Ja, daß insbesondere das norische Eisen, das tausendfach nützliche zu den Künsten des Friedens, das starke als Waffe zum Kampfe, soweit die Geschichte zurückreicht mit Ruhm genannt wird? Wer wüßte sich nicht zu vergegenwärtigen, welche Massen von Kapitalien durch Jahrhunderte aus dieser Quelle dem Lande zugeflossen und wie viel Wohlstand aus eben derselben durch zahllose Kanäle bis in die äußersten Organe der Gesellschaft verbreitet worden ist."

Betreff Bedürfnis fachwissenschaftlicher fachlicher Bildung, Notwendigkeit der Schule:

„Welchen großen Umfang an wissenschaftlichen Kenntnissen aber die Gewinnung des rohen Stoffes aus den geheimnisvollen Tiefen der Erde, die Ausscheidung des edlen Inhaltes, seine Vorbereitung zur Fabrikation, dann seine Verarbeitung in eine unabsehbare Reihe von Fabrikaten, endlich die Auswahl und Herbeischaffung der tauglichsten Mittel zu allen diesen Zwecken erfordern, ist Ihnen, meine Hochverehrten, die Sie mit allem dem auf das innigste vertraut sind, sehr wohl bekannt. Allein, bei der großen Sparsamkeit an Bildungsanstalten dieser Art konnte ein solcher Umfang an Kenntnissen bis jetzt der Besitz von nur wenigen sein, und die Zahl von wissenschaftlich ausgebildeten Männern vom Fache stand mit dem Bedarfe so zahlreicher Werke keineswegs in einem günstigen Verhältnisse."

„Erwägt man nun, daß so viele andere Länder und Staaten, denen die Natur gleiche Gaben bescherte, auf dem so großen Weltmarkte mit denselben Erzeugnissen mit uns in Konkurrenz treten, daß bei den rastlosen Fortschritten des menschlichen Geistes, bei dem ungeheueren Aufschwunge der Natur- und technischen Wissenschaften, wo Tag für Tag eine Erfindung die andere, eine Verbesserung die andere verdrängt und auf Menge, Güte und Preis der Ware wesentlichen Einfluß nimmt, auch bei uns ein gleichmäßiges Fortschreiten dringendes Bedürfnis ist: so wird man mit dreimaligem Willkommen eine Lehranstalt begrüßen, welche dazu berufen ist, in Verbindung mit dem schon bestehenden Landesmuseum alle jene Wissenschaften, die dem tüchtigen Berg- und Hüttenmann unentbehrlich sind, nicht nur theoretisch gründlich zu lehren, sondern auch ihre praktische Anwendung zu zeigen, und somit eine bleibende Pflanzschule in der eigenen Heimat für verständige, auf der Höhe der Zeit selbständig sich zu bewegen fähige Werkvorsteher und leitende Beamte, ein Zentralpunkt belehrender Vermittlung über die Interessen so mannigfaltiger Fabrikunternehmungen und das Leben fördernde Organ für den ganzen Umfang der Gewerksindustrie zu sein!"

Ferner nach einer kurzen Geschichte des Entstehens der Schule zur Charakteristik ihres ersten Professors:

„Unmittelbar dem Schoße des Gewerkestandes entsprossen, an der Hand seines ebenso einsichtsvollen als würdigen Vaters in allen Arbeiten des gewerklichen Betriebes praktisch geleitet und überdies ausgerüstet mit den glücklichsten Naturanlagen, die er an dem großartigen polytechnischen Institute in Wien mit dem ausgezeichnetsten Fortgange dermaßen zur Reife bildete, daß er noch im jugendlichen Alter eines der ansehnlichsten Gewerke zur größten Zufriedenheit seines durchlauchtigen Inhabers selbständig leitete, konnte er dem Kennerblicke Sr. kaiserlichen Hoheit nicht unbemerkt bleiben und die neue Montanschule keinen besseren Händen anvertraut werden."

An den jungen Professor richtete der Sprecher die warmen Worte:

„Verehrtester Herr Professor! Nehmen Sie, indem ich Sie heute im Namen der Herren Stände in Ihr Lehramt einführe, nehmen Sie hierzu meinen herzlichsten Glückwunsch! Ihnen ist ein schönes, ein großes, ein beneidenswertes Los gefallen! — Seine inhaltschwere Bedeutung erfassen Sie selbst tiefer, als ich es auszusprechen vermöchte. Eben das Ihnen innewohnende klare Bewußtsein der Ihnen zur Lösung gestellten Aufgabe, Ihre frühzeitige, eifrig fortgepflegte Vertrautheit mit den Berufswissenschaften, Ihr Reichtum an Erfahrungen, wie auch Ihre lebenswarme Hingebung für den zu erstrebenden Zweck, sind uns aber auch sichere Bürgen dafür, daß es Ihnen mit der Hilfe des Höchsten gelingen werde, die von so vielen Seiten auf Sie gerichteten Erwartungen zur Erfüllung zu bringen, und gönnen Sie mir schon im voraus, mit Ihnen das erhebende Gefühl zu teilen, wenn Sie einst in späten Tagen die Zahl der aus Ihrer Schule hervorgegangenen würdigen Gewerksmänner überblicken und den von Ihnen ausgestreuten Samen an so vielen Orten zur Ehre und zum Frommen des lieben Vaterlandes gute Früchte tragen sehen werden."

Nach einer kurzen Ansprache an die Schüler und einigen würdigen Schlußworten erklärte er die Schule als eröffnet und nachdem noch Professor Peter Tunner gelobte, die an ihn gestellte Aufgabe, so groß und schwer er sie auch finde, zu lösen, war die offizielle Eröffnungsfeier geschlossen.

Tunner war durch 8 Jahre der einzige Lehrer und behandelte, nach Jahren abwechselnd, die Bergwesenfächer — Bergbaukunde, Markscheidekunde, Auszug aus dem Bergrecht — und die Hüttenwesenfächer — Hüttenkunde, Probierkunst, verbunden mit Laboratoriumsarbeiten —, welchen später mit Erscheinen eines alle Fächer umfassenden endgültigen Lehrplanes, in dem das gesamte Studium auf 6 Jahre verteilt war, noch Forstkunde und Verrechnungskunde eingeschaltet wurden. Erst im Jahre 1845/6 wurde ihm zur Unterstützung ein Assistent beigestellt.

Während der dem eigentlichen Unterrichte zugeteilten Zeit wurden $1^1/_2$ bis 2 Vormittagsstunden für den Vortrag, der Rest für Zusammenstellung der Schriften, Anfertigung von Zeichnungen, Skizzen usw. verwendet; nachmittags fanden Übungen und gemeinsame Besprechungen des Vorgetragenen (Seminarien) statt oder an deren Stelle 1-bis 2 mal pro Woche gemeinsame Exkursionen auf benachbarte Werke, worüber Berichte zu liefern waren, die Samstag in Gegenwart der Hörer korrigiert und klassifiziert wurden.

Von den 10 Monaten des Studienjahres wurden 5 für den eigentlichen Unterricht und die kleinen Exkursionen, ca. 2 bis $2^1/_2$ Monate für praktische Arbeiten verwendet — im Bergkurse, Markscheideaufnahmen und Arbeiten in den Gruben; im Hüttenkurse Arbeiten in der eigenen Lehrfrischhütte oder auf benachbarten Werken (Puddeln) —, welche stets unter Aufsicht des Professors bzw. eines Vorarbeiters stattfanden. Daran schloß sich eine ca. fünfwöchige Studienreise auf verschiedene Berg- bzw. Hüttenwerke und der Rest des Studienjahres war der Berichterstattung über diese Reise, dem Studium und den Prüfungen gewidmet, welche öffentlich in Gegenwart eines vom Ständischen Ausschuß delegierten Kommissärs stattfanden und über deren Erfolge Diplome — alle Gegenstände umfassend — ausgestellt wurden.

Dieser Studienbetrieb hatte den vorzüglichen Erfolg, daß aus der Schule bereits Hörer hervorgingen, welche zur Einnahme von selbst leitenden Stellen der Praxis befähigt waren, die sie, obgleich den Zeugnissen die allgemeine Gültigkeit — „Staatsgültigkeit" — erst mit Allerhöchster Entschließung vom 3. August 1844 zuerkannt und dies erst 1847 den leitenden Stellen mitgeteilt wurde, doch häufig sofort oder bald erhielten, wie denn auch die Schule überhaupt rasch, selbst im Auslande, zu hervorragendem Ruf gelangte.

Bei der geringen Anzahl der Hörer, welche diese Anstalt besuchten, bei den vielen Übungen, bei welchen dieselben stets in persönlichem Verkehre mit dem Professor standen, bei dem Umstande, daß die Hörer meist schon im Alter vorgerückt waren und teilweise schon eine montanistische Praxis erworben hatten, somit besonders in den ersten Jahren kein so großer Altersunterschied zwischen dem Professor und den Hörern bestand, bildete sich das Leben in Vordernberg zu einer Art Familienleben, in welchem der gegenseitige Anteil stets ein reger war, der auch weiter noch durch das ganze Leben anhielt.

Dazu kam, daß Erzherzog Johann an der Schule dauernd den regsten Anteil nahm und während seines langen Aufenthaltes in Vordernberg sein Haus nicht nur dem Professor, sondern selbst den Studierenden geöffnet hatte, zum großen Vorteil Aller in Förderung geistigen und geselligen Verkehrs in dem an sonstiger Anregung und Ressourcen nicht eben reichen, kleinen Markte Vordernberg.

Da kam das Jahr 1848 mit seinen Wirren.

Die Bergakademie zu Schemnitz wurde geschlossen und der Staat mußte dafür Sorge tragen, daß die Hörer anderwärts ihre Studien vollenden konnten und überhaupt in Cisleitanien eine Staatslehranstalt für die montanistischen Fächer geschaffen werde.

Im Schoße des Ministeriums zog man als Ort derselben Pribram und Eisenerz in Erwägung.

Tunners klugem Blick und Vorgehen ist es zu danken, daß man sich für die Übernahme der „Steiermärkisch-Ständischen Montanlehranstalt" in Vordernberg entschied, welche nun mit Zustimmung Erzherzog Johanns vom 6. Juli 1848 — es war dies sein letztes Schriftstück in dieser Richtung — an den Staat überging und zunnächst durch Errichtung einer eigenen Lehrkanzel für Bergwesen für den gleichzeitigen Studienbetrieb nach beiden Richtungen ausgestaltet wurde, der auch schon mit dem Studienjahre 1848/49 ins Leben trat.

Daß zu diesem Resultat der seit Beginn hochschulmäßige Charakter der Schule und ihre hervorragenden Erfolge wesentlich beigetragen haben, braucht kaum erwähnt zu werden.

Professor Peter Tunner wurde nun zum provisorischen Direktor ernannt, behielt jedoch die Vorträge aus Eisenhüttenkunde noch bei. Für die neuerrichtete Lehrkanzel der Bergwesensfächer aber wurde der provisorische Professor der Bergbaukunde in Schemnitz Albert Miller (später Ritter von Hauenfels) berufen und demselben für die Vorträge aus Mineralogie und Petrefaktenkunde ein Assistent beigestellt.

Für die voraussichtlich zunehmende Zahl der Hörer erschien aber nun Vordernberg für die Schule nicht mehr der geeignete Ort. Und dem raschen Entgegenkommen der Stadt Leoben, welche ein geeignetes Gebäude unentgeltlich zur Verfügung stellte, ist es zu danken, daß dieselbe schon für das mit dem 1. November beginnende Studienjahr 1849/50 nach Leoben verlegt werden konnte, wo sie zunächst gemäß Allerhöchster Entschließung vom 23./I. 1849 unter Beförderung Tunners zum definitiven Direktor durch Errichtung einer zweiten Lehrkanzel, jener für Hüttenkunde[1]) und Beistellung von zwei Assistenten weiter ausgestaltet, 1852/3 mit einem sogenannten Vorkurs, der insbesondere für Juristen, künftige Hofbuchhaltungsbeamten und außerordentliche Hörer die notwendigen Vorstudien vermittelte, versehen, unter immer weiterer Ausgestaltung von Vor- und Fachstudien 1861 zur

---

[1]) Dafür wurde als Professor Franz Sprung (später Ritter von), 1840/41 Hörer in Vordernberg, nachher im Dienste der Praxis auf krainischen Werken berufen, zuletzt Zentraldirektor der Baron Franz Meyr-Melnhofschen Werke in Leoben berufen.

selbständigen Bergakademie erhoben, 1890 auch formell zur Hochschule erklärt und 1904 bei gleichzeitiger Änderung des Titels in „Montanistische Hochschule" und Ausdehnung der Studien, für ein Fach auf 4, für beide Richtungen auf 5 Jahre, auch mit allen Rechten der Hochschulen ausgestattet wurde, und die Hörerzahl, allmählich zunehmend, im letzten Dezennium bis auf 480 stieg.

Die Angliederung des sogenannten Vorkurses, der bis 1859/60 nur einjährig, von da an zweijährig war, zur Vermittlung der früher auf 4 Jahre verteilten Vor-studien, war anfangs allerdings ein Rückschritt. Das Urteil ändert sich aber, wenn bedacht wird, daß das Bedürfnis nach Vorbildung für den Montanisten gegenüber dem speziellen Fachtechniker je nach den Gegenständen ein anderes ist und ins-besondere in jener Zeit geringer war. Sie begünstigte aber andererseits die Zunahme an Hörern und entsprach damit einem Bedürfnis, hatte auch wohl den Vorteil, daß auch Vorbereitungsgegenstände durch montanistisch gebildete Fachleute mit Erfahrung, zum Teil aus der ärarischen Praxis zugeteilt, gelehrt wurden, und war der Grundstein für die Heranbildung der selbständigen Bergakademie, nunmehrigen selbständigen Montanistischen Hochschule.

Wohl veranlaßt durch die traurigen finanziellen Verhältnisse des Jahres 1866 wurde zur großen Überraschung des Lehrkörpers 1866 der Vorkurs wieder aufgehoben

Die Folge war, daß die Hörerzahl während der 4 Jahre sehr gering war; zudem in deprimierendem Grade abnahm und 1868/69 der Bergkurs gar nicht eröffnet wurde.

Durch die Aufhebung tief berührt, zog sich Tunner mit Ende des Studien-jahres 1865/66 von den Vorträgen aus Eisenhüttenkunde zurück, und widmete sich, in der Stellung als Direktor verbleibend, im übrigen der öffentlichen Tätigkeit, indem er zunächst das ihm angetragene Mandat als Abgeordneter der Stadt Leoben für den Landtag, im Jahre 1867 aber auch für den Reichsrat übernahm.

Im Jahre 1869 und 1870 beteiligte er sich insbesondere auch an Enqueten, welche infolge Anregung der k. k. Regierung über die Organisation der Bergakademie und deren Verlegung von Leoben nach Wien gepflogen wurden. Tunner trat darin als entschiedener Gegner der Verlegung auf, erklärt sich aber, nachdem die Ab-stimmung mit 9 gegen 3 für Wien ausfiel, für Anschluß der Fachkurse an die tech-nische Hochschule, während die Mehrzahl für eine selbständige montanistische Hochschule stimmte und der Minister der Hoffnung Ausdruck gab, diese noch im Herbst 1870 in Wien eröffnen zu können.

Bald erwies sich die so rasche Verlegung der Hochschule nach Wien als un-durchführbar und stellten sich einer solchen überhaupt Schwierigkeiten entgegen. Infolgedessen wurde 1870/71 der Vorkurs in Leoben wieder eingeführt, die Idee der Verlegung nach Wien wieder fallen gelassen, dafür aber für das Jahr 1874 ein neues erweitertes Statut vorbereitet, welches 1874 auch in Wirksamkeit trat.

Hofrat. Peter Ritter von Tunner wartete das neue Organisationsstatut (vom 15. Dezember 1874) nicht mehr ab, sondern trat mit 1. Juli 1874, nach 26 Lehrjahren vom Lehramte, dem er im ganzen 34 Jahre mit Liebe und Kraft gewid-met hatte, zurück, bei welcher Gelegenheit er in Anerkennung seiner ausgezeich-neten vielseitigen Dienstleistung im montanistischen Unterrichte und seiner her-vorragenden Verdienste um die Hebung des inländischen Berg- und Hüttenwesens durch Verleihung des Komturkreuzes des Franz-Josefs-Ordens ausgezeichnet wurde.

Peter Ritter von Tunner blieb auch während seiner Pensionszeit in Leoben, wo er ein eigenes behagliches Haus besaß und sich vollkommen heimisch fühlte.

Er war seit Gründung der Landschaftlichen Berg- und Hüttenschule auch Direktor dieser Anstalt. 1880 legte er diese Stelle ebenfalls nieder, verblieb jedoch bis 1893 noch als Obmann im Kuratorium.

1881 verlor er seine Gattin; 1887 erkrankte er an einer Nierenentzündung, von der er aber allmählich genas, sodaß er 1890, wieder rüstig, an der am 11. und 12. Oktober stattgefundenen 50jährigen Jubelfeier der k. k. Bergakademie in Leoben teilnahm, zu der sich an 300 seiner ehemaligen Hörer einfanden.

Am 8. Dezember 1892 erlitt er einen Schlaganfall, erholte sich aber wieder und nahm noch 1895 an den Versammlungen des Berg- und Hüttenmännischen Vereines für Steiermark und Kärnten teil, dessen Ehrenpräsident er war.

Da begannen die Gebrechen des Alters sich einzustellen. Ende Februar 1897 erlitt er abermals einen Schlaganfall, dem er am 8. Juni dieses Jahres, sanft und ohne Todeskampf, erlag.

Was Tunner, der bei Übernahme der Professur alle seine privaten Stellungeu niederlegte und fortan seine volle Tätigkeit seinem Lehrberufe, den Studien und der Förderung seines Faches widmete, der Schule war, bezeugen seine Erfolge als Lehrer, wie die stets zeitgemäße Entwicklung der mit ihm ins Leben getretenen, ihm so lieb gewordenen Anstalt, die Verehrung und dauernde Anhänglichkeit seiner Schüler, welche zahlreich in hervorragende Stellungen gelangten; das, wie gleichzeitig seine große Bedeutung in der Förderung seines Faches, insbesondere in Österreich, erweisen auch sein stets waches, lebhaftes Interesse an den Fortschritten desselben, seine Mitwirkung bei Einführung von Neuerungen, seine hervorragenden, zum Teil grundlegenden, allgemein durch Klarheit ausgezeichneten fachlichen literarischen Arbeiten, seine vielen Reisen in auf montanistischem Gebiete hervorragende Länder und Gebiete.

Kaum von seiner großen ersten Reise zurückgekehrt, veröffentlichte er eine Druckschrift: „Über die Anwendung erhitzter Gebläseluft im Eisenhüttenwesen". An deren Einführung in Vordernberg nahm er selbst tätigen Anteil. In rascher Folge erschienen dann verschiedene anregende, zum Teil auch bergmännische, vor allem aber hüttenmännische Aufsätze, so unter anderem „Über den gegenwärtigen Stand des Puddling-Frischprozesses und dessen Verhalten zur innerösterreichischen Herdfrischerei", „Über Innerösterreichs Railsfabrikation", „Beitrag zur Kenntnis der chemischen Zusammensetzung der Frischschlacken", „Die Walzwerke als Stellvertreter der Hämmer", „Beitrag zur Untersuchung der möglichen und zweckmäßigen Verbesserungen und Abänderungen der innerösterreichischen Herdfrischerei" usw.

Sein Werk über Herdfrischerei „Die Stabeisen- und Stahlbereitung in Frischherden" oder „Der wohlunterrichtete Hammermeister" (1858 in 2. Auflage erschienen), mit dem er sich den ersten Ruhm erwarb, war das erste gediegene Werk über diesen Gegenstand und ist das gediegenste geblieben; jenes über Walzenkalibrierung „Über die Walzenkalibrierung für die Eisenfabrikation" (1867 Arthur Felix) war bis in die siebziger Jahre die einzige systematische, wissenschaftliche und praktisch verwendbare Arbeit.

Seine originellen, auf direkte Versuche gegründeten Studien über den Eisenhochofenprozeß (Jahrbuch der österreichischen Bergakademien) waren, gleich den vorgenannten, grundlegende Arbeiten, welche durch spätere Studien anderer Forscher vielfach bestätigt wurden. Es gibt auch heute noch, an 60 Jahre später, kaum ein Werk dieser Richtung, in dem unseres Meisters nicht rühmend gedacht wird.

Tunner war unermüdlich tätig für die Einführung von Neuerungen und Verbesserungen in seinem Fache, von denen er durch seine wiederholten Reisen nach England usw., durch den Besuch von Ausstellungen oder seinen Verkehr mit hervorragenden Fachgenossen in aller Herren Länder, mit denen er dauernd in Verbindung stand, Kenntnis erhielt, und wirkte bei deren Durchführung häufig persönlich mit.

Seinen Bemühungen ist unter anderem die Einführung des Zement- und insbesondere des Glühstahlprozesses, als dessen Erfinder er gilt, zu danken, welch letzterer bis 1879 zu Donawitz in größerem Stile in Anwendung war, hauptsächlich um Material für den Gußstahlprozeß zu erzeugen.

Als Bessemers große Erfindung die Fachwelt in Staunen versetzte, war es Tunner, welcher ihr, als sie noch in der Entwicklungsperiode war, überzeugend das Wort redete und sie in Österreich zur Durchführung brachte. Am 19. November 1863 leitete er selbst zu Turrach, der ersten Bessemerhütte in Österreich, mit vollem Erfolge die erste Charge. Bald folgten Heft in Kärnten und Neuberg, Graz und andere Werke in Einführung dieses Prozesses nach; und Neuberg, dessen Bessemerhütte durch seine überzeugende Bemühung entstand, wurde ein Schulwerk, auf dem Ingenieure aus allen Ländern Europas sich einfanden, um diesen Prozeß zu studieren.

Im Jahre 1857 unternahm Tunner eine zweite Reise nach Schweden und veröffentlichte darüber einen ausführlichen Bericht: „Das Eisenhüttenwesen in Schweden" (1858). Seit 1845 besuchte er alle größeren Industrie- und Weltausstellungen, so zu München (1845), London (1853), Paris (1855, 1867, 1878), Philadelphia (1876), Düsseldorf (1880), und auf Einladung der russischen Regierung 1870 auch zu Petersburg und anschließend daran die russischen Staatswerke am Ural und in Südrußland, worüber sein Werk „Rußlands Montanindustrie" 1871 erschien (Böttger & Schneider, Newsky Prospekt 5).

Dabei war er auf den Ausstellungen meist als Berichterstatter und Juror oder in einer der beiden Richtungen tätig. Seine eingehenden klaren Reise- und Ausstellungsberichte boten nebst des Interessanten meist reichlich Anregung für neuen Fortschritt und werden nebst den vielen zeitgemäßen fachlichen Abhandlungen immer hochachtbare fachwissenschaftliche Arbeiten bleiben.

Tunner ist der Gründer des Jahrbuches der österreichischen Bergakademien, welches in dem für die Jahre 1841 bis 1846 erschienenen, von ihm[1]) redigierten „Jahresberichte der Steiermärkisch-Ständischen montanistischen Lehranstalt zu Vordernberg", „Ein Jahrbuch für den innerösterreichischen Berg- und Hüttenmann", seinen Ursprung hatte und zahlreiche wertvolle Facharticel, darunter viele von ihm selbst, enthält und sich einen hervorragenden Rang in der Fachliteratur erobert hat.

Mit ungeschwächtem Interesse und unermüdlichem Fleiße folgte er bis in das späte Alter noch den immer mehr und mehr sich drängenden Fortschritten seines Faches, dem er mit Leib und Seele ergeben war. Selbst 1892 war er noch schriftstellerisch tätig und 1896 noch mit einigen seiner Schüler, mit Freunden und Fachgenossen in Korrespondenz.

Tunner war ein schlichter Mann, in seiner Lebensweise äußerst mäßig. Dem schrieb er zumeist seine gute Gesundheit, sein hohes Alter zu. Er erreichte über

---

[1]) Später abwechselnd von den Direktoren der Bergakademien redigiert.

88 Jahre. Als er in den letzten Jahren seines Lebens einmal gefragt wurde, worin er den Grund seines hohen Alters finde, antwortete er: „Ich habe in meinem ganzen Leben des Guten nie zuviel getan."

Einfach und natürlich im Umgange, hatte er für sein Vaterland, für seine Schüler stets ein warmes Herz. Er erfreute sich aber auch, nebst der allgemeinen Hochachtung, ihrer treuen, warmen Zuneigung und Anhänglichkeit. Dafür spricht wohl, daß sie ihn einfach den „Peter" nannten, und an feierlichen geselligen akademischen Abenden, an denen er sich häufig beteiligte, im Liede als den „lieben alten Peter" begrüßten. Andererseits sprach er gelegentlich der anläßlich seines Übertrittes in den Ruhestand von seinen Schülern am 7. und 8. November 1874 veranstalteten sogenannten „Tunner-Feier", an welcher sich außer den Vertretern der Regierung, des Landes, des Lehrkörpers und zahlreicher Korporationen vorwiegend seine Schüler, im ganzen 450 Personen, beteiligten, tiefbewegt die ergreifenden Worte: „Wenn einst meine letzte Stunde an mich herantreten wird, da weiß ich nicht, ob ich alsdann mehr an meine Familie, oder an meine Akademie und an meine Schüler denken werde."

Bei dieser Feier wurde ihm nebst einem Album mit den Photographien seiner Schüler und Freunde ein Ehrenbecher und eine von dem berühmt gewordenen nachherigen Kammermedailleur Anton Scharf geschnittene Medaille, die

sogenannte (Fig. 1 u. 2) „Tunner - Medaille" überreicht, welche auf der einen Seite nebst seinem Namen sein Relief, auf der anderen sein Wappen und die Inschrift „Die Schüler der Bergakademie Vordernberg-Leoben ihrem Lehrer und Meister 1840 bis 1874" trägt[1]).

Fig. 1.   Fig. 2.

Tunner-Medaille.

Tunner war mehr ernst und in sich gekehrt, im gewöhnlichen Verkehr schweigsam, ja wortkarg; aber es kam nur auf Umgebung und den Gegenstand an, und er konnte auch vergnügt und gesprächig werden. Dabei war er ein scharfer Menschenkenner, der sein vis-à-vis rasch durchschaute. Er war wohltätig, gern helfend und ernst religiös; ein von ihm gestiftetes Fenster in der Waasenkirche zu Leoben, das in Fig. 3 wiedergegeben ist, mag dafür Zeugnis geben, und das mag ihm über manche Bitternisse hinweggeholfen haben, die auch ihm beschieden waren. Er war ein mehr ernster, in sich zurückgezogener Mann, stets wohlwollend und streng gerecht.

In den Vorträgen, auch bei Versammlungen sprach er, allenfalls unter Benützung von Notizen auf einem kleinen Zettel, stets frei.

Ich selbst war noch, als er das letzte Jahr das Katheder betrat, sein Schüler, und weiß, nunmehr (seit 1896) an seiner Stelle, seinen Wert als Lehrer besonders zu schätzen.

Seine Sprache war einfach, klar, fließend, ruhig, aber zeitweise kam er, im Interesse für den Gegenstand doch auch in leichte Erregung. Er hatte die besonders

---

[1]) Die Prägstempel dieser Medaille sind in die Sammlung der Lehrkanzel der Eisenhüttenkunde eingereiht.

glückliche Gabe, seinen Schülern Interesse für das Fach einzuimpfen, wozu insbesondere die gemeinsamen Besprechungen wesentlich beitrugen.

Nicht minder aber war es sein Lehrsystem — die glückliche Verbindung von Wissenschaft mit praktischer Anschauung und Beobachtung, die Heranziehung zu eigener fachlicher Arbeit, die Erweiterung von Wissen, Urteilsfähigkeit und Gesichtskreis durch Bereisung verschiedener Werke usw. —, welches so reichen Erfolg und ihm, wie der Schule, den weitreichenden Ruf gebracht hat.

Nicht breite Gelehrsamkeit, die naturgemäß häufig sich nicht mit Tiefe vereint, war es, die Tunner seinen wohlbegründeten Ruhm als Fachgelehrter eintrug, sondern sein auf allseitiger, gediegener technischer Bildung und reicher eigener Erfahrung aufgebautes vertieftes, von eigener Überzeugung durchdrungenes Fachwissen, seine scharfe Beobachtungsgabe, sein sicherer fachmännischer Blick, der in der Blütezeit seiner Tätigkeit um so höher zu schätzen war, als die positive theoretische Wissenschaft dieses Faches erst im Beginne der Entwicklung lag, und seine vorzügliche fachgemäße klare Darstellungsweise.

Es wäre zwecklos, abwiegen zu wollen, nach welcher Richtung Tunner am höchsten zu schätzen sei. Daß unter seiner Mitarbeit Österreich mit den Fortschritten des montanistischen Faches Schritt hielt und in mancher Richtung vorbildlich voranschritt, daß die Anstalt, an der er durch 8 Jahre, nach Jahren abwechselnd, Bergbau- und Hüttenwesen allein lehrte und im ganzen durch weitere 18 Jahre als Professor der Eisenhüttenkunde wirkte, und der er durch weitere 8 Jahre (bis Herbst 1874) noch als

Fig. 3. Tunners Kirchenfenster in der Waasenkirche.

Direktor vorstand, immer mehr an Ruf und Zuzug von In- und Ausland gewann, beweist wohl, daß er wie ein Meister im Fach, auch ein Meister im Lehren war.

Es genügt, um seine Bedeutung als Lehrer voll zu ermessen, zu erkennen, daß die anfangs so bescheidene Schule ohne Tunner das nicht geworden wäre, was sie infolge des Rufes, den er begründet, geworden ist, eine in der Welt anerkannte und geachtete, seit 1904 als „Montanistische Hochschule" auch mit allen Rechten der Hochschulen ausgestattete Hochschule für Berg- und Hüttenwesen.

Tunners Wirken wurde auch vielfach und würdig anerkannt. Er wurde 1855 zum Sektionsrat ernannt, 1864 Ministerialrat, hernach unter Verleihung des Ordens der Eisernen Krone III. Kl. in den erblichen österreichischen Ritterstand erhoben, und erhielt 1874 auch das Komturkreuz des Österreichischen Franz-Josefs-Ordens. Desgleichen wurde er von mehreren anderen Staaten, so von Schweden, Preußen, Baiern, Württemberg, Sachsen, Rußland geehrt und durch Verleihung hoher Orden ausgezeichnet.

Tunner war Mitglied der Akademie der Wissenschaften in Stockholm und jener in New-York, Ehrenmitglied der Philosophischen Gesellschaft in Philadelphia, des „Iron and Steel-Institute", des „Institute of Mining Engineers" in New-York, des Montanistischen Vereines für Steiermark und Kärnten und Ehrenbürger der Stadt Leoben und der Bergorte Vordernberg und Eisenerz in Steiermark und Hüttenberg, Bleiberg und Raibl in Kärnten.

Mit gutem Grund und gerne haben sich daher Schüler und Verehrer, Dankbare und Freunde aus nah und fern zusammengetan, dem Meister ein würdiges Denkmal zu schaffen. (Fig. 4.)

Auf einem Unterbau aus Granit aus dem ihm so lieb gewordenen Schweden erhebt sich ein Piedestal von Granit aus seiner grünen Steiermark, das die Büste des Meisters trägt. Ein in vollster Originalität geformter Luppendrucker auf der einen, ein Akademiker auf der anderen Seite umwinden das Denkmal mit einem Lorbeerkranz. Büste und Figuren sind aus Bronze.

Das Piedestal trägt über dem Schlegel und Eisen die Inschrift „Peter R. v. Tunner" unter demselben:

„Dem großen
Lehrer und Meister
1840—1874
Die dankbaren Schüler
Fachgenossen und Verehrer."

Fig. 4. Tunner-Denkmal in Leoben.

Das Denkmal ist ein in Büste und Figuren kaum zu übertreffendes, tief bewegendes, Leben sprechendes Meisterwerk des heimischen Künstlers Karl Hachstoch (Verwandten Georg Hachstocks, Schüler Tunners 1844/5 in Vordernberg).

Es wurde am 19. November 1904 — zufällig gerade 21 Jahre nachdem Tunner zu Turrach die erste Bessemercharge, und zwar mit vollem Erfolge, durchführte — in feierlichster Weise enthüllt.

Die nach den üblichen Eingangsformalitäten gehaltene Enthüllungsfestrede, für welche mir die Ehre zuteil wurde, schloß mit den Worten:

„Was vergangen, kehrt nicht wieder;
Ging es aber leuchtend nieder,
Leuchtet's lange noch zurück."

Leoben, im Juni 1914.

Ein Beitrag zur Geschichte der Großgasmaschine.

Von

Dr. Wilhelm von Oechelhaeuser, Dessau.

Früheren Anregungen von Fachgenossen und Vereinen, die Entwicklung meiner Großgasmaschine zu veröffentlichen, habe ich nicht entsprochen, weil ich glaubte, sie nicht objektiv-wissenschaftlich genug darstellen zu können, solange meine Maschine noch mitten im Konkurrenzkampfe stand. Jetzt gehört sie, wie ich hoffe, der Geschichte an und ich folge nunmehr für die Veröffentlichung in den Beiträgen zur Geschichte der Technik und Industrie dem Vortrage, den ich am 14. Mai 1914 auf der Jahresversammlung der Göttinger Vereinigung für angewandte Mathematik und Naturwissenschaften in Dessau hielt.

Meine Tätigkeit auf dem mir ursprünglich ferner liegenden Gebiet der Großgasmaschine ging, wie ich damals ausführte, aus einer gewissen Notlage meines Hauptberufes: der Gasindustrie hervor. Denn das „Erfindenwollen" lag nicht im mindesten in meiner Absicht, war vielmehr in unserer Familie, und insbesondere bei meinem Vater aufs äußerste verpönt, seit mein Großvater in den 60er Jahren mit seinem beharrlich verfolgten Plan eines lenkbaren Luftschiffes alle Familienmitglieder sowie das Preußische Handelsministerium[1]) längere Zeit hindurch in Schrecken versetzt hatte[2]).

Die direkte Nötigung zu meinem Vorgehen auf dem Gebiete der Gasmotoren ergab sich vielmehr aus meinen Erfahrungen beim Bau der elektrischen Zentralstation der Deutschen Continental Gas-Gesellschaft in Dessau im Jahre 1886. In ihr wollte ich zum ersten Male bei einer Zentrale den Versuch machen, den Wettbewerb der älteren Gasindustrie mit der neu erstandenen Elektrotechnik dadurch zu überbrücken, daß zur Krafterzeugung nur Gasmaschinen verwandt wurden. Es schien dies auch an sich die rationellste technische und wirtschaftliche Lösung, denn es stand ja schon damals fest, daß die Verwendung der Kohle durch vorherige Vergasung und nachherige direkte Verbrennung des Gases innerhalb einer Kraftmaschine wirtschaftlicher war als ihre Verbrennung unter dem Dampfkessel und Überleitung des Dampfes in eine Maschine. Nur einen großen Übelstand hatte die Sache: es standen mir damals zu geringe Maschinengrößen zur Verfügung, nämlich 60 PS in Zwillings-

---

[1]) 1865/66.

[2]) Übrigens war sonst mein Großvater der erfolgreiche Erfinder der ersten Strohpapiermaschine.

maschinen, also nur je 30 PS in einem Zylinder. Auf mein Drängen entschloß sich
die Deutzer Gasmotoren-Fabrik zum Bau einer 120 pferd. Maschine, also von der doppelten
bisherigen Größe. Bei einem meiner damaligen Besuche in der Fabrik zu Deutz
sprach ich den berühmten Erfinder Otto selbst. Ich fragte ihn, ob es denn nicht
möglich sei, noch größere Maschinen für den von mir gedachten Zweck zu erbauen.
Das verneinte er auf das bestimmteste; denn er habe schon alles mögliche versucht,
u. a. auch schon eine dreizylindrige Compound-Maschine konstruiert. Allein beim
Übergang von einem Zylinder zum andern verliere das expandierende Gas zu viel an
Temperatur, Spannung usw. Über 100 Pferdestärken hinaus werde man sicher nicht
kommen können. Die Jubiläumsschrift vom 25jährigen Bestehen der Deutzer Gasmotoren-Fabrik
vom 30. September 1889 — also etwa 2 Jahre später — führte deshalb
auch als größte bis dahin nach dem Otto-System erbaute Maschine nur eine
100 pferdige Zwillingsmaschine an. Jene 120 Pferde der nach Dessau bestellten
Maschine waren also schon eine „kritische" Höchstgrenze. Denn als ich sie
mit nur je 60 PS in einem Zylinder in der Fabrik abnahm, da erfuhr ich,
daß selbst bei der damaligen noch geringen Vorkompression die Temperaturen
in derselben sich so hoch steigerten, daß die Auslaßventile glühend wurden
und nur durch Aufspritzen von Wasser im Innern betriebsfähig erhalten werden
konnten.

Eine Größe von 120 PS war natürlich für die Zukunft der Kraftzentralen
als Maschineneinheit keineswegs genügend und da von anderen Fabriken damals
noch weniger zu erhoffen war, so entschloß ich mich, bei der Wichtigkeit, die diese
Frage nach der damaligen Sachlage für die Zukunft der Gasindustrie haben mußte,
neue Grundlagen für eine wirkliche Großgasmaschine zu suchen. Ich dachte
um so mehr nur an Grundlagen, weil mir selbst für Neukonstruktionen
von der Hochschule her nur die übliche theoretische Ausbildung im Maschinenbau
zur Verfügung stand, keineswegs aber die Konstruktionserfahrung, die für
den Bau der ganz besonders schwierigen Verbrennungsmaschinen doppeltes Erfordernis
war.

Mit echt deutscher Gründlichkeit wollte ich mir erst Klarheit über die ominösen
komplizierten Verbrennungsvorgänge in der Gasmaschine verschaffen. Deshalb
studierte ich zunächst die gesamte, damals vorhandene wissenschaftliche
Literatur darüber und ich erinnere mich aus jener Periode dankbar des klassischen
französischen Werkes von Berthelot, „Sur la force des matières explosives".
Dann aber wollte ich vor allen Dingen die Verbrennungsvorgänge selbst
experimentell in einem besonderen Apparat prüfen, und zwar zunächst unabhängig
von der arbeitverrichtenden Kraft hinter dem Kolben einer Maschine. Für diesen
Verbrennungsapparat, den ich im Sommer 1886, also vor nunmehr 28 Jahren, konstruierte,
bestellte ich eine Benzsche Zweitaktmaschine von 4 PS, die einen
Gaskompressor für 10 at mit Rezipienten mittels eines Vorgeleges betrieb. Dazu
eine Lufthandpumpe, um den Verbrennungsraum auszuspülen und mit frischer
Luft zu versehen.

Während der Apparat im Bau war, machte ich ein Vorexperiment, das vielleicht
auch heute noch interessiert. Aus theoretischen Untersuchungen, namentlich
von Adolf Slaby und Aimé Witz (Lille), war mir der hohe ökonomische
Verlust bekannt, der durch Abgabe von Verbrennungswärme an die Zylinderwandungen
bei einem Temperaturgefälle entsteht, das vielmals höher als bei der Dampfmaschine
ist, wenngleich damals schon der theoretische Gesamt-Nutzeffekt der

kleinen Gasmaschinen als höher wie bei selbst großen Dampfmaschinen nachgewiesen war.

Ich wollte deshalb diesen großen Wärmeverlust im Zylinder dadurch einschrän-
ken, daß ich die unmittelbare Berührung der Verbrennungsgase mit den gekühlten
Zylinderwandungen im Momente der Entzündung, also bei der Höchsttemperatur,
zu verhindern suchte.

Das konnte durch den Einbau zweier Stahlblechzylinder geschehen (Fig. 1),
von denen der eine am hinteren Deckel der Gasmaschine, der andere, von etwas geringerer Dimension, am Kolben angeschraubt wurde. Beim inneren Totpunkt, also in
der Zündungslage des Gas- und Luftgemisches griffen die beiden Zylinder teleskop-
artig ineinander, so daß die Verbrennungsgase in dem Hauptmoment der Verbrennung von den Zylinderwandungen durch zwei Blechzylinder und zwei Luftschichten
getrennt waren. Das Opfer, das ich
mir zu diesem Versuch auserkor, war
eine 6pferd. Ottosche Maschine, die
die Exhaustoren der Dessauer Gasanstalt antrieb. Sie lief mit dem ihr
sehr unbequemen Einbau auch tatsächlich einige Male herum. Dann
traten aber so viele Selbstzündungen
auf, daß der Betrieb unterbrochen
werden mußte. Eine sofort vorgenom-
mene Okularinspektion ergab, daß
die Teleskopbleche vollkommen aus-
geglüht waren, also im Innern mindestens einer Rotglut, ungekühlt, ausgesetzt gewesen waren. Dies Experiment belächelt man heute, und doch
hätten viele Erfinder von Gasmotoren
und Gasturbinen, bis in die neueste
Zeit hinein, ihre Patentkosten ge-

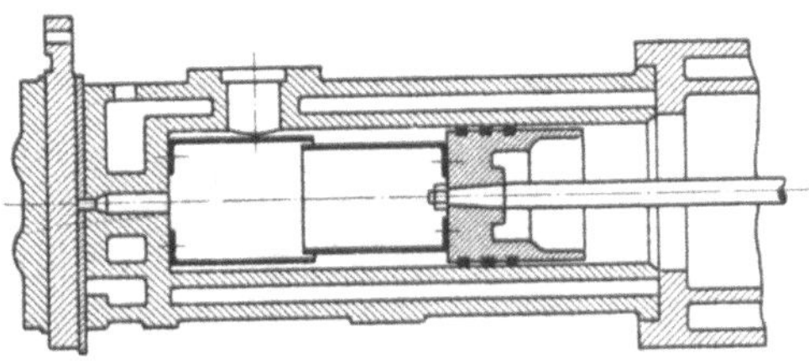

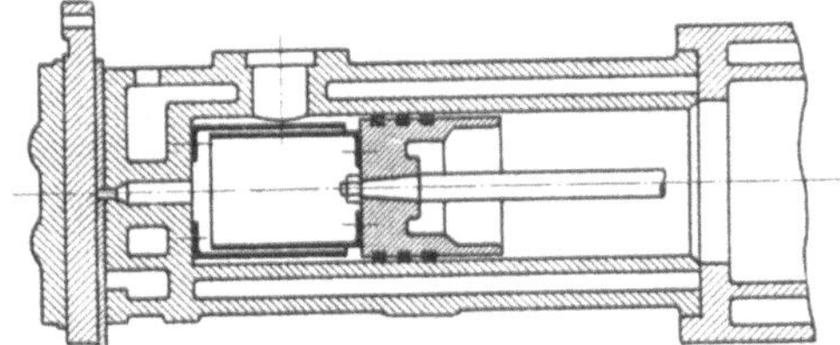

Fig. 1.   Vorversuche an der Ottoschen Gasmaschine im Jahre 1886.

spart, wenn sie einmal so handgreiflich wie ich vor Augen gehabt hätten, welch
hohe Hitzegrade sich in einer Gasmaschine im Vergleich zur Dampfmaschine ab-
spielen.

Inzwischen (im Oktober 1886) war mein Versuchsapparat fertig aufgestellt,
und zwar in einem kleinen Hintergebäude unserer elektrischen Zentralstation in
Dessau, der ersten, die nach den Berliner Elektrizitätswerken in Betrieb kam.

Beschreibung des Versuchsapparates. (Fig. 2, 3, 4 und 5.)

In den kleinen zylindrischen Vorraum, der oberhalb des Verbrennungsraumes liegt
und mit ihm direkt zusammengeschraubt ist, gelangt das von der 4 PS-Benzmaschine
komprimierte und in einem größeren Rezipienten unter beliebigem Druck, zwischen 2
und 10 at gesammelte Gas. Der Verbrennungsraum, der in verschiedenen Größen aus-
gewechselt werden konnte, wurde durch eine Handpumpe mit Luft ausgespült und zu
jeder Verbrennung neu mit Luft gefüllt. Auch eine Vorkompression der Luft konnte mit
der Handpumpe im Verbrennungsraum hergestellt werden.

Aus dem mit einem bestimmten Gasüberdruck angefüllten Vorraum, der nach dem
Rezipienten rückwärts zu mit einem Hahn verschließbar war, wurde das Gas durch ein
Ventil in den unteren Verbrennungsraum eingespritzt. Das Ventil konnte nach oben
schnell durch eine Schraubenspindel angehoben werden, auf der eine mit Zeiger versehene

Mutter verstellbar und durch eine Kontermutter in bestimmter Lage festzuhalten war. Unter diese Mutter griff ein die Spindel umfassender gabelförmiger Hebel, der seinerseits von dem Daumen einer seitwärts liegenden Welle gehoben wurde. Auf dieser Welle saß eine Seilscheibe mit arretierbarem Fallgewicht. Sobald das Fallgewicht in Wirksamkeit trat, hob der Daumen die Ventilspindel sehr schnell mit sehr kleinem Hub in die Höhe. Nach Abrutschen des Daumens drückte eine starke Feder das Ventil noch schneller wieder auf seinen Sitz.

Der mit der verstellbaren Hubmutter verbundene Zeiger bewegte sich um eine obere horizontale Scheibe mit empirischer Skala. Nach erfolgter Einspritzung konnte man aus der Verminderung des Druckes im oberen Vorraum A, der an einem Manometer abgelesen wurde, die Menge des in den Verbrennungsraum V eingespritzten Gases ziemlich genau feststellen und zu dem Ventilhub in Beziehung setzen. Der Verlauf des Verbrennungsdruckes wurde an einer Indikatortrommel abgelesen, die durch ein Uhrwerk mit gleichförmiger Geschwindigkeit bewegt wurde (Fig. 4 und 5). Diese Verbrennungskurven hatten vor den gewöhnlichen Maschinendiagrammen den großen Vorzug, daß man infolge der gleichförmigen Geschwindigkeit mit der sich die Indikatortrommel drehte, die Entstehung des Anfangsverbrennungsdruckes, worauf ja so vieles ankam, genauer verfolgen konnte. Denn beim Maschinendiagramm bewegt sich die Trommel in der Totpunktlage, wo die Zündung stattfindet, nur sehr wenig vorwärts, so daß die Verbrennungskurve bei Vollbelastung fast in einer Senkrechten aufsteigt, während bei gleichförmiger Drehungsgeschwindigkeit der Indikatortrommel die Verbrennungskurve sich in sehr verschiedener Steilheit und mit allen Variationen des Verbrennungsvorgangs erhebt. Nebenbei gesagt, ergibt sich aus den Betrachtungen solcher Kurven auch die längst bekannte, aber selbst von manchen Fachleuten immer noch nicht genügend gewürdigte Tatsache, daß es sich bei allen Gasverbrennungen in solchen Bomben sowie in den Zylindern niemals um eine eigentliche, wirklich momentane Explosion, sondern nur um eine mehr oder minder schnelle Verbrennung oder Verpuffung handelt. Der Ausdruck Explosionsmaschine ist deshalb, wie auch von anderen Seiten wiederholt betont worden ist, streng genommen falsch. Man sollte immer nur hierbei von „Verbrennungsmaschinen" sprechen!

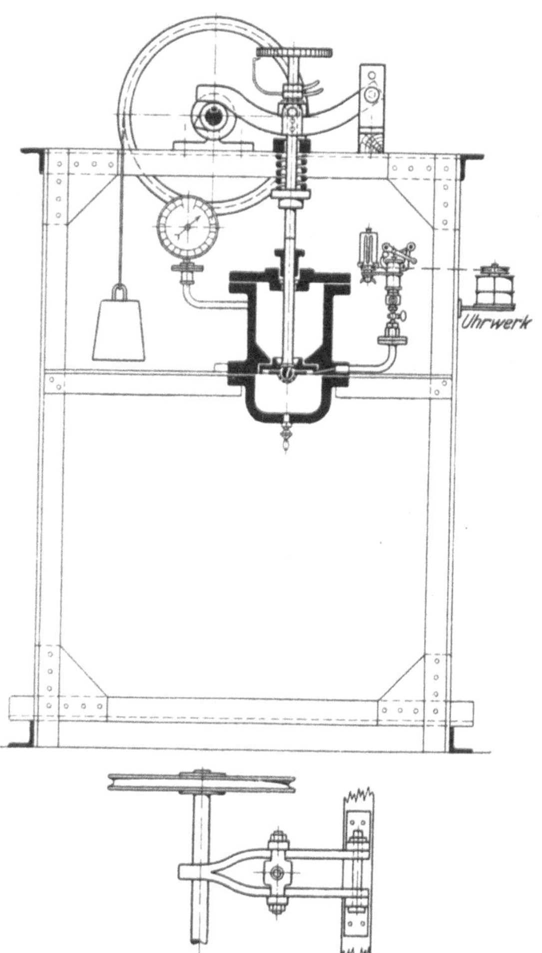

Fig. 2. Oechelhaeusers Apparat für Verbrennungsversuche von Gasen 1886 bis 1887.

Ich wollte mit dem vorstehend beschriebenen Apparate eine neue Art der Gasverbrennung, das Gaseinspritzverfahren in Maschinen vorbereiten und hoffte dadurch folgende Vorteile zu erzielen:

Erstens sollte jede beliebige Mischung von Gas und Luft zu schneller und sicherer Zündung gebracht werden, während bis dahin die Zündgrenzen, Steinkohlengas in Luft nur z. B. zwischen 1 : 5 und 1 : 12 lagen. Insbesondere sollten auch gasarme Mischungen mit niedrigeren Verbrennungstemperaturen zur Verwendung kommen und dadurch eine bessere Ökonomie des Brennstoffs durch geringere Wärmeverluste an die Wandung der Maschinen eintreten. Durch hohe Vorkompression der gasarmen Mischungen sollte ein hoher Verbrennungsdruck für große Maschinen erreicht werden, ohne daß die Temperaturen dabei zu hoch würden. Die ersten Patente lauteten deshalb auch auf den Namen: Hochdruck-Gasmaschine.

Zweitens sollte die Regulierung der Maschinen, die damals fast ausschließlich durch sogenannte „Aussetzer" bei sehr reichen Gasmischungen geschah, einfach nur durch Veränderung der Menge des momentan eingespritzten Gases erfolgen, da ja nach dem neuen Verfahren jedes Mengenverhältnis von Gas und Luft sicher und schnell zu entzünden wäre.

Drittens sollte eine elektrische und eventuell kontinuierliche Zündung verwendbar sein, um den damals in Deutschland allein herrschenden schwierigen Flammenschieber der Ottoschen und anderer Gasmaschinen zu beseitigen, der für Großgasmaschinen ganz untauglich erschien.

Es waren dies ungefähr die Hauptaufgaben, die ich mir zur Gewinnung neuer Grundlagen für Großgasmaschinen gestellt. Ich gehe auf diese Vorversuche, die vom Oktober 1886 bis Dezember 1887 dauerten, nur so kurz als möglich ein und beschreibe sie nur in der Absicht und dem Wunsche, daß sie auch heute noch an den technischen Hochschulen eine

Fig. 3. Oechelhaeusers Apparat für Verbrennungsversuche von Gasen 1886 bis 1887.

Wiederholung mit wissenschaftlicher Vertiefung fänden. Denn einerseits fehlte mir bei der Kürze der Zeit, welche die fortschreitende Industrie allen Experimenten nur zur Verfügung stellt, jede Möglichkeit eindringender wissenschaftlicher Feststellung der Resultate, und anderseits dürften diese Versuche vielleicht auch aus dem Grunde eine Wiederholung verdienen, als mir bisher kein Apparat bekannt geworden ist, der in seiner praktischen Einfachheit den Studierenden des Maschinenbaues beim Studium der Verbrennungstheorien einen leichteren und klareren Einblick in die Verbrennungsvorgänge von Gasen unter den verschie-

densten Verhältnissen geben könnte, als dieser. Vielleicht würde sich auch bei
Wiederholung dieser Versuche von neuem bestätigen, was Professor Simon bei
Einweihung seines neuen elektrotechnischen Institutes in Göttingen sagte: „...indem
die Männer der Wissenschaft die Bahn des Erfinders ruhig noch einmal wandern,
sehen sie manches Neue, finden sie manchen lohnenden Seitenpfad, den der andere
in seinem Stürmen unbeachtet gelassen hat."

Der Unterschied der von mir gewählten Verbrennung von der sonst bisher in
den Maschinen üblichen ergibt sich aus folgender Erwägung: Man pflegte bisher
in dem Arbeitszylinder ein fertiges Gemisch von Brennstoff und Luft zu entzünden. Die Entzündbarkeit des fertigen Gemisches hängt hierbei von dem Verhältnis zwischen Brennstoff und Sauerstoff ab. So sind bekanntlich für gewöhnliches
Steinkohlengas von etwa 16 Kerzen Lichtstärke und 5000 Kalorien Heizwert nur

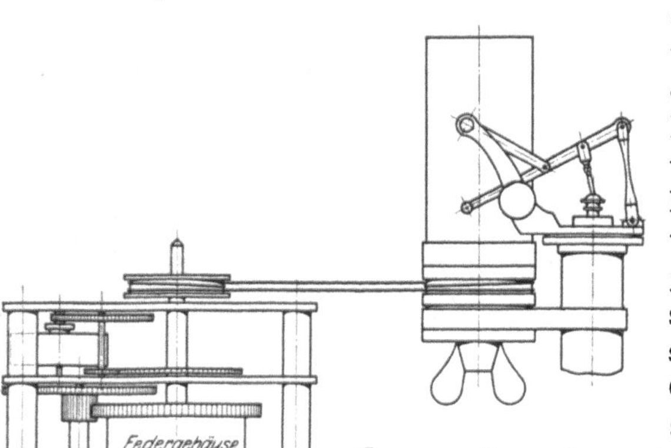

alle diejenigen Gemenge von Gas
und Luft entzündbar, welche
etwa 1 Raumteil Gas und 4 Teile
Luft als Minimum und 15 Raumteile Luft als Maximum enthalten, so daß z. B. ein Gemenge,
welches 1 Raumteil Gas und nur
3 Raumteile Luft enthält, ebensowenig entzündbar ist, wie ein
solches, welches aus 1 Raumteil
Gas und 15 Raumteilen Luft besteht. Da aber die innerhalb jener
Grenzen liegenden, oder ihnen doch nahe kommenden
Mischungen für den Maschinenbetrieb zu langsam verbrennen, so kamen als praktisch brauchbare Mischungen
noch engere Grenzen in Betracht, z. B. nur zwischen 1 : 5
und 1 : 12. Infolgedessen war, als ich meine Verbrennungs-
und Gasmaschinenversuche anfing, die beste und öko-
nomischste Regelung immer noch die durch „Aussetzer",
d. h. man ließ bei voller Belastung der damals fast allein
üblichen Viertaktmaschinen in jedem vierten Hub eine
arbeitsverrichtende Verbrennung entstehen, während die
Maschine bei schwacher Belastung für mehrere der
vierten Arbeitshübe kein Gas empfing, sondern nur Luft
ansaugte, also in der Verbrennung dann „aussetzte".

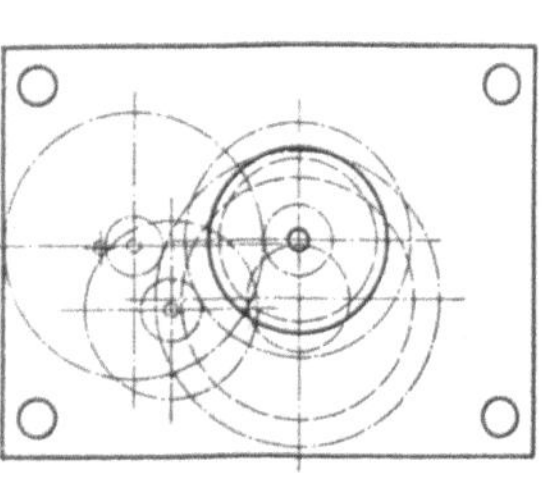

Fig. 4 und 5.
Indikator mit gleichförmiger
Geschwindigkeit.

Das war zwar nach unseren heutigen Begriffen eine
recht rohe Methode, namentlich für hohe Gleichförmigkeitsgrade, allein sie war
ökonomisch damals immerhin noch die beste. Denn auf die unsicheren und zu
langsamen Verbrennungen schwacher Gemische konnte man keine sichere Regulierung gründen.

Bei meinen Versuchen wurde deshalb das bisher angewandte Verfahren, ein
fertiges Gemisch von Brennstoff und Luft nach vollständig erfolgter Einströmung
des Brennstoffes in dem Verbrennungsraum zu entzünden, verlassen. Der Brennstoff wurde vielmehr unmittelbar während seiner Einströmung und Vermischung
mit Luft entzündet, und zwar mittels einer Zündvorrichtung, welche kontinuierlich
war oder während der Einströmung in Tätigkeit trat. Auf diese Weise wurde

es möglich, auch die geringsten Brennstoffmengen, welche bei fertigen
Gemischen überhaupt nicht oder zu langsam zu entzünden waren,
ebenso sicher und schnell zu entzünden wie die günstigsten fertigen
Gas- und Luftmischungen. Denn die Verbrennung setzte bereits ein, bevor
das Gas sich in dem Verbrennungsraum so verteilt und verdünnt hatte, daß es
unentzündbar geworden war. Ebenso konnten sehr reiche Brennstoffmengen, die
sonst ebensowenig zu entzünden waren als die schwachen, dadurch zur Entzündung
gebracht werden, daß die Entzündung schon zu einer Zeit einsetzte, bevor sich die
im Verbrennungsraum schon vorhandene Luft mit Brennstoff so übersättigt
hatte, daß sich nicht mehr genügend Sauerstoff zur Verbrennung fand. Es gehörte
dazu eben einfach nur, daß die Zündvorrichtung schon vor Einströmen des Brennstoffes funktionierte, oder wenigstens in dem Momente in Tätigkeit trat, wo das
Gas unter Überdruck in die Verbrennungsbombe eingespritzt wurde. Man konnte
dies neue Verfahren die dynamische Zündung und Verbrennung nennen
gegenüber der älteren statischen.

An Stelle der früheren engen Verbrennungsgrenzen von $1:5$ bis $1:12$ Raumteilen Luft konnte ich bald in Diagrammen, zu meiner großen Freude, 1 Raumteil
Leuchtgas und 100 Raumteile Luft ebenso wie 1 Raumteil Gas und 1 Raumteil
Luft noch sicher und schnell entzünden und so weit verbrennen, als die Luft ausreichte. Auf diese Weise erreichte ich eine Skala von Verbrennungsdrücken, die von
$1/_{10}$ at bis 12 und 14 at reichte, an Stelle des bisher ohne Vorkompression nur möglichen Spielraums zwischen 4 und 7 at. Der auffallend höhere Druck wurde vermutlich durch die starke Wirbelung der Gaseinspritzung hervorgerufen, ist aber zu
einem Teil auch durch Schwingungen einer relativ schwachen Indikatorfeder bei
schneller stoßweiser Verbrennung reicher Gasgemische zu erklären. Die Zündvorrichtung konnte dabei permanent glühend erhalten werden, da ja in dem
nur mit Luft gefüllten Verbrennungsraum keine Verbrennung vor Einströmung des
Gases entstehen konnte.

Der allgemeine Erklärungsgrund nun für die bis dahin nicht bekannte und
beachtete Tatsache, daß, trotzdem die Zündung unmittelbar im Bereiche der Gaseinströmung und des noch geöffneten Ventils lag, dennoch Drucke durch die Verbrennung erzeugt werden konnten, welche um ein Vielfaches höher waren,
als der Druck des einströmenden Gases, lag in der nicht lange vorher erst
festgestellten physikalischen Tatsache, daß die eigentliche Fortpflanzungsgeschwindigkeit bei Verbrennung von Steinkohlengas in Luft selbst beim besten Gemisch verhältnismäßig gering, nämlich nur ca. $1^1/_4$ m per Sekunde ist, während
man, wie meine Versuche zeigten, die Einströmungsgeschwindigkeit des Gases
beim Einspritzen leicht durch höheren Druck um ein Vielfaches, z. B. auf 100 m,
steigern konnte. Dadurch war es möglich, die Gaseinströmung immer schneller
zu bewirken als sich die Entzündung im Verbrennungsraum fortpflanzte und
schneller, bevor ein Verbrennungsdruck entstand, der höher war, als der des
einströmenden Gases. Denn jener hätte ja sonst von selbst das Weitereinströmen
von Gas verhindert und einen Rückstau des Gases in die obere Vorkammer verursacht.

Bei den Varianten der Zündung, die ich anwendete, zeigte sich u. a., daß die
Verbrennungskurven in ihrer Druckhöhe und ihrem Verlaufe verschieden waren,
je nachdem die Zündungsstelle unmittelbar am Einströmungskörper oder entfernter
von ihm lag. Bei der entfernteren Lage war vor Eintritt der Zündung bereits ein

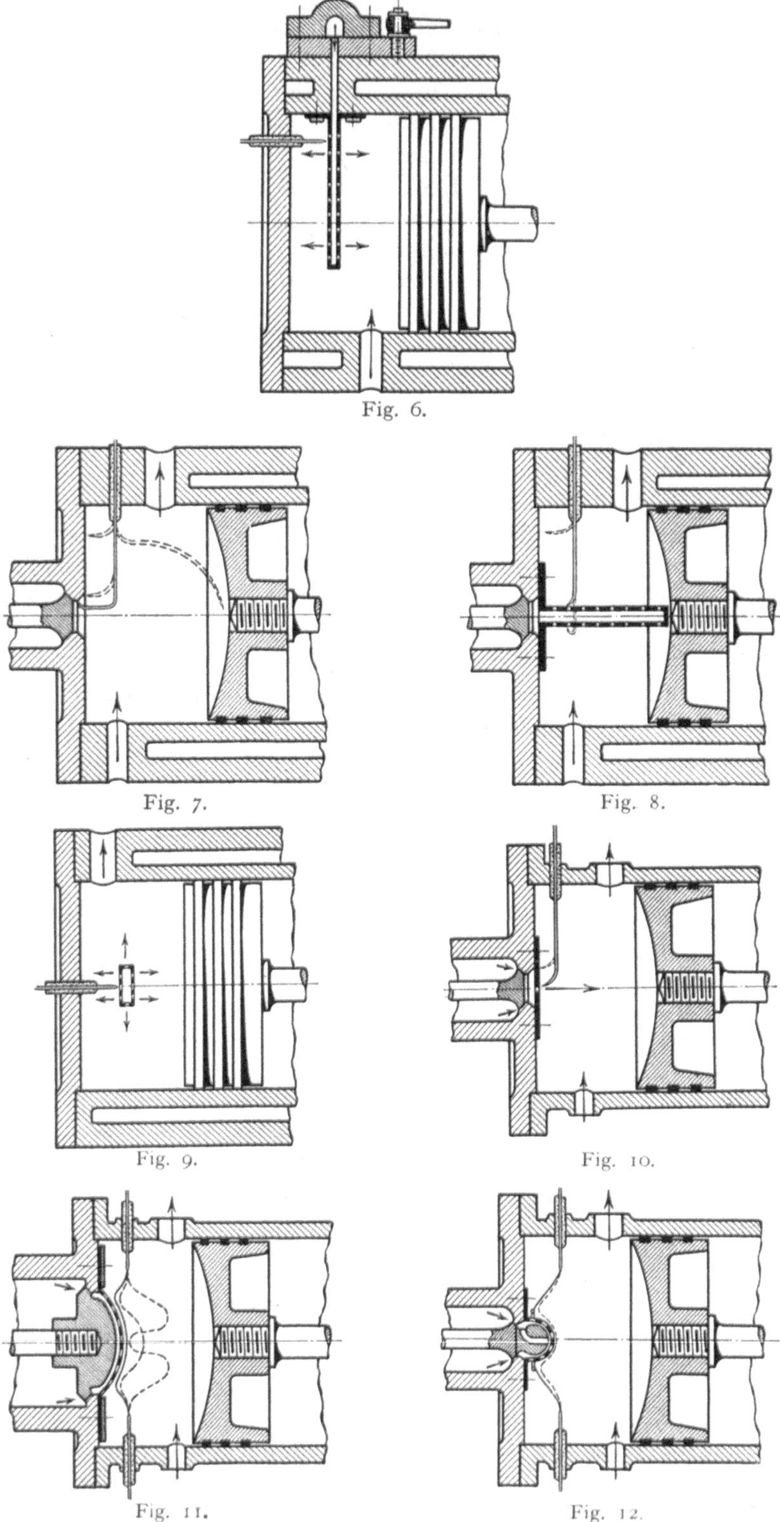

Fig. 6.

Fig. 7.　　　　　　Fig. 8.

Fig. 9.　　　　　　Fig. 10.

Fig. 11.　　　　　　Fig. 12.

Fig. 6 bis 12.　Bauarten der Oechelhaeuser-Zündung.

verhältnismäßig großes Quantum Brennstoff eingedrungen und fand deshalb die
Verbrennung schon gleich anfangs in einer größeren Masse mit einer steiler auf-
steigenden Kurve statt, .als wenn die Zündstelle näher lag und gleich die ersten
einströmenden Gaspartikelchen erfaßte und der Druck ganz allmählich anstieg.
Ebenso ergaben sich viele Varianten, je nachdem der Gasstrom in dünnen oder
dickeren Strahlen, in nahe aneinanderliegenden oder weiter entfernteren, Strahlen
zerteilt war.

Um einen Überblick über die große Mannigfaltigkeit der hier möglichen Versuche zu geben, sind in Fig. 6 bis 12 einige der Einspritzvorrichtungen nach den
Zeichnungen wiedergegeben, die den von mir seinerzeit (20. Juni 1887 bis 7. Mai 1888)
nachgesuchten Patenten beigefügt waren. Auf diesen Zeichnungen war der Verbrennungsraum meiner Bombe mit festen Wänden in einen Arbeitszylinder mit

Fig. 13. Seitenansicht der 4pferd. Gasmaschine.

beweglichem Arbeitskolben verwandelt. Die Versuche gestalteten sich ungemein
interessant und ergaben die verschiedenartigsten Verbrennungskurven, je nach
der Zerteilung des Gasstroms beim Einspritzen durch Siebe verschiedener Loch-
weiten, durch gelochte Tüllen usw. und je nach der relativen Lage und Art der
elektrischen Zündung.

Die in Anlage 1 enthaltenen Figuren 1 bis 18 geben einige Stichproben der
ca. 1300 von mir bei diesen ersten Versuchen genommenen Diagramme nebst Erläuterungen dazu.

Nachdem ich so das Fundament für eine neue Verbrennung und Regulierung
der Großgasmaschinen gefunden zu haben glaubte, und in meinem ersten Versuchsapparat meine kühnsten Erwartungen noch übertreffenden Ergebnisse erzielt
hatte, ging ich daran, sie auf die 4pferdige Maschine von Benz zu übertragen, die
anfangs nur zur Kompression des Gases bei meinem Versuchsapparat gedient
hatte und damals die beste brauchbare Zweitaktgasmaschine in Deutschland war
(Fig. 13).

Ich wählte von vornherein eine Zweitaktmaschine[1]), weil ich wirklich große Maschinen bei mäßigen Dimensionen nur in diesem System erreichen zu können glaubte. Denn im Gegensatz zum Viertaktsystem ist ja beim Zweitakt bekanntlich nicht erst jeder vierte, sondern jeder zweite Hub bereits arbeitsverrichtend. Ferner hatte Benz entgegen der bei den Ottomaschinen damals ausschließlich verwendeten Flammenzündung elektrische Zündung, die ich von vornherein als unerläßlich für Großgasmaschinen ansah, trotzdem man sie in Deutschland damals allgemein und mit Recht noch für zu unzuverlässig hielt. Jetzt kennt man keine Flammenzündung mehr, sondern nur noch die elektrische.

Die Regelung der Maschine sollte nach dem neuen Verfahren nur durch Veränderung der Spannung des momentan einzuspritzenden Gases erfolgen (Fig. 20, Anlage I), und es entstanden hierbei für jede eingespritzte Gasmenge, also auch für geringe Belastungen ebenso schnell ansteigende Verbrennungskurven, wie in den vorgeführten Diagrammen des Versuchsapparates, während sonst bekanntlich die Diagramme bei einer langsamer werdenden Verbrennung immer flacher verlaufen und immer mehr streuen (Fig. 19, Anlage I). Nachdem dieses Ziel erreicht war, versuchte ich, um die hohen Anfangsdrucke und Temperaturverluste zu vermeiden, die zweimalige stoßweise Einspritzung während eines Arbeitslaufes (Fig. 13, Anlage I). Auch dies gelang, und es ergab sich in der Tat der verhältnismäßig hohe mittlere Druck, auf den es ja in erster Linie für eine große Arbeitsleistung ankommt.

Ich fliege über alle Enttäuschungen und Hoffnungen der nächsten Zeit hinweg und schalte zunächst noch ein, daß ich inzwischen meine Versuchsstation aus dem kleinen Hintergebäude unserer alten elektrischen Zentrale in Dessau, das zu Erweiterungszwecken hatte abgerissen werden müssen, in den Keller des Verwaltungsgebäudes der Deutschen Continental Gas-Gesellschaft verlegt hatte. Und wenn ich auf jene ersten Versuche noch einmal kurz zurückkomme, so geschieht es zur Warnung, nach einer bestimmten Richtung hin, bei ihrer etwaigen Wiederholung. Der Raum, in dem die zahlreichen Verbrennungsversuche gemacht wurden, war klein, niedrig und gar nicht ventiliert. Im Eifer der Versuche hatte ich bei Entnahme der Diagramme versäumt, eine regelmäßige Lüftung des Arbeitsraumes herbeizuführen, so daß die Verbrennungsgase, die aus der Bombe mit einem Hahn direkt in den Arbeitsraum entlassen wurden, unmerklich eine solche Verschlechterung der Luft herbeiführten, daß sich bei mir im Mai 1888 eine Art schleichender Blutvergiftung herausgestellt hatte, die mich zu einer mehrmonatigen Untätigkeit zwang.

Die Versuche an der Benzmaschine[2]) hatten inzwischen ergeben, daß ihr vollständiger Umbau für Anwendung meiner Strahlzündung notwendig war. Da aber meine hauptamtliche Berufstätigkeit in der Deutschen Continental Gas-Gesellschaft eine noch weitergehende Beschäftigung mit der Ausbildung einer Großgasmaschine

---

[1]) Bei der Abnahme am 16. Dezember 1887 leistete sie 4,7 effekt. PS bei 145 Touren mit 4,9 cbm Gas, also für eine effekt. PS etwas über ein cbm Gas. Der Bau der Benzmaschinen hatte 1884 begonnen.

[2]) Die Versuche fanden unter der dankenswerten Assistenz des jetzigen Oberingenieurs der Deutschen Continental-Gesellschaft Herrn Niemann und des Monteurs Just statt. Dieser blieb mir durch die langjährigen Versuchsschwierigkeiten hindurch bis zur Montage der ersten Großgasmaschinen beim Hoerder Bergwerks- und Hüttenverein (1898) treu und führte ihren Betrieb auch dort noch als Obermonteur bis 1910.

nicht zuließ, und ich bald darauf Generaldirektor dieser Gesellschaft wurde, so wandte ich mich an meinen alten Studienfreund, den leider zu früh verstorbenen Professor Dr. Adolf Slaby, mit der Bitte, mir einen möglichst tüchtigen, jungen Ingenieur und Konstrukteur zuzuweisen. Als solchen empfahl er mir sehr warm Herrn Hugo Junkers, den späteren bekannten Professor der Aachener Hochschule. Er trat am 28. Oktober 1888, also zwei Jahre nach Beginn der oben geschilderten Versuche, in meine Privatdienste ein. Ungefähr ein Jahr später, Anfang November 1889, gesellte sich zu uns noch Herr Ingenieur A. Wagener und im März 1891 Herr Regierungsbaumeister W. Lynen. Ich komme auf die Zusammenarbeit mit diesen Herren noch eingehender zurück.

Als Herr Hugo Junkers in meine kleine zweite Versuchsstation im Keller der Deutschen Continental Gas-Gesellschaft zu Dessau ein trat, lagen bei mirfolgende Resultate und Absichten für die Konstruktion von Großgasmaschinen vor:

1. Die Erprobung des Zweitaktsystems, durch das ich in erster Linie allzu große Zylinderdurchmesser vermeiden zu können hoffte.

2. Die Möglichkeit der Regulierung des Motors durch Entzündung beliebiger Mischungsverhältnisse von Gas und Luft statt der Regulierung durch „Aussetzer".

3. Die Einführung der elektrischen Zündung an Stelle der damals in Deutschland allgemein benutzten Flammenzündung. Auch eine kontinuierliche Zündung hatte sich nach meinem Verbrennungsverfahren als ausführbar erwiesen.

4. Zielten meine Bestrebungen auf Herstellung eines möglichst hohen mittleren Druckes im Arbeitszylinder. Hierfür sollten nicht nur eine hohe Vorkompression, sondern auch die an sich noch höheren Drucke dienen, die mit meinem Einspritzverfahren durch Wirbelung erreicht wurden. Denselben Zweck sollte eventuell die Doppeleinspritzung während eines Arbeitshubes verfolgen.

Nach Eintritt des Herrn Junkers wurde die Benzmaschine hintereinander drei Umbauten unterworfen, um einen großen Teil der Versuche, die ich an dem Versuchsapparat gemacht, auf sie zu übertragen. Insbesondere wurden die Einspritzversuche in der inneren Totpunktlage des Kolbens mit den verschiedensten Varietäten der Strahlverteilung, der Zündungsart und der Zündungslage wiederholt, ebenso die Doppeleinspritzung während eines Arbeitshubes. Ferner wurde die Regulierung dementsprechend vielfach umgeändert. Es ergaben sich interessante Resultate aller Art, die indes aus dem Grunde keine Aussicht für Großgasmaschinen in der Praxis eröffneten, weil die momentane Gaseinspritzung, die sich in meinem kleinen Versuchsapparat so überaus leicht mit allen Varianten hatte durchführen lassen, für eine große Maschine zu weite Einströmungsquerschnitte, zu schnelle Ventilbewegung und namentlich unwirtschaftlich hohen Überdruck des Gases erforderte. Es ließen sich deshalb an der wiederholt umgebauten Versuchsmaschine auch die erhofften Vorteile zahlenmäßig, in der Ökonomie des Gasverbrauches, nicht nachweisen. Der dornenvolle Weg vom Laboratoriums-Experiment bis zur praktisch brauchbaren Maschine war also zunächst ohne Erfolg beschritten!

Gleichwohl ist es später von mehreren meiner Mitarbeiter bedauert worden, daß wir im Drange, schnell vorwärts zu kommen, das neue Verbrennungsverfahren zu eilig aufgaben. Vielleicht hätte sich die Möglichkeit ergeben, nur so viel Gas momentan bei gleichzeitiger Zündung in ein vorher eingeführtes, konstant zusammengesetztes, ärmeres Gas- und Luftgemisch einzuspritzen, als zur sicheren Zündung und

zur Regulierung des Kraftbedarfes erforderlich gewesen wäre: Ähnlich wie beim
Bunsenbrenner die Luft in zwei getrennten Perioden Zutritt zum Gase erhält, wäre
hier das Gas der Luft in zwei Perioden zugeführt.

Inzwischen hatte sich das Vertragsverhältnis mit Herrn Junkers in ein Teilhaber-
verhältnis umgewandelt, und erbauten wir im Frühjahr 1890 für die Fortsetzung der
Versuche auf dem Grundstück der Dessauer Gasanstalt eine besondere Versuchsstation (es war für mich die dritte) unter der Firma „Versuchsstation für Gasmotoren von Oechelhaeuser und Junkers". Bis Mitte des Jahres 1894 wurden
hier eine Reihe der interessantesten Experimente an verschiedenen neuen und umgebauten Maschinenmodellen gemacht, über die eingehender zu berichten einen
dicken Band füllen, der indes in allen seinen Phasen heute nicht mehr genug Interesse darbieten würde.

Bevor der erste größere Erfolg mit unserer Doppelkolbenmaschine erreicht
wurde, sei nur kurz noch das von Herrn Junkers vorgeschlagene Experiment mit einem
Doppelkurbelgetriebe nach Art der damals bekannten englischen Atkinsonmaschine
gestreift, bei dem die Pleuelstange nicht direkt auf die Schwungradwelle arbeitete, sondern
indirekt durch zwei miteinander verbundene und gegeneinander verstellbare Kurbeln.
Dieses eigenartige Getriebe hatte den Zweck, eine erhöhte Kolbengeschwindigkeit während
der Expansion der Verbrennungsgase herbeizuführen und dadurch die Wärmeverluste durch
Übergang an die Zylinderwände tunlichst einzuschränken. Dafür sollte sich der Kolben dann
beim Rückgang in der Nähe des äußeren Totpunktes desto langsamer bewegen, um der
Ausströmung der Rückstände und der Einführung frischer Luft so viel Zeit als möglich
zu lassen. Dabei konnten relativ kleine Querschnitte für die Ausströmung und das Luft-
einlaßventil erreicht werden, was auch sonst noch konstruktive Vorteile mit sich
brachte. Dies interessante Getriebe wurde sowohl an einem dritten Umbau des Benz-
motors, als an einer ganz neuen 30 pferdigen Versuchsmaschine Modell V versucht. Es ergab sich tatsächlich, wie erwartet, eine langsamer abfallende Expansions-
kurve, also eine größere indizierte Arbeitsleistung, allein die hohen Beschleunigungs-
drucke erforderten ganz außerordentliche Dimensionen mancher Maschinenelemente,
so daß wir unter anderem aus diesem Grunde von der Weiterverfolgung der Idee Abstand
nahmen.

Erwähnt sei nur noch, daß man sich heute kaum eine Vorstellung mehr von den
Schwierigkeiten machen kann, die allein die Herstellung einer brauchbaren elektrischen Zündung für Maschinen von hoher Kompression und sehr gesteigerten An-
fangstemperaturen machte, Schwierigkeiten, die ja noch bis in den Bau der Automo-
bile und Luftfahrzeugmaschinen hineinreichten. Zahllos waren die Unterbrechungen,
die unsere Versuche durch die Unzuverlässigkeit der elektrischen Zündung erlitten.
Alles mußte dazu damals neu ausprobiert werden, Materialien sowohl als Konstruktion. Denn die einfache Übertragung der in Frankreich bei den Lenoir-Maschi-
nen bereits verwendeten elektrischen Zündapparate versagte bei den hohen Kompressionen und Temperaturen und unter den Voraussetzungen und Bedingungen
unserer Versuche vollständig, obwohl ich von Paris von der mir befreundeten Pariser
Gas-Compagnie einen Originalapparat mitgebracht hatte. Wegen eines möglichst
feuerbeständigen Isoliermaterials korrespondierte ich gleich anfangs mit der Königlichen Porzellanmanufaktur sowie mit der Firma Siemens & Halske über Anwendung ihres elektrischen Minenzünders. Von Paris bezogen wir die stärksten Rum-
korff-Induktoren, um bei hoher Kompression und dadurch sehr gesteigerten Temperaturen starke, mit sicherer Regelmäßigkeit überspringende Zündungsfunken zu
erzielen.

Auch wurden die Versuche wiederholt, die ich anfangs mit der kontinuierlichen
Zündung im Versuchsapparat, nämlich mit glühenden Platindrähten, später an der

Benzmaschine mit glühenden Platintiegeln gemacht. Endlich wurde sogar der Gedanke ausgeführt, Induktionsspulen in dem Schwungradkranz einer Versuchsmaschine anzubringen und sie zwischen festen Magneten hindurch sausen zu lassen, um dadurch möglichst kräftige Funken für unsere Hochdruckmaschine zu erzeugen. Und wie es mit der elektrischen Zündung ging, so begannen schon damals die Schwierigkeiten mit den Stopfbüchsen für die Hochdruck-Gaspumpe, die für den Arbeitszylinder bis in die neuere Zeit der doppeltwirkenden Viertaktmotoren hineingespielt haben. Dann kamen die Versuche mit Kühlungen aller Art, insbesondere auch mit Wassereinspritzungen und Vorkühlung der Verbrennungsluft, alles Schwierigkeiten, die erst bei so hohen Kompressionen und Verbrennungstemperaturen wie den hier angewandten, auftraten. Zentralschmierapparate und neue Bremsen wurden konstruiert usw., kurz, wenn wir nicht in den Herren Wagener und Lynen so vortrefflich vorgebildete Mitarbeiter gehabt hätten, wäre es uns kaum möglich gewesen, in dem kurzen Zeitraum von 4 Jahren in der neuen Versuchsstation so viele Maschinen mit so zahllosen Detailabänderungen durchzuführen. Auch waren wir insofern noch von großem Glück begünstigt, daß Niemand von den die Versuche ausführenden Herren bei den ungewöhnlich hohen Verbrennungsdrucken und bei den doch immerhin sehr provisorischen Einrichtungen ernstlich zu Schaden kam.

Ein interessantes und erfolgreiches Nebenergebnis der Versuche dieser Zeit möchte ich hier nicht unerwähnt lassen, nämlich die Konstruktion des seither ganz allgemein eingeführten Junkersschen Kalorimeters. Denn da wir in dieser Station nicht nur mit Steinkohlengas operierten, sondern auch Generatorgase mit Anthrazit und Koksfeuerung zum Vergleich heranzogen, so war eine sichere, dauernde Kontrolle ihrer Heizwerte mit einem bequemen, schnell zu handhabenden Apparat unerläßlich. Und aus diesem dringenden Bedürfnis heraus entstand während unserer Versuche das Junkerssche Kalorimeter, dessen durchaus zuverlässige Resultate uns in einem Briefe von Professor Slaby vom 12. Oktober 1892 bestätigt wurden.

Von den Hauptresultaten unserer Versuche dürfte heute noch die für 100 PS konstruierte erste Doppelkolbenmaschine interessieren. Herr W. Lynen, jetzt Professor an der technischen Hochschule in München, hatte auf Grund unserer bisherigen Erfahrungen eine Reihe von schematischen Skizzen für den Neubau einer „Hochdruckgasmaschine" aufgezeichnet. Wir wählten davon die Doppelkolbenmaschine aus, deren Urform mir persönlich als stehende Dampfmaschine, als sogenannte „Hammermaschine" in Dinglers Polytechnischem Journal zum erstenmal begegnet und für unseren Fall besonders gut verwendbar erschienen war. Denn diese Bauart der gegenläufigen Kolben verwirklichte meine von vornherein schon durch die Wahl des Zweitaktes festgehaltene Absicht, einen im Verhältnis zur Leistung möglichst geringen Zylinderdurchmesser zu erzielen, indem die Verbrennungsgase auf zwei und zwar gegenläufige Kolben drückten. Durch den relativ geringen Zylinderdurchmesser war auch eine leichtere Kühlung der eingeschlossenen Verbrennungsgase durch die Zylinderwandung sowie der Kolben möglich, und die Verteilung des gesamten Hubes auf 2 Kolben ließ eine hohe Tourenzahl zu. Es ergab sich auch zwischen den Kolben ein außerordentlich günstiger Verbrennungsraum ohne schädliche Nebenräume. Die an den gegenüberliegenden Enden desselben von uns angeordneten Ein- und Auspuffschlitze ließen eine ideale, vollständige Ausspülung des Verbrennungsraumes zu. Ferner ließ sich mechanisch durch die eigenartige Verbindung der beiden Kolben mit einer dreifach gekröpften Welle ein sehr weitgehender Massenausgleich erzielen. Der Arbeitszylinder war an beiden Seiten offen, die Kolben leicht auswechselbar, kurz, es ergaben sich alle die Vorteile, die zur Genüge aus der Literatur und den heftig darüber geführten späteren Konkurrenzkämpfen bekannt geworden sind.

Das Modell dieser ersten Doppelkolbenmaschine vom Jahre 1892 (System Oechelhaeuser und Junkers) zeigt Fig. 14 bis 16.

Die überaus günstigen ökonomischen Ergebnisse und Diagramme waren u. a. eine Folge der von vornherein angestrebten hohen Kompression, die hier 19 at

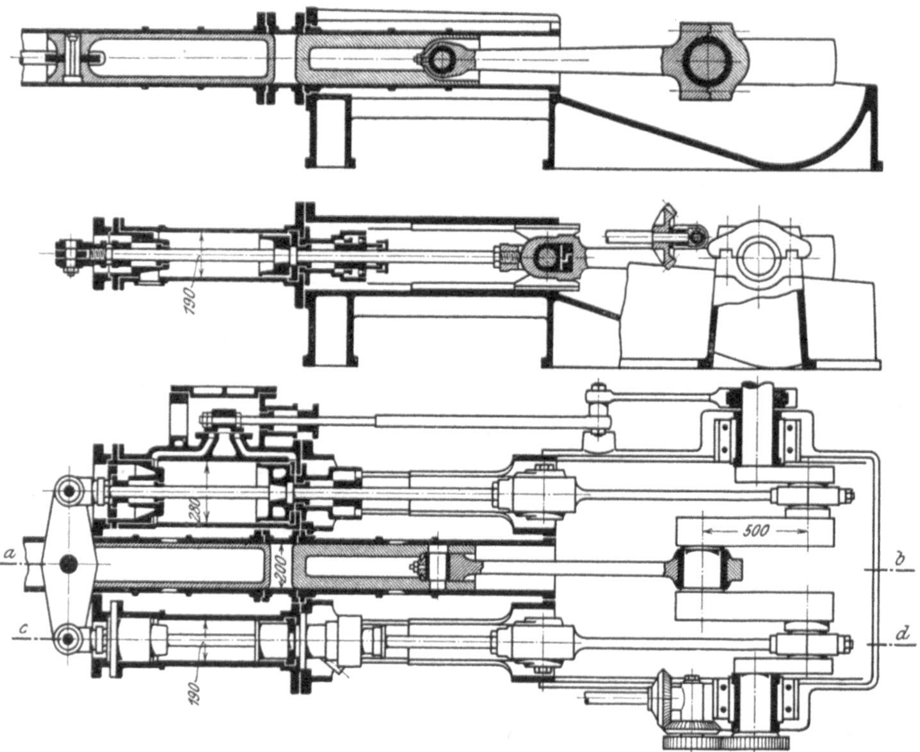

Fig. 14 bis 16. Doppelkolbenmaschine 1892.

und einen Verbrennungsdruck bis 68 at erreichte. Wir hatten deshalb diese kleine Maschine, die bei nur 200 mm Zylinderdurchmesser 100 PS erreichte (Modell VI), unsere „Kanone" getauft, und es wurde von allen Ingenieuren, die sie damals im Betriebe sahen, bemerkt, daß man beim Auflegen der Hand auf den Arbeitszylinder während des Betriebes trotz des hohen Verbrennungsdruckes nicht die geringste Erschütterung wahrnahm. Eins der erhaltenen Diagramme zeigt Fig. 17.

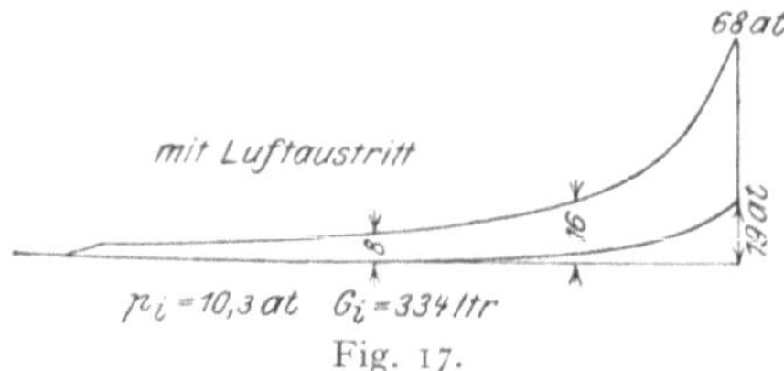

Fig. 17.

Um die in diesem Diagramm vorliegenden Resultate namentlich aus der damaligen Zeit heraus zu verstehen und zu würdigen, seien sie nebeneinander gestellt mit denen eines Diagramms, das wir zu gleicher Zeit (1891) und zum Vergleich an einem 60 pferd. „Otto-Motor" der elektrischen Zentrale zu Dessau nahmen (Fig. 18).

In Fig. 19 hat Junkers beide Diagramme in einem Bild vereinigt.

Einen zahlenmäßigen Vergleich beider Diagramme bietet die nachfolgende Zusammenstellung:

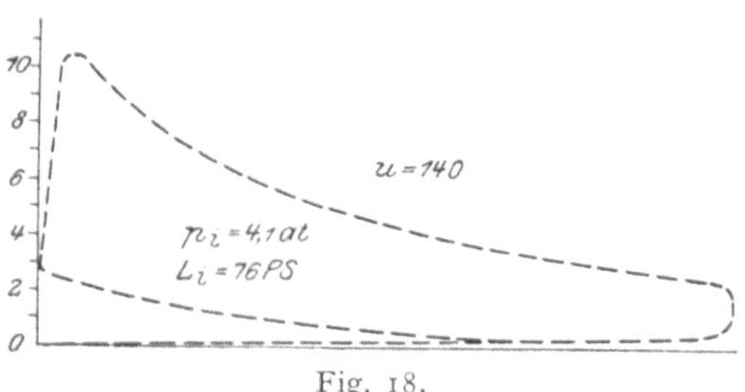

Fig. 18.

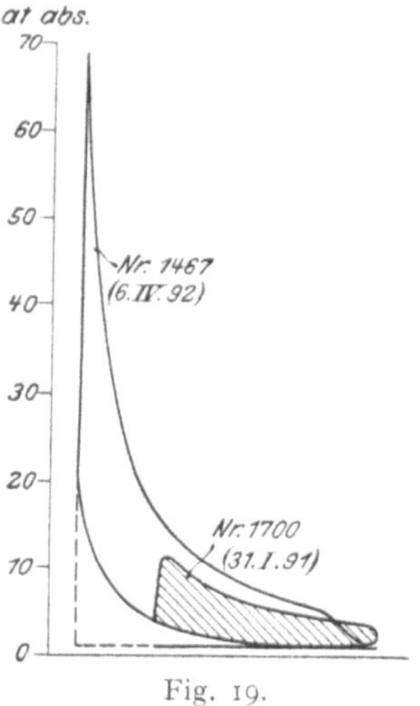

Fig. 19.

	Otto-Motor (Zwilling)	Oechelhaeuser- u. Junkers-Motor (Einzelzylinder)
Indizierte Pferdestärke	76	116
Durchmesser des Arbeitskolbens .	410 mm	200 mm
Kompressionsspannung	2,5 at	19 at
Höchster Verbrennungsdruck . . .	10 at	68 at
Mittlerer Verbrennungsdruck . .	4,1 at	10,3 at
Umlaufzahl in der Minute	140	160
Gasverbrauch für die indizierte PS/st	624 Liter	334 Liter (ohne die Arbeit der Ladepumpen, die bei den späteren Maschinen mit 10 bis 15 vH festgestellt wurde)

Bei der neuen Maschine war also schon allein die Vorkompression der Ladung fast doppelt so hoch wie beim Ottosystem der Verbrennungsdruck, und dieser fast siebenmal so groß bei der neuen Maschine gegenüber der alten. Der Brennstoffverbrauch war auf rd. 60 vH herabgemindert. Bei unseren späteren und allen neueren Großgasmotoren sind diese Drucke wesentlich geringer.

Wir gingen nach diesem ersten durchschlagenden Erfolg bezüglich Ökonomie und Konstruktion nun daran, eine neue, größere Doppelkolbenmaschine zu konstruieren für nom. 200 PS, die nach einem von uns mit der Berlin-Anhaltischen Maschinenbau-Akt.-Ges. abgeschlossenen Vertrag von ihr in Dessau erbaut werden sollte. Gleichzeitig hatte damals die Deutzer Gasmotoren-Fabrik durch ihren verstorbenen Direktor Schumm den Wunsch geäußert, den alleinigen Bau unserer Maschinen zu übernehmen. Wenn wir schweren Herzens auf diese verlockende Aussicht verzichteten, so geschah es, weil sowohl Herr Junkers als ich den lebhaften Wunsch hatten, die Weiterentwicklung der Maschine in Dessau unter Augen zu behalten. Das neue Modell der Doppelkolbenmaschine (Mod. VII) wurde auf dem Probierstand der Bamag in der Dessauer Filiale am 25. Mai 1893 in Gang gesetzt und am 2. Oktober vorübergehend mit 210 PS belastet, wobei die damals außer-

gewöhnlich niedrige Verbrauchsziffer von 400 Liter Leuchtgas für eine effekt. PS
erzielt wurde (Fig. 20 und 21)[1]).

Noch in demselben Monat (17. Oktober 1893) schrieb der Generaldirektor der
Bamag, der verstorbene Emil Blum, an Geheimrat Slaby: „Die 200-PS-Maschine
Oe. und J. ist nunmehr so weit, daß wir dieselbe Ihrem sachverständigen Urteile
unterwerfen können." Auch Professor Riedler sollte zugezogen werden. Jedoch
allerlei Störungen und besonders auch vielfache Vorzündungen, sobald wir eine
Belastung von 170 bis 180 PS überschritten, ließen einen Dauerbetrieb in der

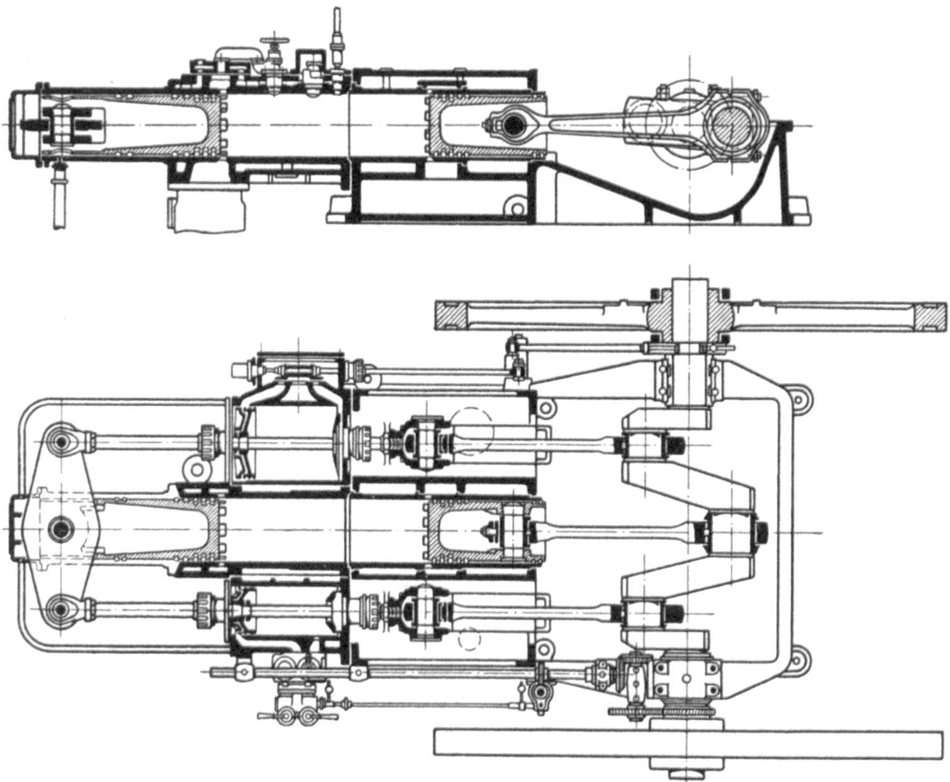

Fig. 20 und 21. Oechelhaeusers Doppelkolbenmaschine vom 25. Mai 1893.

Sicherheit, wie er für wissenschaftliche Abnahmeversuche unerläßlich war, nicht
zu. Da nun Herr Junkers und ich uns zudem von vornherein zum Prinzip gemacht hatten, nicht eher etwas bekanntzugeben, bevor wir nicht eine wirklich
einwandfrei laufende und für die Praxis brauchbare Maschine hätten, schien uns
der Zeitpunkt für eine allgemeine Veröffentlichung noch nicht gekommen. Wir mußten uns deshalb entschließen, Slaby am 23. Januar 1894 abzuschreiben. Gleichzeitig
wurde beschlossen, zur schnelleren Ausbildung gewisser Einzelheiten erst noch eine
25pferdige Versuchsmaschine (Mod. VIII) zu erbauen, da es sich bei Ausbildung der technischen Details des großen Modells von nom. 200 PS als ein er-
heblicher Übelstand herausgestellt hatte, daß nicht gleichzeitig ein kleinere Maschine

---

[1]) Die Beschreibung der Maschine darf nach den vielfachen Veröffentlichungen als bekannt vorausgesetzt werden.

desselben Systems vorhanden war, an der manche Einzelheiten viel schneller und billiger festgestellt werden konnten.

Das Vertragsverhältnis zwischen Herrn Junkers und mir vom Jahre 1890 hatte bei Übergang der Konstruktionen und Versuche an die Bamag bereits am 17. April 1893 seine Endschaft erreicht, und Herr Junkers zeichnete nun wieder als selbständiger Zivilingenieur. Herr Regierungsbaumeister Lynen trat in den Dienst der Bamag über, und leitete jene Versuche dort weiter mit Unterstützung des bei mir verbliebenen Herrn Wagener.

Während des Baues und Betriebes des großen 200 pferdigen Modells hatte sich nun leider herausgestellt, daß bei der Berlin-Anhaltischen Maschinenbau-Akt.-Ges. die mir von meinem Hauptberuf her nahestand, die Gasmaschinenabteilung doch nur eine stiefmütterlich behandelte Nebenabteilung war, für welche man die beim Großgasmaschinenbau anfangs unerläßlich großen Opfer nicht zu bringen vermochte. Ich mußte deshalb den Bau und die Versuche an dieser neuen 25 pferdigen Probemaschine wieder auf eigene Kosten übernehmen. Gleichwohl werde ich stets dankbar der persönlichen und sachlichen Unterstützung des an diesen Verhältnissen nicht schuldigen sachkundigen Direktors Herrn Geheimrat Roth und seines trefflichen, inzwischen verstorbenen Oberingenieurs Lefèvre gedenken, von denen der letztere ein fast ebenso lebendiges Interesse an dem Gelingen einer Großgasmaschine zeigte wie wir selbst. Beinahe wäre er bei einem der Versuche in der Bamag, schwer verletzt, ums Leben gekommen.

Das Wesen der bisherigen Erfolge der nom. 200 pferdigen Maschine und ihren status quo charakterisierte Herr Lynen vor seinem Austritt aus der Bamag und vor dem beschlossenen Umbau der Maschine in einem Schlußbericht vom 15. Februar 1894 u. a. dahin, „daß sie, abgesehen vom Zweitakt, mit starker Expansion arbeite (nämlich mit 1 : 6, bei Ottos Viertaktmotor hingegen nur mit 1 : 2,5), mit hohem mittleren indizierten Druck von etwa 8 bis 10 at, bei Otto 4 bis 5 at, und infolgedessen kleines Arbeitsvolumen, d. h. kleinen Zylinderdurchmesser, und kleinen Hub habe. Durch die starke Ausnutzung der Gase entstehe ein geringer Gasverbrauch. Hierbei wirke günstig ein, daß die feuerberührten Flächen möglichst kleine seien — Kanäle und hohle Räume für die Ventile — wie bei Otto — fehlen, so daß der schädliche Einfluß der Wandungen möglichst gering sei. Die ins Kühlwasser eingeführte Wärme betrage nur 17 vH, bei Otto 45 vH. Als Nachteile wurden die für damalige Zeit hohen Drucke (14 at Kompression und 45 at Verbrennungsdruck) bezeichnet. Die hohen Drucke seien zwar ohne Einfluß auf den ruhigen Gang, erforderten aber sehr sorgfältige Dichtungen. Ferner führten die hohen Temperaturen leicht Selbstentzündungen herbei, bedürften also einer sehr rationellen Kühlung. Er habe aber die volle Überzeugung, daß der Betrieb solcher Maschinen mit dem angegebenen Expansionsgrad möglich sei, also ein vollständig regelmäßiger Gang, Schmierung aller bewegten Teile, sichere Dichtung und ausreichende Kühlung, so daß keine Selbstzündungen entstünden".

Vielleicht ist dies noch heute von einigem historischen Interesse zur Charakterisierung der Zeitverhältnisse vor Beginn der eigentlichen Großgasmaschinenperiode.

Am 15. März verließ Herr Lynen seine Stellung bei der Bamag, am 29. Dezember desselben Jahres erfolgte die Inbetriebsetzung der vorerwähnten neuen kleinen 25 pferdigen Maschine, und am 12. Januar 1895 wurde zum erstenmal ihre volle Leistung gebremst. Die Sondererfahrungen, die an dieser Maschine gemacht waren, wurden beim Umbau der nom. 200 pferdigen Maschine verwertet, so daß diese (29. Februar 1896) drei Stunden lang 186 eff. PS zu leisten vermochte. Die natürliche Grenze der Leistungsfähigkeit dieser Konstruktion, die sonach ungefähr bei 180 effekt. PS für einen Dauerbetrieb mit Leuchtgas lag, konnte also auch jetzt, nach vollzogenem Umbau, nicht überschritten, also die nominelle Stärke von 200 PS nicht erreicht werden. Die Zeit der Großgasmaschine brach, wie die Folgezeit lehrte, erst mit der Verwendung der sogenannten armen Gase an.

Damit war der erste Hauptabschnitt meiner, mit ausgezeichneten Mitarbeitern unternommenen Versuche nach achtjähriger Arbeit abgeschlossen, und schien dies zunächst auch ein völliger Abschluß zu sein, ohne das Ziel: eine wirkliche Großgasmaschine, trotz mancher Einzelerfolge, erreicht zu haben.

Inzwischen war nun auch im Gasfach eine Wendung eingetreten, die alle meine Hoffnungen und Vorausberechnungen, wenigstens für die mit Leuchtgas (Steinkohlengas) zu betreibende Großgasmaschine, über den Haufen warf. Ich hatte, wie schon angedeutet, die ganze Beschäftigung mit den Großgasmaschinen in der Hauptabsicht unternommen, für die unter der steigenden elektrischen Konkurrenz vielleicht in Bedrängnis geratende Gasindustrie ein neues großes Absatzgebiet zu schaffen. Durch die bald nach Beginn meiner Versuche in Erscheinung getretene Erfindung des Gasglühlichtes durch Auer von Welsbach war indes das Steinkohlengas inzwischen wieder eine so gesicherte und geschätzte Beleuchtungsquelle geworden, daß vernünftigerweise an eine weitere Herabsetzung der Gaspreise nicht gedacht zu werden brauchte. Und eine ganz wesentliche Herabsetzung dieser Preise war die unerläßliche Voraussetzung für den Betrieb von Großgasmaschinen mit Steinkohlengas gewesen. Jetzt aber, nachdem das Steinkohlengas im Auerbrenner einen so vielfach höheren Lichteffekt ergab, stieg es außerordentlich im Werte, und es dachte niemand mehr daran, die Gaspreise für Kraftbetrieb, die ohnehin schon als Extrapreise auf 10 bis 12 Pfg. pro cbm ermäßigt waren, noch weiter zu vermindern. Man hätte auf etwa 5 Pfg. kommen müssen, um wirklich große Gasmaschinen rationell betreiben zu können! Damit war mein Berufs-, nicht aber mein Interesse als Ingenieur zunächst erledigt. Herr Junkers war bereits 3 Jahre vorher aus unserer Arbeitsgemeinschaft ausgetreten und die Bamag hatte das Interesse an einer Großgasmaschine mit unwirtschaftlichem Leuchtgasbetrieb begreiflicherweise verloren.

Ich kann indes diesen Abschnitt der Entwicklungsgeschichte meiner Gasmaschine nicht verlassen, ohne hervorzuheben, in wie harmonischer Weise die Mitarbeit der Herren Junkers, Lynen und Wagener allezeit mit mir verlaufen. Ich persönlich schätzte an diesen Mitarbeitern nicht nur das gründliche theoretische Wissen, die vorzügliche Beobachtungsgabe, das praktische Können, sondern mindestens ebensosehr auch den Charakter. Denn gerade bei dem berüchtigten „Erfinden", bei dem Ehrgeiz und Eitelkeit eine so große Rolle spielen, wo die Stimmungen bei tausenderlei kleinen und großen Schwierigkeiten immer zwischen Himmelhochjauchzen und Zum-Tode-betrübt-Sein wechseln, gerade da zeigen sich die Charaktere von ihrer stärksten, aber auch von der schwächsten Seite. Das, was hier in der gemeinsamen Arbeit Alle bewegte, war immer die strenge Sachlichkeit, mit der jede Frage und Meinungsverschiedenheit behandelt wurde, getragen von der gemeinsamen Begeisterung für einen zu erhoffenden großen Fortschritt! Und darum erfüllt es mich noch heute mit einer gewissen Genugtuung, daß unsere gemeinsame

Jugendarbeit vielleicht mitbestimmend dafür war, daß die drei genannten Herren als ordentliche Professoren Zierden der technischen Hochschulen von Aachen, München und Danzig geworden sind.

Herr Wagener blieb noch eine ganze Reihe von Jahren mit mir auf demselben Gebiete tätig, zunächst noch in Diensten der Bamag, um zwei Jahre später die wirkliche erste Großgasmaschine aus der Taufe zu heben. Denn ich selbst hatte zwar nach den Erfolgen des Auerlichtes keine Veranlassung mehr für Schaffung einer Großgasmaschine als Generaldirektor einer Steinkohlengasgesellschaft, wohl aber das Interesse für die Verwendung ärmerer Gasmischungen und damit auch ärmerer Gase als Ingenieur behalten und gerade dafür auch meine erfolgreichen Versuche im Verbrennungsapparat gemacht. Dazu kam noch, daß um diese Zeit die großen Generatoranlagen für arme Gase sowohl in England unter Vorantritt von Dowson, als namentlich auch in Frankreich, einen großen Aufschwung genommen hatten. Dann trat auch zufällig noch ein besonderer Anlaß zur Weiterverfolgung meiner Pläne dadurch ein, daß der verstorbene Ludwig Löwe, der zum Aufsichtsrat der Bamag gehörte, und von meinen Versuchen Kenntnis erhalten hatte, mir unterm 7. März 1896, also etwa 2 Jahre nach Beendigung der Versuche mit Herren Junkers und Lynen, schrieb, daß seine Aktiengesellschaft Ludwig Löwe & Co. seit einiger Zeit in Verhandlung mit dem Hörder Bergwerks- und Hütten-Verein wegen Lieferung einer großen Kraftübertragungsanlage stünde, und daß er Herrn Betriebsdirektor Michler von Hörde, welcher sich vorerst über die vorteilhafteste Art der Krafterzeugung klar werden möchte, veranlaßt hätte, sich wegen Lösung dieser Frage mit mir in Verbindung zu setzen. Dieser Besuch fand am 11. März 1896 in Dessau statt. Ich trug hierbei meine Ideen vor: wie unsere bisher mit Leuchtgas betriebene Doppelkolbenmaschine (Oechelhaeuser & Junkers) als Versuchsmaschine für direkte Verbrennung von Hochofengasen in Hörde vorläufig umgeändert und als Hochofengasmaschine später neugestaltet werden könnte.

Eingeschaltet sei hier, daß der Hörder Bergwerks- und Hüttenverein bereits im Oktober 1895, und zwar als erste Firma in Deutschland, mit Versuchen zur direkten Verbrennung der Hochofengase in Gasmaschinen, statt der Verbrennung unter Dampfkesseln, vorangegangen war, und zwar durch Aufstellung einer 12 PS-Gas-Maschine, System Otto. Dadurch waren die Herren in Hörde für diese bedeutende Zukunftsmöglichkeit gründlich vorbereitet, so daß der Direktor der Dessauer Filiale der Bamag, der energische Herr Roth, bereits Ende desselben Monats eine Vereinbarung zur Überführung der auf dem Probierplatze der Bamag in Dessau stehenden Oechelhaeuser- und Junkers-Maschine nach Hörde treffen konnte.

Die Versuche fanden unter Leitung des Herrn Wagener und des Herrn van Vlothen vom Hörder Bergwerks- und Hüttenverein vom 1. bis 18. Juni 1896 statt und fielen so befriedigend aus, daß diese bedeutende montane Gesellschaft nunmehr zum Bau der ersten großen elektrischen Zentralstation mit Hochofengasmaschinen in Europa überging.

Unsere Doppelkolbenmaschine, die mit Steinkohlengas 180 PS geleistet hatte, ergab mit Hochofengas, entsprechend dessen geringerem Heizwert 120 effektive PS. Bereits am 1. August wurde zwischen dem Hörder Verein und der Bamag ein Vertrag auf Lieferung von 4 Zwillingsmaschinen von je 600 PS abgeschlossen. Herr Wagener berichtete über die neuen Maschinen in seinem Vortrag auf der Kölner

Versammlung der Vereins deutscher Ingenieure (1900)[1]) folgendes: „Die Einrichtung der neuen Maschinen mußte den Versuchsergebnissen entsprechend grundsätzliche Änderungen erfahren. Es ergab sich daraus ein in bezug auf die Einführung des Gemenges grundsätzlich neues Maschinensystem usw." In eben diesem Zitat meines früheren Mitarbeiters, der sich stets durch unabhängige, offene Meinungsäußerung mir und der Öffentlichkeit gegenüber auszeichnete, findet man schon den später eine Zeitlang bestandenen Irrtum aufgeklärt, als wenn es sich bei meinen Hörder Maschinen lediglich um eine Aptierung der alten Oechelhaeuser- und Junkers-Machine an die Verhältnisse des Hochofengases gehandelt hätte. Sicherlich war dies der Zweck. Aber, um ihn mit der Doppelmaschine wirtschaftlich und technisch einwandfrei zu erreichen, mußte die ganze Grundlage der Maschine, nämlich ihr Arbeitszyklus, verändert werden. Und der Arbeitsvorgang ist sonst doch gerade bei Verbrennungsmaschinen, stets als eine grundlegende Hauptsache angesehen worden. In der alten Maschine wurde nämlich die Gasladung in

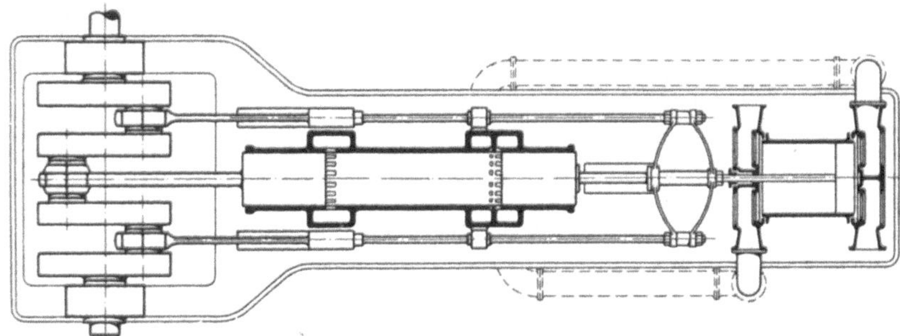

Fig. 22. Schema der Oechelhaeuser-Maschine.

einer besonderen Hochdruckpumpe, die unmittelbar neben dem Arbeitszylinder saß, auf 10 bis 13 at verdichtet und gegen Ende der Vorkompression der Luft im Arbeitszylinder mit einem Überdruck von 2 bis 3 at in diesen übergeführt, und zwar mit einem besonders gesteuerten Gasüberströmventil. In den neuen Maschinen hingegen, die auf ausdrücklichen Wunsch der ausführenden Firmen mit meinem Namen versehen wurden — ich hatte andere Bezeichnungen vorgeschlagen — geschah die gesamte Verdichtung des Brennstoffes und der Luft nur im Arbeitszylinder, so daß das Gas ebenso wie die Luft nur mit Niederdruck von $^1/_3$ bis $^1/_4$ at in den Arbeitszylinder einzuströmen brauchte. Dadurch war der große und zum größten Teil als Verlust zu rechnende Überdruck von 2 bis 3 at zwischen Gaspumpe und Arbeitszylinder vermieden. Er wäre im vorliegenden Fall um so unwirtschaftlicher gewesen, als das Hochofengas nur etwa $^1/_5$ der Heizkraft des bis dahin verwendeten Steinkohlengases besaß. Für Hochofengas hätte also die Gaspumpe für denselben Heizwert eine fünffach höhere Menge von Gas überdrücken müssen. Dieses Ziel der Herabminderung des Druckes für eine fünffach größere Gasmenge von 10 bis 12 at auf $^1/_2$ at, konnte aber nur durch Einführung des Brennstoffes während der Totpunktlage erfolgen, wo noch kein Gegendruck im Arbeitszylinder vorhanden war. Es wurde zu diesem Zwecke ein zweiter Kanalkranz im Arbeitszylinder für den Gaseinlaß ohne Ventil unmittelbar hinter den Lufteinströmungsöffnungen an-

---

[1]) Beiträge zur Frage der Kraftgasverwertung, Stahl u. Eisen 1900, Nr. 21.

geordnet, so daß die neue Maschine statt zwei, drei Kanalkränze, davon einen wie immer für den Auspuff, besaß. Der Gaseinlaß konnte aber ebenso wie die Luftdurchspülung durch die Kolben der Maschine mit gesteuert werden und das besonders gesteuerte Gaseinlaßventil kam in Fortfall. Die Ladung und Arbeitsweise war sonach eine von dem älteren Typus grundsätzlich verschiedene (Fig. 22).

Infolge des jetzt zur Ladung nur noch nötigen geringen Gasdruckes kam beim Überdrücken des Gases aus der Pumpe nach dem Arbeitszylinder auch bei einer größeren Entfernung beider kein irgendwie wesentlicher Spannungsabfall — der früher 2 bis 3 at betrug — mehr in Frage. Dadurch war die konstruktive Freiheit gewonnen, die Niederdruckgaspumpe ebenso wie die Niederdruckluftpumpe weiter ab vom Arbeitszylinder zu legen. Damit fiel ferner das für größere Maschinen sich immer schwieriger gestaltende sogenannte „Dreizylinderstück" fort. Ja, die Luft- und Gaspumpen konnten bei einer großen Kraftzentrale für jede einzelne Maschine ganz in Fortfall kommen, indem die Luftspeisung aus der großen Hochofengebläseleitung und die Gaszuführung von einer zentralen Gasverteilung für mehrere Maschinen zusammen geschehen konnte. Ersteres wurde in Hörde auch ausgeführt, während eine nähere Überlegung für eine zentrale Gasversorgung mehrerer Maschinen allerlei Schwierigkeiten in ihrer Einzelregulierung erkennen ließ. Immerhin konnte nun die Niederdruckgaspumpe in Tandemanordnung hinter oder seitwärts unter den Arbeitszylinder gelegt werden, so daß die ganze Maschine einen viel einfacheren Aufbau erhielt. Schließlich war die neue Maschine durch Beseitigung des getrennten Gaseinlaßventils eine für den eigentlichen Kompressions- und Verbrennungsvorgang völlig ventillose Maschine geworden. Später, als man eingesehen hatte, daß die Abhängigkeit von den Hochofengebläseleitungen für den Betrieb unvorteilhaft war, legte man für jede Maschine eine besondere Luftpumpe in die Nähe des Arbeitszylinders.

Auf alle Fälle aber ergibt sich schon aus diesen Andeutungen, daß für die 600-pferdige Zwillingsmaschine mit ihrer veränderten Arbeitsweise eine Neukonstruktion erforderlich war, wenn auch natürlich aus der älteren sehr wertvolle Erfahrungen in der äußern Gestaltung der Steuerung und Kraftübertragung der beiden Kolben auf die dreifach gekröpfte Welle verwertet wurden. Aber auch abgesehen von den grundlegenden Änderungen der neuen Hördermaschinen war einzig und allein schon die verlangte Vergrößerung der Leistung des Arbeitszylinders von 180 auf 300 PS ein Problem und ein Risiko für sich. Denn bisher hatte die Oechelhaeuser & Junkerssche Maschine trotz eines Umbaus nicht einmal von 180 auf die nominelle Leistung von 200 PS für den Dauerbetrieb gesteigert werden können, während gleich die erste Hörder Zwillingsmaschine in jedem Zylinder statt 300 nom. 340 effekt. PS erreichte. Außerdem wurde bei dieser ersten Maschine eine neue besonders schwierige Aufgabe gestellt und auch gelöst: sie sollte eine Wechselstromdynamo in Parallelbetrieb mit Dampfmaschinen betreiben! Das erforderte einen so hohen Gleichförmigkeitsgrad, wie er bisher nur von der allerbesten Dampfmaschine erreicht war. Dadurch war auch die Zwillingsanordnung geboten, die wiederum neue Aufgaben für die gemeinsame Regulierung stellte. Denn keine noch so große Einzylindermaschine der Welt hätte die erforderliche Gleichförmigkeit leisten können. Es handelte sich also bei diesem Zwilling nicht etwa nur um eine Kraftaddierung von 300 + 300 PS, sondern überhaupt um einen neuen Zwillingsorganismus. Seine späteren Ausführungen, bei denen die gesamten Schwungmaße in das Schwungrad der Dynamomaschine verlegt wurden, ergaben Ungleichförmigkeitsgrade von nur 1 : 350 und weniger. Das wurde auch von allen Kritikern stets ganz besonders anerkannt und hervorgehoben. Dazu kam, daß für diese Neukonstruktion mit der bis dahin unbekannten Maschinengröße von 600 PS noch nicht die kleinste Versuchsmaschine vorlag! Nur die große Sachkunde und das hierauf gegründete weite Entgegenkommen des damaligen Generaldirektors Tull und seines Ingenieurstabes, der Herren Michler und van Vlothen in Hörde, ließen die Anfangsschwierigkeiten verhältnismäßig schnell überwinden.

In dem vorhin schon genannten Vortrage des Herrn A. Wagener heißt es in Beziehung auf diese Gesamtlage: „Die Erbauung einer Gasmaschine, die hinsichtlich ihrer Größe zur damaligen Zeit alle anderen Ausführungen hinter sich zurückließ,

Fig. 23. 600 pferd. Gasdynamo (erste Großgasmaschine), in Betrieb gesetzt am 12. Mai 1898
im Hörder Bergwerks- und Hüttenverein.
(Oechelhaeuser-Maschine erbaut von der B. A. M. A. G. zu Dessau.)

die mit einem neuen Brennstoff gespeist werden sollte, die in ihrer grundsätzlichen Einrichtung eine ganze Reihe von bisher praktisch noch unerprobt gebliebenen Neuerungen aufwies, und die unmittelbar nach ihrer Herstellung ohne auf dem heimischen Probierplatze auch nur eine einzige Umdrehung gemacht zu haben, in dem Maschinenhaus des Werkes, das sie bestellt hatte, aufs Fundament gesetzt wurde, dies Unternehmen bedeutete ein Wagnis, dessen Tragweite allen Beteiligten in ihrem ganzen Umfange vor Augen stand, das aber seine Berechtigung hatte und wohl eine mutige Tat genannt werden darf im Hinblick auf seine höhere Bedeutung, bahnbrechend mitzuarbeiten bei der Erschließung eines neuen, unserem wirtschaftlichen Leben reiche Erträge verheißenden Arbeitsfeldes.“

Und während andere bald darauf in Konkurrenz tretende Systeme längst aus der Praxis verschwunden sind, konnten die drei ersten in Hörde zur Aufstellung gelangten 600 pferdigen Zwillingsmaschinen bis zum Januar und Juni 1910, also 12 bzw. 10 Jahre lang im Betrieb gehalten werden. Daß sie allmählich den inzwischen wesentlich größer und ökonomischer gebauten Großgasmaschinen weichen mußten, versteht sich von selbst. Auch kam es aus demselben Grunde nicht zur Bestellung der im ursprünglichen Vertrage vorgesehenen vierten Maschine. Die Fig. 23 und 24 stellen die beiden ersten Hörder Maschinen dar.

Werfen wir nun noch einen kurzen historischen Rückblick auf die Größe der Maschineneinheiten, die früher und in anderen Ländern zur Verfügung standen. Ein gründlicher Kenner der hier in Betracht kommenden Verhältnisse, F. W. Lürmann, von dem in erster Linie in Deutschland der Gedanke und die Propaganda für die direkte Verbrennung der Hochofengase in den Maschinen ausging, sagte am 27. Februar 1898 auf der Hauptversammlung des Vereins deutscher Eisenhüttenleute: „Mit der Gasleistung in einem Zylinder geht man bis jetzt nicht gern über 100 PS hinaus, weil sich dem Betriebe größerer Maschinen erhebliche Schwierigkeiten entgegenstellen. Es handelt sich aber im Eisenhüttenwesen nicht um Maschinen von 100 PS, sondern um Maschinen, welche x mal 100 PS entwickeln können."

Wenige Wochen darauf (12. Mai) lief bereits der erste Hörder Motor mit „dreimal" hundert effektiven Pferdestärken in einem Zylinder, und „sechsmal" hundert in der Zwillingsmaschine. Die Größenentwicklung der Gasmaschine ist in der hier folgenden Tabelle dargestellt und schließt sich hieran ein Überblick über die damaligen größten Leistungen der Gasmaschinen auf den Hüttenwerken Deutschlands.

Fig. 24. Zweite Hörder Gasdynamo von 600 PS. (System Oechelhaeuser.)

Entwicklung der Hochofengasmaschinen.
(Zusammenstellung von W. v. Oechelhaeuser.)

Effekt. PS	Datum der In-betriebsetzung	Bauart	Aufstellungsort	Erbauer
12[1]	Februar 1895	Otto	Wishow bei Glasgow	Thwaite-Gardener
12	12. Okt. 1895	Otto	Hörde	Deutzer Motorenfabrik
8[2]	20. Dez. 1895	Delamare-Deboutteville	Seraing	Société John Cockerill
120[3]	1. Juli 1896	Oechelhaeuser und Junkers	Hörde	Berl.-Anh. Masch. Akt. Ges.
180 bis 200[4]	11. April 1898	Delamare-Deboutteville	Seraing	Société John Cockerill
600 (2 Zyl.)[5]	12. Mai 1898	Oechelhaeuser	Hörde	Berl.-Anh. Masch. Akt. Ges.

F. W. Lürmann-Osnabrück berichtete am 23. April 1899 auf der Hauptversammlung des Vereins deutscher Eisenhüttenleute in Düsseldorf[6]:

„Ich habe Anfang Dezember 1898 die 180 pferdige Gasmaschine in Seraing im Betriebe gesehen.

Es sind in Deutschland im Betriebe:

1. Eine Zwillings-Gasmaschine von 600 PS beim Hörder Bergwerks- und Hüttenverein in Hörde, gebaut nach dem Patent Oechelhaeuser von der Berl.-Anh. Akt.-Ges. in Dessau.
2. Zwei Zwillingsmaschinen von 200 PS und zwei ebensolche von 300 PS bei der Oberschlesischen Eisenbahnbedarfs-Akt.-Ges. in Friedenshütte bei Morgenroth. Diese sind von der Gasmotorenfabrik Deutz in Köln-Deutz nach ihrem System, also als Viertaktmaschinen ausgeführt.
3. Eine einzylindrige Deutzer Maschine von 60 PS bei der Gutehoffnungshütte in Oberhausen.
4. Eine Ottomaschine von 60 PS bei den Differdinger Hochofenwerken in Differdingen, geliefert von der Berl.-Anh. Masch.-Akt.-Ges. in Dessau.
5. Eine Maschine von 150 indiz. PS bei den Hochöfen der Gesellschaft Phönix in Bergeborbeck. Viertaktsystem, erbaut von den H. H. Hartley u. Petyt in Bingley, England.
6. Gebr. Körting haben eine nach anderen Grundprinzipien konstruierte 500 PS-Maschine im Bau, die demnächst in Betrieb kommen wird.“

Natürlich wird man in Entscheidung der Frage: welche Maschinengröße im Gasmaschinenbau zuerst als Großgasmaschine angesprochen werden darf, verschiedener Ansicht sein können. Meines Erachtens dürfte der objektivste Maßstab zu ihrer Beantwortung der sein, daß man sie in der Form präzisiert: welche Gasmaschine zuerst mit Erfolg als Maschineneinheit in einem Großbetrieb dauernd — also nicht bloß als Versuchsmaschine in der eigenen Fabrik —

---

[1] Vgl. Stahl u. Eisen 1898, S. 499.
[2] Vgl. Aimé Witz, Traité des Moteurs à Gaz 1899, Tome III, S. 76.
[3] Journal für Gasbeleuchtung 1896, 12. Sept., S. 611.
[4] Vgl. Aimé Witz, Traité des Moteurs à Gaz 1904, Tome II, S. 620.
[5] Vgl. Journal für Gasbeleuchtung 1899, 12. Februar, S. 138.
[6] Vgl. Stahl u. Eisen 1899, S. 474.

in Betrieb kam und in Betrieb blieb. Und diesen Maßstab glaubte ich der vorstehenden historischen Zusammenstellung zugrunde legen zu dürfen[1]).

Wie erklärt es sich nun, daß die Hörder Maschine trotz des angedeuteten Zeitrekords in Größe, Gleichförmigkeit und Regulierfähigkeit viel weniger Aufsehen in der technischen Welt der damaligen Zeit machte, als die $1^1/_2$ Jahre später in Seraing auf den eigenen Werken der Firma Cockerill in Betrieb gesetzte Maschine von 600 PS, zu der die Sachverständigen aller Nationen eingeladen wurden? Der Erklärungsgrund dürfte wohl der sein: die Hörder Maschine mußte wie das Veilchen im verborgenen blühen, da die Geheimhaltung dieses ersten Erfolges der Verwendung der Hochofengase in Großgasmaschinen im Interesse und der ausgesprochenen festen Absicht des Hörder Bergwerks- und Hüttenvereins lag. Dieser hatte das große Risiko — die Bestellung von 4 solcher Maschinen — gewagt und suchte nun begreiflicherweise auch den Vorsprung, der in einer viel ökonomischeren Verwendung der Hochofengase lag, für sich auszunutzen. Denn die theoretische Berechnung ergab schon damals daß auf jede Tonne Roheisen, die täglich erzeugt wurde, ein jährlicher Mehrgewinn von 2160 M. kam. Daß aber dieser Vorsprung andererseits von den Fabrikanten meiner Maschine nicht genügend ausgenutzt wurde, lag leider daran, daß die sonst vortrefflich organisierte Bamag für das Gebiet des Großmaschinenbaus nicht das Kapital, die technischen Einrichtungen, die Erfahrung und Organisation besaß, um den Bau solcher Maschinen nun auch im großen Stil und schnell durchzuführen. Und es geschah auf Veranlassung dieser Firma selbst, daß sich aus den Firmen Union Elektrizitäts-Gesellschaft (Löwe) und Siemens & Halske die „Deutsche Kraftgas-Gesellschaft m. b. H." bildete, die meine sämtlichen Patente erwarb und meine Großgasmaschine als „Oechelhaeusermotor" abstempelte.

Die neue Gesellschaft erließ am 16. September 1899 ein Zirkular, in dem sie die Ausnutzung jeglicher Kraftgase und prinzipiell der Hochofengichtgase zu motorischer und sonstiger Verwendung als ihre Aufgabe bezeichnete. „Insonderheit wird die Gesellschaft", wie es hieß, „ihre Tätigkeit der Umwandlung der Kraftgase in elektrische Energie unter Errichtung von elektrischen Zentralen zum Zwecke ökonomischer Kraftgewinnung und Ausnutzung an den einzelnen Verwendungsstellen auf Hüttenwerken widmen." Es war also eine Unternehmung, die leider nicht selbst Großgasmaschinen baute, sondern nur Lizenzen erteilte, und zwar nur in Verbindung mit elektrischen Lieferungen der beiden teilhabenden Firmen, was für die allgemeine und schnelle Verbreitung meiner Maschine gerade in der günstigsten, fast konkurrenzlosen ersten Zeit ein großes Hemmnis war. Gleichwohl bin ich dieser Gesellschaft und den hervorragenden Firmen, die sie stützten, für die große Energie, die sie für die Verbreitung meines Maschinensystems entwickelten, insbesondere auch dem damaligen Direktor, Herrn Plüschke, und seinen Oberingenieuren, meinem alten Mitarbeiter, Herrn A. Wagener, und Herrn Friedrich Klönne (jetzt Direktor der Friedrich-Alfred-Werke von Krupp) sehr zu Danke verpflichtet.

Den Bau der Maschinen nahmen mehrere erste Firmen in die Hand und es waren insbesondere die Firmen C. Borsig und die Ascherslebener Maschinenbau-

---

[1]) Die Priorität der ersten Großgasmaschine überhaupt wurde für mein System nicht nur für Deutschland, sondern auch für das Ausland von ersten Autoritäten anerkannt. Professor Eugen Meyer erklärte dies 1904 auf der Hauptversammlung des Vereins deutscher Eisenhüttenleute in Düsseldorf. Professor Riedler behandelte diese Frage eingehend und in gleichem Sinne in seinem Werke „Großgasmaschinen" 1905, S. 180. In einer besonderen Anlage 2 zu diesem Vortrage erlaube ich mir noch einiges Material hierüber aus der Literatur beizubringen.

Aktien-Gesellschaft in Deutschland, sowie die in England sehr angesehene Firma
Beardmore & Co. in Glasgow, die eine große Zahl ausgezeichneter Maschinen
lieferten. Einige Modelle solcher Maschinen zeigen die Fig. 25, 26 und 27.

Fig. 25.   500 pferd. Gebläsemaschine der Ilseder Hütte.
(Oechelhaeuser-Maschine von A. Borsig.)

Fig. 26.   1000 pferd. Gasdynamo der Kraftzentrale der Ilseder Hütte.
(Oechelhaeuser-Maschine der Walchener Maschinen-A.-G.)

Leider gestaltete sich vielfach die Inbetriebsetzung der Maschinen aus dem
Grunde schwierig, weil man sich anfangs die Konstruktionsfreiheit, die die neue
Maschine im Gegensatz zur Oechelhaeuser- und Junkers-Maschine gewährt hatte,
nämlich die Gas- und Luftpumpen weiter ab vom Arbeitszylinder zu legen, zu
sehr zunutze gemacht hatte. Auf den so entstandenen verhältnismäßig langen

Leitungswegen traten ganz unvorherzusehende Schwingungen in den Luft- und Gaszuführungsleitungen ein, welche die Ladeverhältnisse und ihre Regulierung mitunter schwer kontrollierbar machten, zum mindesten aber erst ein längeres Ausprobieren erforderten. Diese erst allmählich erkannten Fehler vermied in vorbildlicher Weise gerade die größte Maschine, welche überhaupt nach meinem System erbaut wurde: die einzylindrige 1800 pferdige Maschine von A. Borsig, s. die Fig. 28 bis 31.

Bei der Borsigmaschine war man, wie schon früher bei anderen Ausführungen meines Systems, zur Geradführung des vorderen Kolbens zurückgekehrt, hatte also die Plungerkolben-Anordnung aufgegeben, die niemals wesentlich für meine Maschine war, so daß neuere Kritiker hierin längst überholt sind. Die Regulierung dieser größten Maschine arbeitet, wie die Praxis unter schwierigen Verhältnissen bestätigt hat, in einfacher und zuverlässiger Weise: indem die Ladung von Gas und Luft getrennt und die Regulierung beider durch Betätigung getrennter, in die Gas- und Luftdruckleitung eingebauter Rücklaufventile statt-

Fig. 27. 1000 pferd. Oechelhaeuser-Maschine der Alpinen Montan-Gesellschaft in Donawitz (Steiermark).

findet. Die Gas- und Luftsammler sind hierbei unmittelbar an die betreffenden Pumpen angeschlossen und dadurch alle Schwingungen in Verbindungsröhren vermieden. Die Maschine wurde im Jahre 1906 von C. Borsig an meine englische Lizenzträgerin, die schon genannte Firma William Beardmore & Co. in Glasgow, verkauft, und als ich Anfang dieses Jahres[1] — also nach 8 Jahren — über ihren Betrieb und ihre Resultate Erkundigungen einzog, schrieb mir die Firma (unterm 23. Februar d. J.), es freue sie, mitteilen zu können, daß die große 1800 pferd. Maschine von Borsig noch Tag und Nacht in einem Blechwalzwerk arbeite. Die Belastungen und Geschwindigkeiten seien indes so verschieden, daß sie deshalb niemals irgendwelche Wirkungsgrade oder Resultate hätte veröffentlichen können.

Ebenso günstige oder noch günstigere Urteile erster deutscher Hüttendirektoren und bekannter Konstrukteure über langjährige Erfahrungen mit meinen Maschinen bis in die allerneueste Zeit hinein würde ich auch über andere Borsigmaschinen sowie über die großen Maschinen der Ascherslebener Maschinenbau-Aktiengesellschaft

---

[1] 1914.

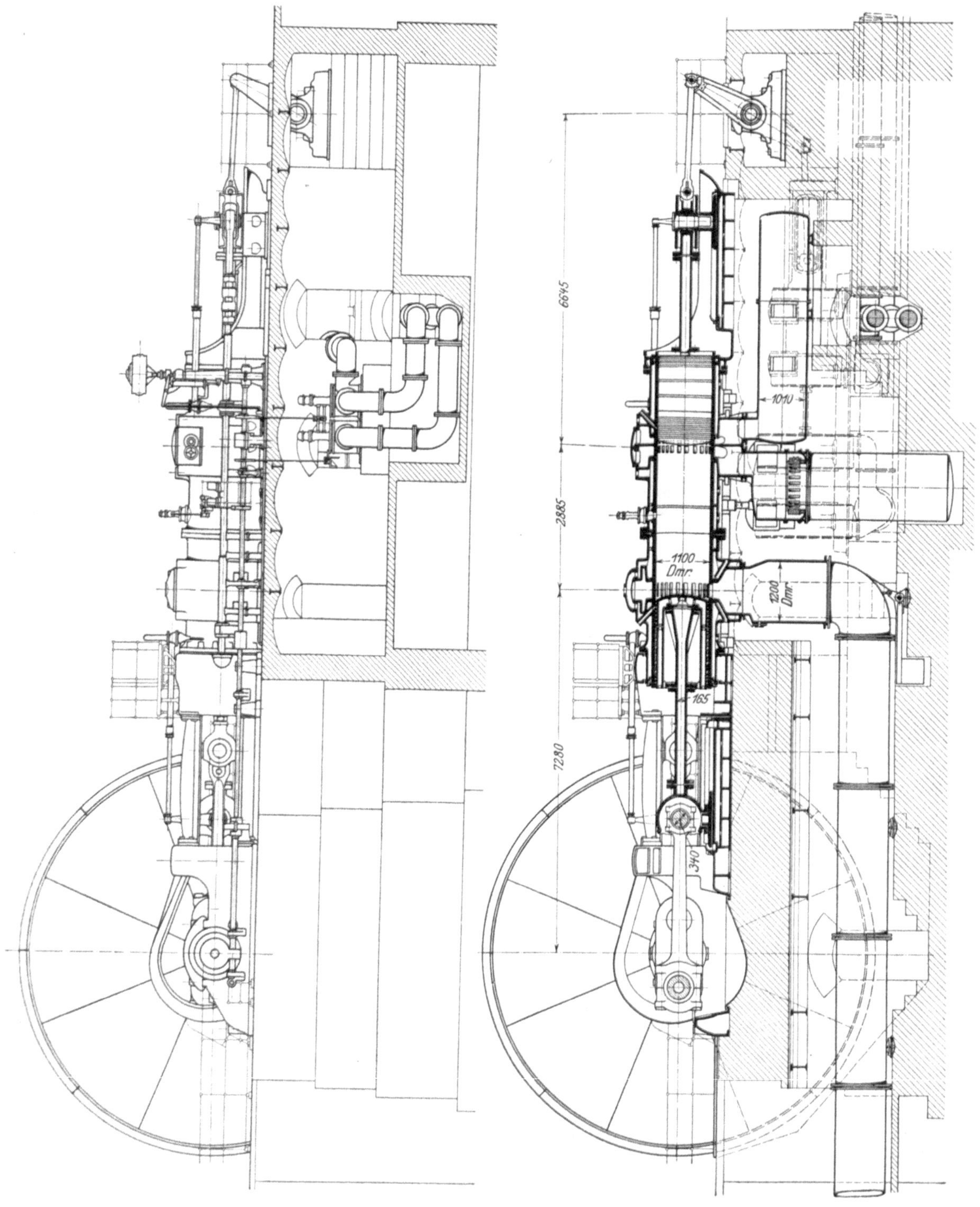

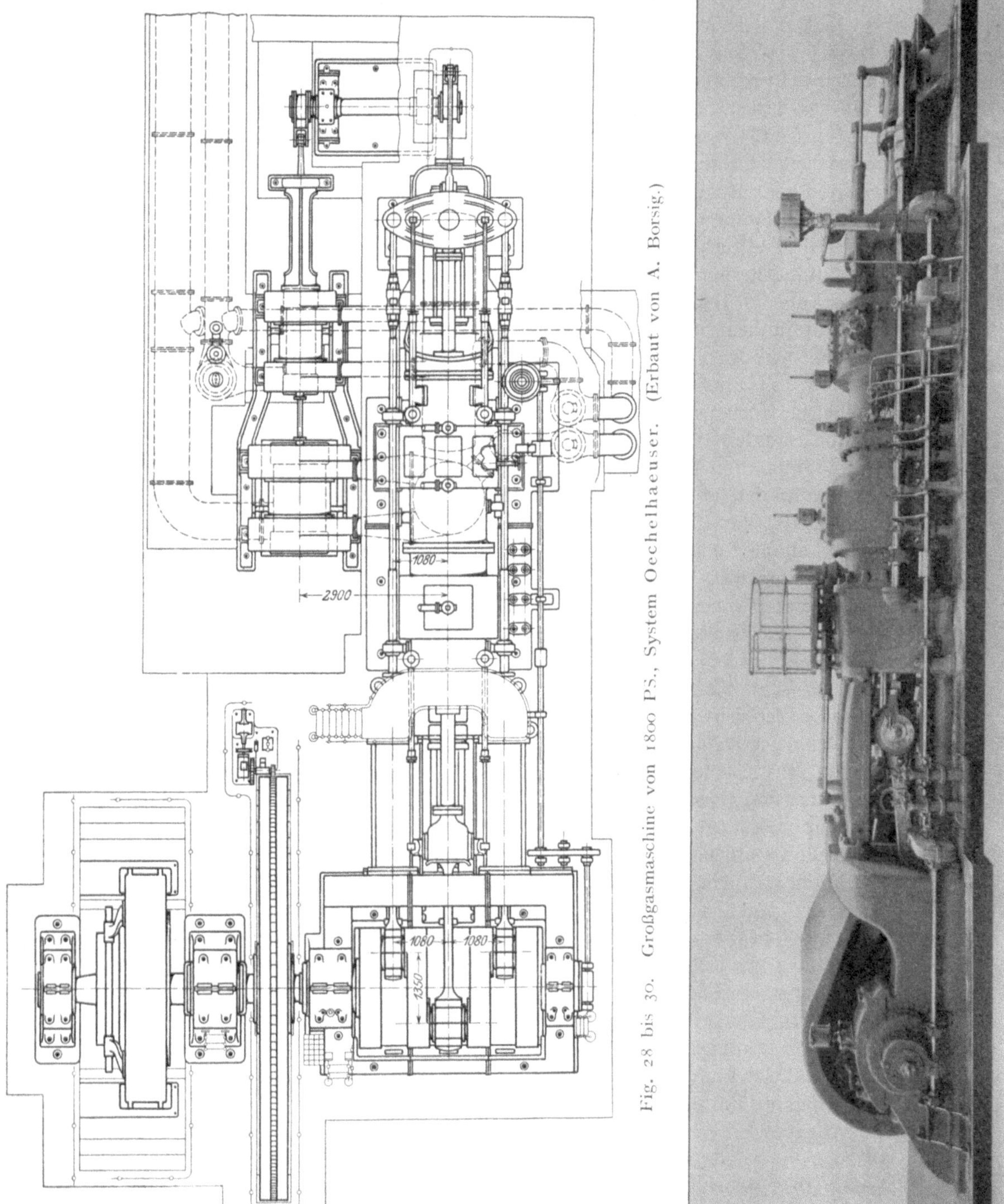

Fig. 28 bis 30. Großgasmaschine von 1800 PS, System Oechelhaeuser. (Erbaut von A. Borsig.)

Fig. 31. Großgasmaschine von 1800 PS, System Oechelhaeuser. (Erbaut von A. Borsig.)

bekanntgeben können, wenn es sich geziemte, sie in den Rahmen einer solchen Veröffentlichung aufzunehmen. Selbst ihre bloße Andeutung geschah nur, um nachzuweisen, daß die inzwischen erfolgte Aufgabe des Baus meiner Maschinen gerade
zu der Zeit als ihre beste Ausbildung alle technischen, mechanischen
und wärmetheoretischen Vorzüge verwirklichte, welche die früheren
Prospekte der Lizenzträger und Verfechter meiner Maschine in der Literatur vertreten hatten, daß dieser Rücktritt aus der Arena auf anderen und ganz besonderen Ursachen beruhte.

Soweit die Konstruktion dabei in Frage kommt, lag die Ursache in der Ge-
wichts- und Kostenfrage. Die neueren, der Dampfmaschine wieder angenäherten
und in großem Stil durchgeführten und propagierten Großgasmaschinen waren in
den Anschaffungskosten wesentlich billiger. Die beiden bedeutenden Firmen, die
meine Maschine in Deutschland bauten, wollten angesichts der damals nieder-
gehenden Konjunktur und einer bis an die Grenze des Verlustes gesteigerten
Konkurrenz in Großgasmaschinen, sowie namentlich angesichts des scharfen Wett-
bewerbes der mit immer größeren Betriebseinheiten auftretenden Dampfturbine
die erheblichen Kosten nicht daran wenden, die eine rationelle neuzeitliche Um-
konstruktion erforderte. Dazu kam, daß die Deutsche Kraftgas-Gesellschaft allmählich in Liquidation trat, nachdem sich herausgestellt hatte, daß ihr ursprüng-
liches Programm der General-Entreprise von Großgasmaschinen mit Dynamos
und allem elektrischen Zubehör für beide Teile ein Hemmnis und daß ein solches
reines Syndikat ohne eine eigene, seiner Größe entsprechenden Spezialfabrik nicht
länger lebensfähig war.

Endlich nahm mein Hauptamt, die alleinige Leitung einer Gesellschaft mit
einem investierten Kapital von ca. 65 Millionen Mark meine Zeit und meine Arbeits-
kraft so vollauf in Anspruch, daß ich für die bisherige, so interessante Neben-
beschäftigung keine Zeit mehr erübrigen konnte. Ich mußte mich deshalb mit
dem Gedanken trösten: „Ein jedes Ding hat seine Zeit und seine Wechsel!" (Ecker-
mann). Denn wie schnell folgen in unserer unaufhaltsam fortschreitenden Zeit
selbst ganze Maschinengattungen aufeinander, geschweige denn verschiedene
Systeme einer und derselben Gattung. Innerhalb weniger Dezennien folgten
auf die Dampfmaschinen: Gasmotoren, Luftdruckmotoren, Elektromotoren, Großgasmaschinen, Dampfturbinen und neuerdings Ölmaschinen!

Gleichwohl gab ich, wie schon früher als die Versuche mit der 180 pferdigen
Oechelhaeuser- und Junkers-Maschine abgeschlossen waren, auch jetzt, trotz
aller entgegenstehenden Hindernisse, die Weiterverfolgung des Doppelkolben-
Zweitaktsystems mit selbststeuernden Kolben nicht auf. Mit dem inzwischen an
der neuen Danziger Hochschule zum Professor ernannten A. Wagener und dem
Ingenieur Herrn C. Steinbecker kam ich auf meine alte Lieblingsidee zurück:
eine stehende Großgasmaschine auszubilden. Denn die Form der stehenden
Doppelkolben-Dampfmaschine, die ich schon aus Dinglers polytechnischem
Journal vorher erwähnte, war für mich das Vorbild dieses ganzen Konstruktions-
Typs gewesen.

Nachdem mein alter Freund Wagener als Rektor der Danziger Hochschule
am 30. Juni 1913 verschieden war — tief betrauert von mir und seinen zahlreichen
Verehrern und Freunden —, da war es Herr Ingenieur Steinbecker, dem eine
originelle konstruktive Lösung der stehenden Form des Doppelkolbenzweitakts gelang. Sie fand die ernsteste Beachtung angesehener Fabriken von Großgasmaschinen.

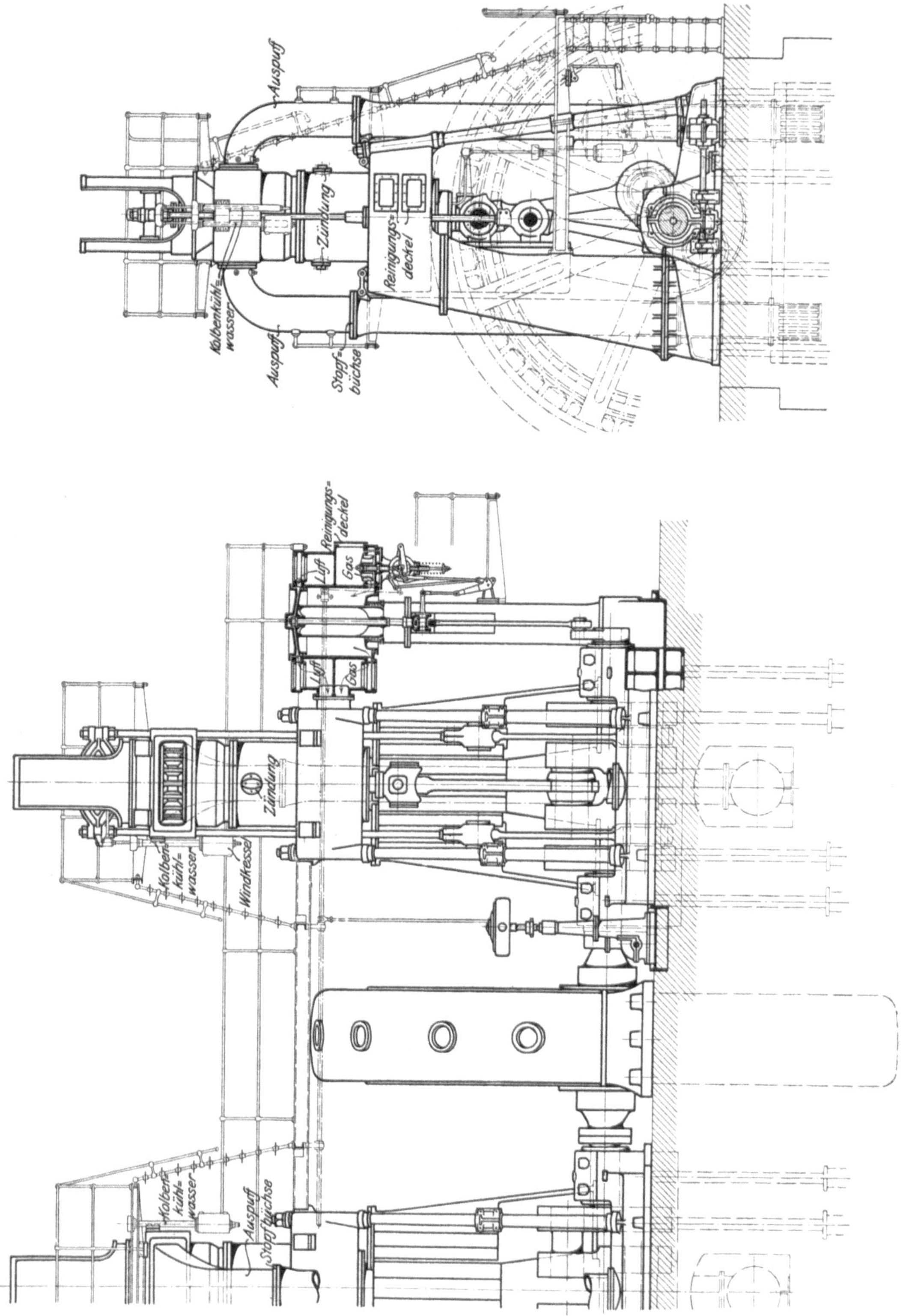

Fig. 32 und 33. Stehende Oechelhaeuser-Maschine mit Dynamo direkt gekuppelt.

Allein Dampfturbine und Ölgroßgasmaschine beherrschten damals schon zu sehr das Zukunftsbild.

In den Fig. 32, 33 und 34 ist diese 1000 pferdige einzylindrige stehende Maschine mit Drehstromdynamos und mit Gebläse dargestellt. Durch eine sinnreiche Neu-

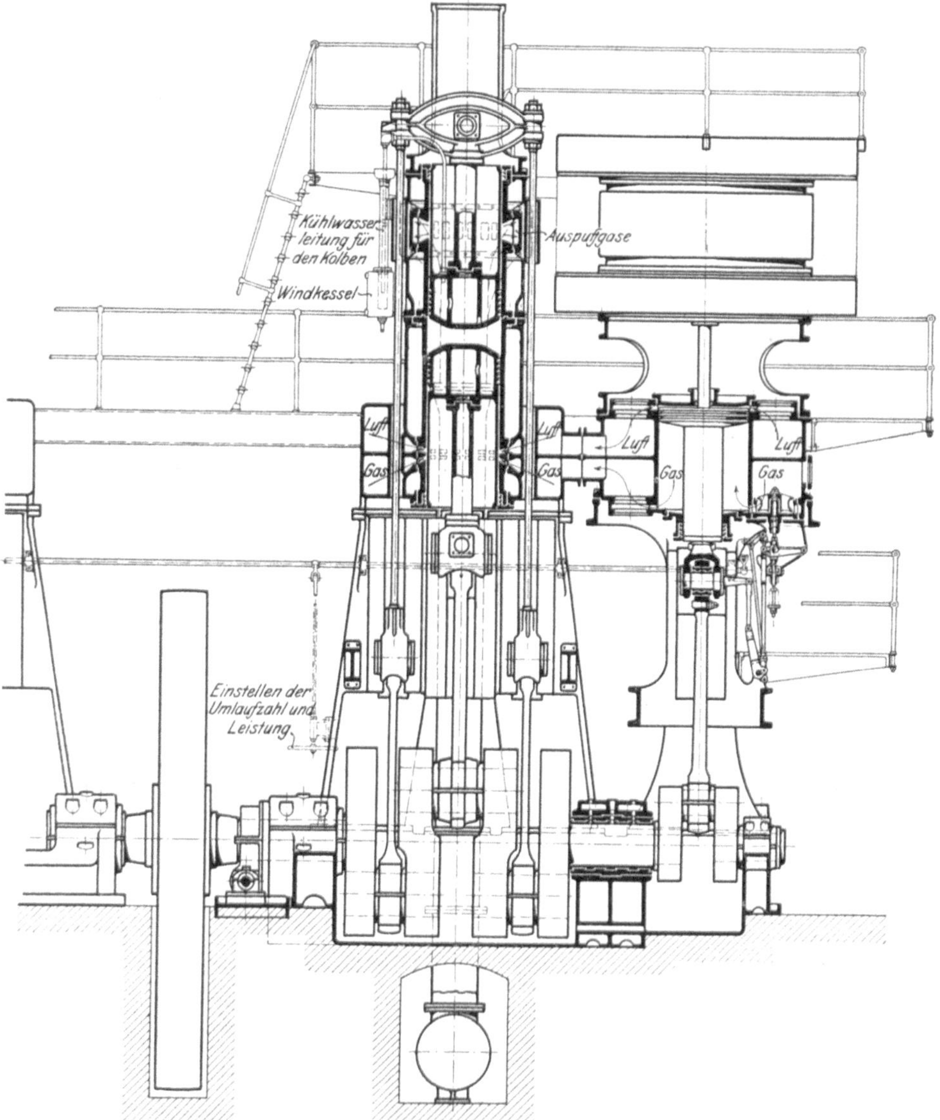

Fig. 34. Stehende Oechelhaeuser-Maschine mit Gebläse gekuppelt. Zwillingsanordnung.

konstruktion ist die Maschine im Aufbau wesentlich verkürzt und dabei doch noch die Kreuzkopfführung des unteren Arbeitskolbens beibehalten.

Vielleicht eignet sich diese stehende Form auch für Groß-Ölmaschinen!

Diese Worte hatte ich längst die Schreibmaschine passieren lassen, als mir die bis dahin noch unbekannte A. E. G.-Zeitung (die März-Nummer d. J.) zugeschickt wurde, in der ich zu meiner Freude als das Neueste auf dem Gebiet — und zwar zunächst der Klein-Ölmaschinen — eine stehende Zweitakt-Doppelkolbenmaschine mit selbststeuernden Kolben erblickte. Gerade die vielfach angegriffenen und doch so gut bewährten Konstruktionseinzelheiten der Oechelhaeuser- und Junkers-Maschine kehren hier wieder: z. B. das obere Querhaupt mit den Seitenstangen und der dreifach gekröpften Welle — ja, man hat sogar für diesen kleinen Schnellläufer mit Recht die unteren Plungerkolben wieder eingeführt.

Ein solches zweizylindriges Modell in kompendiöser Weise direkt mit einer Dynamomaschine gekuppelt entwickelt 60 bis 150 Kw. (Fig. 35).

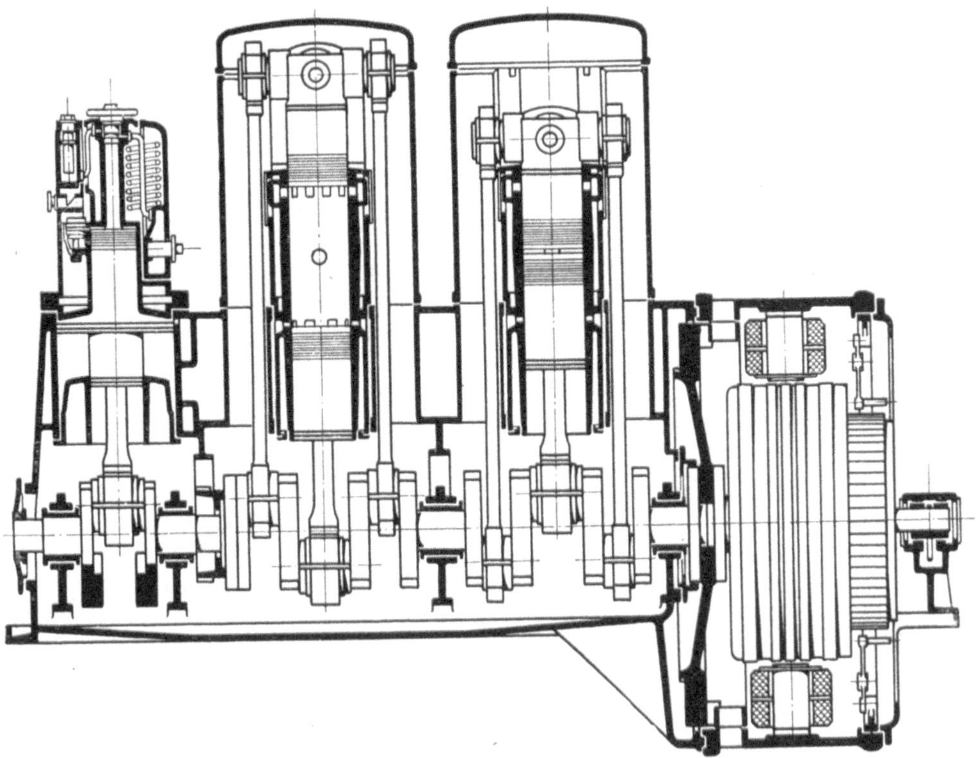

Fig. 35. Klein-Ölmaschine der A. E.-G. (Zweitakt-Doppelkolbenmaschine.)

Ich zweifle nicht daran, daß, wenn, wie der Prospekt andeutete, demnächst größere stehende Ölmaschinen von 200 Kw Größe ab erscheinen werden, sich dann alle Vorzüge der Zweitakt-Kolbenmaschine mit Schlitzkränzen in neuer Auflage erfüllen.

Die Maschine arbeitet nach dem Diesel-Verfahren, also mit Öleinspritzung im Totpunkt. Und wenn man die Diagramme bei schwacher Belastung mit ihrer fast momentan erscheinenden Einspritzung ansieht, so wird man unwillkürlich an die ersten Gaseinspritzungsversuche in meinem Verbrennungsappart vom Jahre 1887 erinnert. Auch kehrte mir dabei in das Gedächtnis zurück, daß Diesel mir vor einigen Jahren einmal sagte, er habe bei Nachsuchung seines ersten Hauptpatentes die größten Schwierigkeiten beim Patentamt dadurch gehabt, daß er seine Ansprüche gegen mein wesentlich früher angemeldetes Einspritzverfahren hätte abgrenzen müssen. Mir war davon auf offiziell patentrechtlichem Wege nichts bekannt geworden.

Und selbst das wesentliche Merkmal des Diesel-Motors: die Selbstzündung durch hohe Kompression, sie war bei meinen Versuchen mit Hugo Junkers ganz ohne unsere Absicht, zufällig zu der Zeit schon erreicht, als wir in der schon anfangs erwähnten Hochdruckgasmaschine, in unserer „Kanone", mit so hohen Kompressionen arbeiteten. Denn diese Maschine lief damals auch ohne Induktionsfunken mit Selbstzündung — durch die hohe Vorkompression — arbeitsverrichtend und ohne die geringsten Stöße oder Zerstörungen weiter. Vgl. das Diagramm Fig. 36. Das Diagramm ist vom 31. August 1891, also zwei Jahre älter als die erste Selbst-

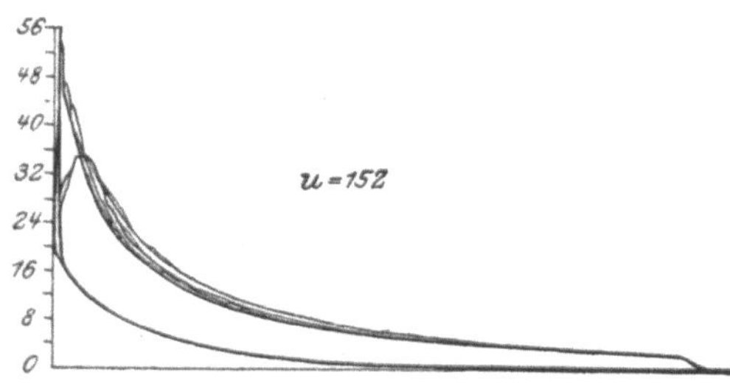

Fig. 36. Diagramm der ersten Hochdruckgasmaschine (der „Kanone").

zündung in einem Dieselmotor (10. August 1893)[1]. So nahe führte also die Praxis zwei von ganz verschiedenen theoretischen Grundlagen ausgegangene Versuche[2]. —

Wenn ich im Verlaufe dieses kleinen geschichtlichen Rückblicks meinen verdienstvollen Mitarbeitern in kurzen Worten gerecht zu werden versuchte, so darf ich schließlich einen Hauptmitarbeiter nicht vergessen, der mir von Anfang an bis zu Ende getreulich zur Seite gestanden hat: die Wissenschaft. Daß ich stets die innigste Fühlung mit ihren führenden Männern auf diesem Gebiete hielt, deutete schon meine fortlaufende Korrespondenz mit Adolf Slaby an. Spätere Korrespondenzen führte ich mit Professor Eugen Meyer, der die ersten grundlegenden Versuche an meiner Maschine mit einer kaum zu übertreffenden wissenschaftlichen Genauigkeit angestellt hat, ferner eine vielfache Korrespondenz mit Aimé Witz (Lille), Schröter, Schöttler, Güldner und anderen hervorragenden Fachleuten. Aber trotz dieser Hochschätzung und Verehrung der Wissenschaft fand ich aus meiner Erfahrung, daß Professor Slaby recht hatte, wenn er sich lediglich darauf beschränkte, die vorhandenen Gasmaschinen und ihre Theorie wissenschaftlich zu prüfen und zu vertiefen, ohne aber der Gasmaschinenindustrie selbst als Wegweiser dienen zu wollen. Denn es bleibt nun einmal die alte Erfahrung bestehen, daß die Fortschritte der meisten Industrien von einer so großen Zahl wirtschaftlicher und sonstiger konkurrierender Verhältnisse abhängen, wie sie eine rein theoretisch-wissenschaftliche Untersuchung niemals umfassend genug voraussetzen und in Rechnung ziehen kann. Andererseits aber gibt es tatsächlich nur höchst selten noch einen Fortschritt, der nicht wie bei uns in Deutschland Hand in Hand mit der Wissenschaft

---

[1]) Vgl. Rud. Diesel, „Entstehung des Diesel-Motors" S. 16.

[2]) Rudolf Diesel schrieb mir am 7. Januar 1893 auf Empfehlung von Professor Slaby und Ingenieur Venator einen interessanten Brief, indem er bei mir anfragte, ob ich geneigt wäre, behufs Verwertung seiner Patente in Unterhandlung mit ihm zu treten. Er besuchte mich bald darauf in Dessau. Glücklicherweise widerstand ich dieser Versuchung, denn ich ahnte damals schon, nach meinen eigenen Erfahrungen, die enormen Schwierigkeiten und Kosten, welche die Erfüllung dieses weit gesteckten Zieles mit sich brachte. Dafür genügten nur die Machtmittel eines Konsortiums Krupp-Augsburg-Nürnberg. Dazu kam, daß Diesel in dieser ersten Zeit die Verbrennung von Kohlenstaub in seiner Maschine noch in den Vordergrund rückte, was bei mir die größten Zweifel an der Ausführbarkeit erweckte.

gelingt, und nicht oft wird man in der Geschichte der modernen Industrie ein so erfolgreiches Zusammenarbeiten, ein solches gegenseitiges Sichdurchdringen und Befruchten von Wissenschaft und Praxis feststellen können, als in der Entwicklung des Kleingasmotors zur Großgasmaschine!

Prüfe ich schließlich Anfang und Ende meiner Bestrebungen auf diesem Gebiete, so glaube ich hier kurz zusammenfassen zu dürfen, daß, als ich mich im Sommer 1886 zu selbständigen Versuchen auf einem mir bis dahin gänzlich fremden Gebiete entschloß, damals für die elektrische Zentrale in Dessau nur 60 pferdige Zwillingsmotoren mit je 30 Pferden Arbeitsleistung in einem Zylinder als größte Maschineneinheiten zur Verfügung standen. 12 Jahre darauf lief tatsächlich meine erste Großgasmaschine in Hörde mit der zehnfachen Zahl der Pferdestärken in einem Zylinder. Nach ferneren 8 Jahren leistete die Borsigmaschine 1800 PS in einem Zylinder also die 60fache Kraft[1]). Sie hält übrigens auch heute noch damit den Rekord der Leistung in einem Gasmaschinenzylinder, soweit mir die neuere Literatur darüber bekannt geworden ist[2]). Zirka 85000 PS wurden von meinen Lizenzträgern in die Welt gesetzt, und zwar ca. 37000 davon in Deutschland und ca. 48 000 in England, Spanien, Frankreich, Italien, Österreich-Ungarn und Rußland.

Und wenn ich mit meinen Ausführungen — entgegen der sonstigen Gepflogenheit — allzu persönlich erschienen bin, so möge es meine Entschuldigung sein, daß ich zum erstenmal seit 28 Jahren das Wort in dieser eigenen Sache ergreife, abgesehen von meiner Beteiligung an einer zufälligen kurzen Diskussion auf der 45. Hauptversammlung des Vereins deutscher Ingenieure in Frankfurt a. M. im Jahre 1904. Solange meine Gasmaschine noch im Konkurrenzkampfe stand, wollte ich, wie schon eingangs angedeutet, nicht pro domo sprechen, sondern erst die nötige Distanz für eine objektive Betrachtung zu gewinnen suchen. Auch war und blieb ja für mich die Beschäftigung mit der Großgasmaschine lediglich eine solche im „Nebenamte". Meine ursprünglichen Absichten hatten, wie es sich so oft in der Welt der wirtschaftlichen Technik ereignet, auf einem ganz anderen Gebiet geendet, als ich sie angesetzt hatte. Meinem Hauptberuf, der Steinkohlen-Gasindustrie, wollte ich zu einem neuen Aufstieg im Kraftgasabsatz verhelfen, und in der Eisen- und Hüttenindustrie bin ich gelandet! Daß ich aber gerade dadurch in die Lage kam, meinem Vaterlande volkswirtschaftlich vielleicht mehr zu nützen, als durch Großgasmaschinen für die Steinkohlengasindustrie, dürfte

---

[1]) Wenn von Vertretern des doppeltwirkenden Viertakt-Systems die Behauptung aufgestellt worden ist, „daß die ersten Großgasmaschinen vor rund 14 Jahren von den bisherigen Gasmaschinenfirmen derart hergestellt wurden, daß die Abmessungen der bewährten Kleingasmaschine entsprechend vergrößert wurden, ohne Rücksicht auf die anderen Bedingungen, welche der Großgasmaschinenbau stellt", so hat die vorstehende Darstellung der Entwicklung meiner Großgasmaschine wohl zur Genüge offenkundig gemacht, daß diese Behauptung zum Mindesten auf meine Maschine nicht zutrifft. Denn die ursprünglich versuchte Benzsche Maschine wurde in Arbeitsweise und Konstruktion vollständig verlassen, und statt ihrer lediglich aus dem Zweck der Großgasmaschine heraus eine durchaus eigenartige neue Maschine entwickelt, die mit der Konstruktion keiner früheren Gasmaschine auch nur die geringste Ähnlichkeit hat, geschweige denn als eine Storchschnabel-Vergrößerung irgendeiner älteren Maschine gelten kann. Auch von der Zweitakt-Gasmaschine Körtings kann dies wahrheitsgemäß nicht behauptet werden.

[2]) In einer englischen Publikation der Firma Beardmore im Railway Journal vom 2. Juli 1904 heißt es: „For constant service the horse-power of this engine is 1500 average and 1800 maximum."

aus den sehr sorgfältigen Annahmen und Berechnungen hervorgehen, die F. W. Lür-mann schon im Jahre 1899[1]) aufgestellt hat. Hiernach wäre schon damals der Gewinn, den Deutschland bei Verwendung der Hochofengase in Gasmaschinen an Stelle ihrer Verbrennung unter Dampfkesseln erzielte, ca. 3 Mark auf die Tonne Roheisen oder ca. 21 Millionen Mark für die gesamte Roheisenproduktion des Jahres 1898 (7,4 Millionen Tonnen) gewesen. Seit jener Zeit hat sich aber die Eisenproduktion auf 19,3 Millionen Tonnen (1913) erhöht, so daß man den entsprechenden Jahresgewinn Deutschlands nach jenen früheren Voraussetzungen auf ca. 58 Millionen Mark im Jahr veranschlagen darf.

Mag nun aber dieser jährliche Gewinn für den Reichtum unserer Nation größer oder kleiner sein und mein Anteil daran nur ein Differential bedeuten, so bleibt für mich auf alle Fälle die Erinnerung an diese hier nur in flüchtigen Umrissen angedeutete lange Kette von opferfreudigen Versuchen mit ihren Hoffnungen, Enttäuschungen und Erfüllungen eine der interessantesten Episoden meines Lebens! —

Anlage 1.

Vorbemerkung zum Verständnis der Diagramme (vgl. a. S. 116, Fig. 6—12).

Das alte Verbrennungsverfahren — die Zündung nach der Mischung — ist auf den Diagrammen abgekürzt bezeichnet: „Ohne Ventil".

Das neue Verbrennungsverfahren — Zündung bei Einspritzung des Gases durch das Ventil — ist abgekürzt bezeichnet: „Mit Ventil".

Die Zündung ging bei den Versuchen in der Weise vor sich, daß bei der alten Methode die elektrische Zündung erst eingeschaltet wurde, nachdem durch das vorher stattgefundene Emporschnellen des Gasventils eine Mischung von Gas und Luft im Verbrennungsraum schon eingetreten war. Bei Anwendung von Platindraht verging dann immer einige Zeit, bis er die zum Zünden nötige Temperatur erlangt hatte. Bei Induktionsfunken trat diese Verzögerung nicht auf.

Bei der neuen Methode ließ man bei Anwendung von Platindraht diesen erst heiß werden, und spritzte dann das Gas direkt auf den glühenden Draht unter gleichzeitiger Öffnung des Indikatorhahns. Auch die Induktionsfunken konnte man schon vorher einschalten, da ja die neue Methode eine kontinuierliche Zündung ermöglichte.

Die 0 auf den Abszissen bezeichnet den Moment der Inbetriebsetzung, der Zündung und der gleichzeitigen Öffnung des Indikatorhahns. Bei der neuen Methode fiel dieser Moment mit dem der Gaseinspritzung zusammen.

Die Diagramme enthalten keine Expansion, sondern lediglich eine durch Verbrennung und Abkühlung an den ringsum festen Wandungen des Verbrennungsraumes hervorgerufene Kurve.

Bei Beurteilung der Drucksteigerung durch die Verbrennung ist zu beachten, daß die Indikatortrommel durch ein Uhrwerk mit gleichmäßiger Schnelligkeit umgedreht wurde (Fig. 4 und 5 auf S. 114), so daß, wie schon oben angedeutet, der wirkliche Vorgang der Entwicklung des Verbrennungsdruckes klarer zur Erscheinung kommt, als bei den von dem hin- und hergehenden Kolben der Maschinen bewegten Indikatoren. Bei diesen ergibt bekanntlich die Totpunktlage viel zu steile Verbrennungskurven.

Die nahe an der Abszisse übereinanderliegenden mehr oder weniger horizontalen Linien stellen je eine Trommelumdrehung dar.

Die Zahl auf dem Diagramm links oben gibt die Hubbegrenzung für das Emporschnellen des Gasventils nach einer empirischen Skala an.

Die einströmende Gasmenge ist auf dem Diagramm in ccm und daneben das Verhältnis zum Luftinhalt des Verbrennungsraumes angegeben.

Die Zahl rechts oben ist die Nummer der Diagramme.

---

[1]) Stahl u. Eisen 1899, S. 485 ff.

Bei diesem und den nachfolgenden Diagrammen bis einschl. Nr. 13 trifft das aus dem Ventil ausströmende Gas auf ein kugelförmiges Sieb, um schnell zerteilt zu werden. An das Ventil herangebogen ist der Zündungsdraht von Platin.

Fig. 1 und 2. Das Mischungsverhältnis von Gas und Luft liegt zwischen 1 : 2,6 bis 3,6.

Das obere Diagramm nach der alten Verbrennungsmethode zeigt, wie spät und langsam die Verbrennung vor sich geht, nachdem bei 0 die elektrische Zündung mittels des glühenden Platindrahtes und der Hahn zum Indikator gleichzeitig angestellt war. Die erste kleine Drucksteigerung ist lediglich diejenige, die im Verbrennungsraum durch das vorher unter Überdruck eingeströmte Gas an sich schon, ohne Zündung, hervorgerufen war. Erst nach fast einer Umdrehung der Trommel setzt die eigentliche Zündung langsam ein und erreicht 4,5 at. Das langsame Sinken der Abkühlungskurve zeigt starkes Nachbrennen der überreichen Gasmischung an.

Das untere Diagramm (Fig. 2) nach der neuen Verbrennungsmethode zeigt trotz der reichen Gasmischung ein sofortiges schnelles Aufsteigen der Verbrennungskurve, sogar mit heftigem Stoß auf die absichtlich nicht zu stark genommene empfindliche Indikatorfeder, an. Da das Gemisch an sich zu reich war, um mit einem Male ganz verpuffen zu können, so fand auch hier ein erhebliches Nachbrennen in einer langsam abfallenden Kurve statt.

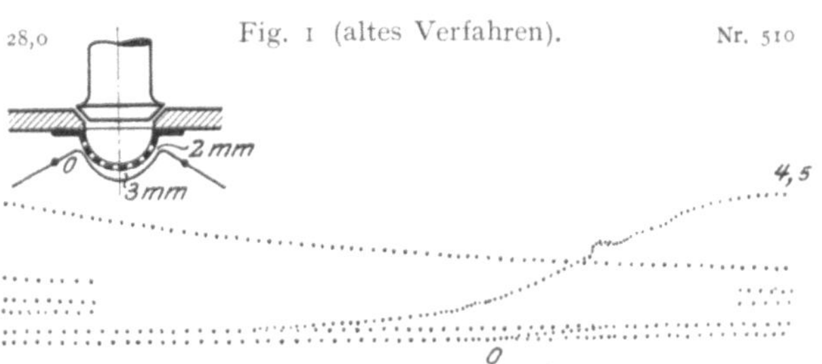

Späte Zündung, starkes Nachbrennen. Ohne Ventil.
Gasmenge = 460 ÷ 620 ccm. Gas : Luft = 1 : 3,6 ÷ 2,6.

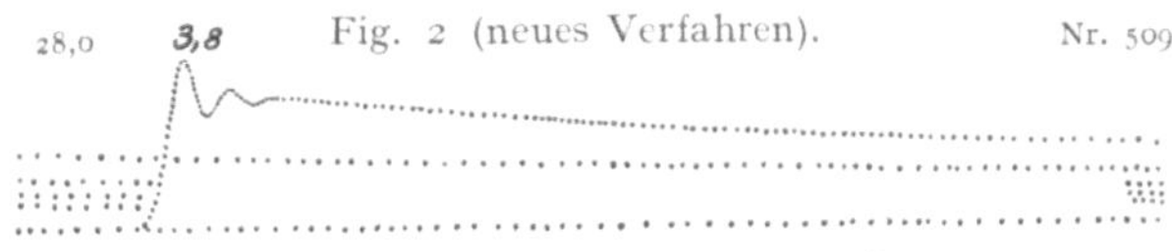

Schnelle Zündung. Mit Ventil.
Gasmenge = 460 ÷ 620 ccm. Gas : Luft = 1 : 3,6 ÷ 2,6.

Fig. 3 und 4. Einströmung wie oben, aber in dem günstigeren Mischungsverhältnis 1 : 6,6 bis 6,3. Bei dem alten Verfahren (Fig. 4) zeigt sich der hohe Verbrennungsdruck bis 7,3 at (bei schwingender Feder), doch tritt die Zündung wie bei Nr. 1 und aus denselben Gründen erst eine Zeitlang nach Einschaltung des elektrischen Stromes ein.

Bei dem neuen Verfahren (Fig. 3) beginnt sofort mit der Gaseinströmung die schnelle Zündung und Drucksteigerung. Sie erreicht indes nur die Höhe von 2,95 at. Das Nachbrennen ist infolgedessen stärker. Offenbar verhinderte das Sieb mit seinem Durchgangswiderstand ein genügend schnelles Nachströmen des Gases, während bei Diagramm 17, s. w. u., wo das Sieb fehlt, bei annähernd demselben Verhältnis von Gas zu Luft ein fast 4facher Stoßdruck nach dem neuen Verfahren erreicht wird.

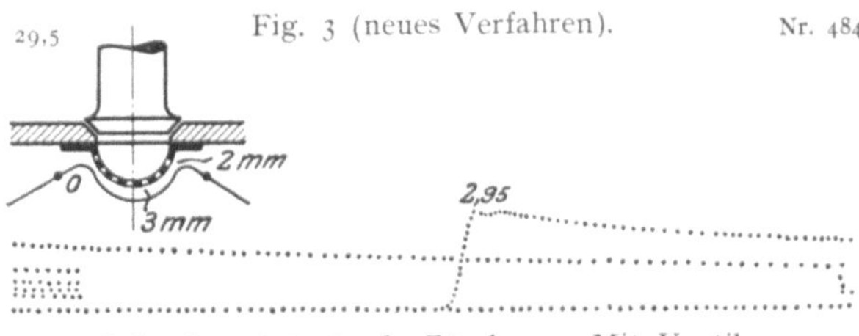

Schneller eintretende Zündung. Mit Ventil.
Gasmenge = 250 ÷ 260 ccm. Gas : Luft = 1 : 6,6 ÷ 6,3.

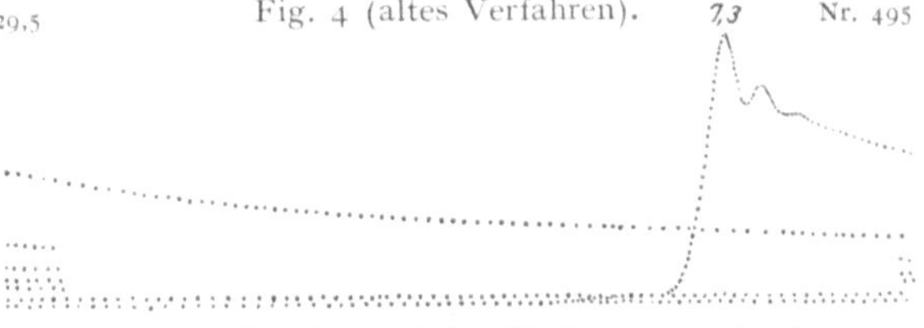

Verspätete Zündung, hoher Verbrennungsdruck.
Ohne Ventil. Gasmenge = 250 ÷ 260 ccm.
Gas : Luft = 1 : 6,6 ÷ 6,3.

Fig. 5 und 6. Beide Diagramme sind mit gleicher Zündungsart nach der neuen Methode genommen unter geringer Veränderung der eingespritzten Gasmenge durch Verstellung der Hubbegrenzung. Sie zeigen die gleichartige und gleichmäßig schnelle Entwicklung der Verbrennungskurve, die in zahlreichen Serien bei den verschiedensten Mischungen nachgewiesen werden konnte. Hieraus ergab sich, daß die mit dem neuen Verfahren beabsichtigte Regulierung des Verbrennungsdrucks durch alleinige Veränderung der einströmenden Gasmenge gute Aussichten darbot, zumal durch das neue Zündungs- und Einströmungsverfahren die Grenzen der Verbrennungsfähigkeit der Mischungen fast beliebig erweitert wurden (vgl. Diagramm 10 und 11).

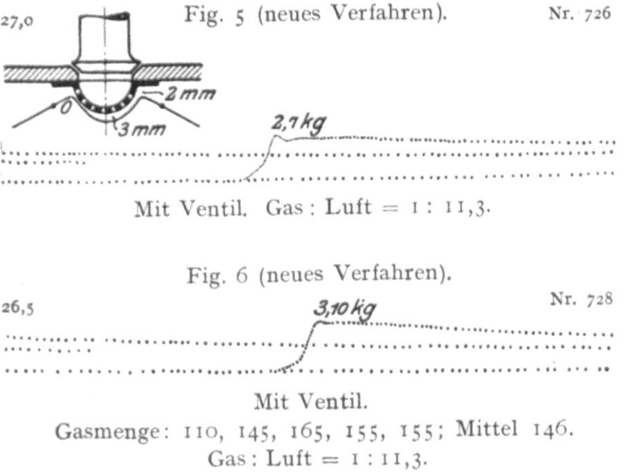

Fig. 5 (neues Verfahren).   Nr. 726

Mit Ventil. Gas : Luft = 1 : 11,3.

Fig. 6 (neues Verfahren).

Nr. 728

Mit Ventil.
Gasmenge: 110, 145, 165, 155, 155; Mittel 146.
Gas : Luft = 1 : 11,3.

Fig. 7 und 8. Das obere Diagramm (Fig. 7) zeigt, wie nach der bisherigen Zündungsart ein Gemisch von 1:11 so überaus langsam verbrannte, daß eine solche Verbrennung in der Maschine einer Fehlzündung gleichgekommen wäre, jedenfalls kein praktisch und ökonomisch verwertbares Ergebnis gehabt hätte. Deshalb konnte man anfangs die Gasmaschine nur innerhalb enger, besonders günstiger Mischungsverhältnisse und bei schwacher Belastung nur mit den mehrfach erwähnten Aussetzern regulieren.

Das untere Diagramm ergab auch bei dieser armen Mischung von 1 : 11 eine ebenso sichere und schnelle Zündung, wie bei den günstigeren Mischungen 1 : 5 oder 1 : 6. Das verhältnismäßig lange Nachbrennen in der höchsten Drucklage läßt wieder

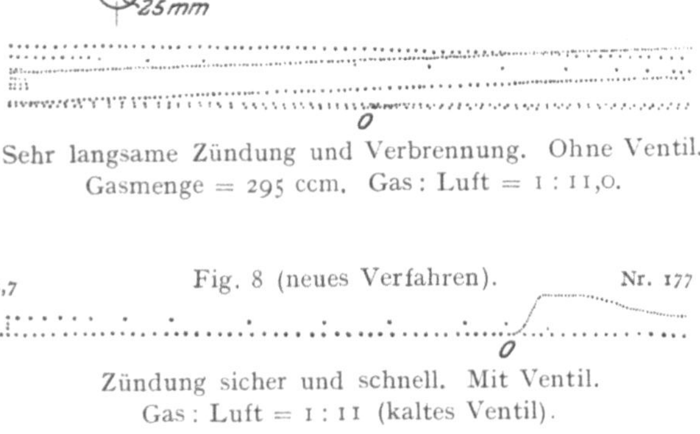

Fig. 7 (altes Verfahren).   Nr. 176

Sehr langsame Zündung und Verbrennung. Ohne Ventil.
Gasmenge = 295 ccm. Gas : Luft = 1 : 11,0.

Fig. 8 (neues Verfahren).   Nr. 177

Zündung sicher und schnell. Mit Ventil.
Gas : Luft = 1 : 11 (kaltes Ventil).

darauf schließen, daß das Nachströmen des Gases durch das feine Sieb zu sehr verzögert wurde, deshalb wurde auch kein höherer Maximaldruck erreicht.

Fig. 9. Das Diagramm zeigt nach dem neuen Verfahren eine schnell einsetzende Verbrennung bei einem nach der alten Methode überhaupt nicht mehr entzündbaren Verhältnis von Gas zu Luft, wie 1 : 18. Bei der sehr geringen Hebung des Ventils trat das relativ langsame Nachströmen des Gases durch das Verteilungssieb noch mehr in

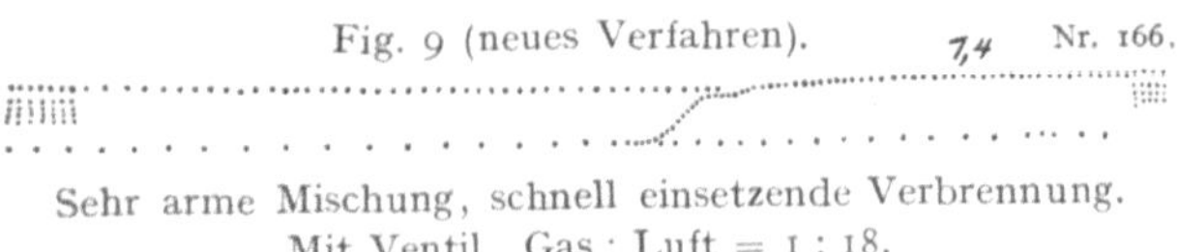

Fig. 9 (neues Verfahren).   Nr. 166.

Sehr arme Mischung, schnell einsetzende Verbrennung.
Mit Ventil. Gas : Luft = 1 : 18.

die Erscheinung, wenngleich ja die Zerteilung des Gases an sich die schnelle und sichere Verbrennung stets förderte.

Fig. 10 und 11. Die beiden Diagramme nach dem neuen Verfahren beweisen die zuverlässig schnelle Entzündbarkeit selbst so kleiner Gasmengen wie 1:37 und

1:50, die nach der alten Methode bei vorheriger Mischung überhaupt nicht zu entzünden waren. Andere Versuche erzielten selbst mit einem Mischungsverhältnis von 1:100 noch einen nachweisbaren Verbrennungsdruck von etwa $^1/_{10}$ at. In den Bleistiftkurven war dies deutlich erkennbar, jedoch durch Punktieren für eine Reproduktion nicht sichtbar zu machen.

Die nach dieser Richtung gehegte Hoffnung, beliebige Gas- und Luftverhältnisse ohne Aussetzer zu schneller Ver-

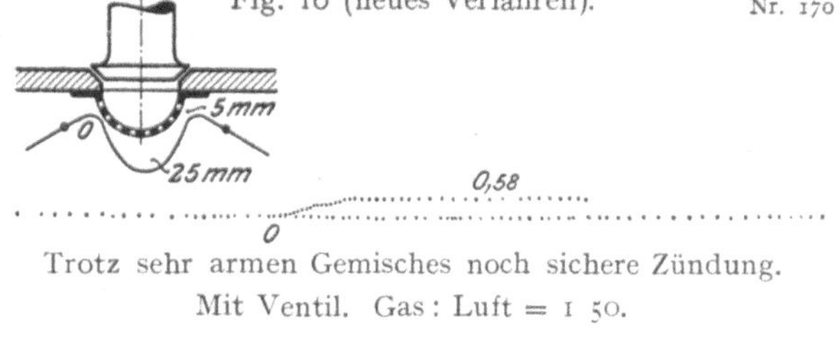
Fig. 10 (neues Verfahren). Nr. 170

Trotz sehr armen Gemisches noch sichere Zündung.
Mit Ventil. Gas : Luft = 1 50.

Fig. 11 (neues Verfahren). Nr. 175

Gasmenge = 88 ccm. Gas : Luft = 1 : 37.

brennung zu bringen, war in sehr zahlreichen Diagrammen für die Zündung in statu nascendi der Mischung in Erfüllung gegangen.

Fig. 12 und 13. Das obere Diagramm, dessen Mischungsverhältnis auf demselben nicht verzeichnet, aber nach der neuen Methode aufgenommen ist, zeigt eine Vorkompression der Luft im

Verbrennungsraum auf 1,65 at und einen Überdruck des Gases von 4 at. Hierbei wurde eine schnelle Druckentwicklung auf 9,7 at erreicht. Bei Beurteilung des relativ schnellen Ansteigens der Kurve ist wiederum darauf hinzuweisen, daß sich die Indikatortrommel mit gleichförmiger Geschwindigkeit bewegte, also die Verbrennung nicht in einem Totpunkt stattfand.

Das untere Diagramm (Fig. 13) ist dadurch interessant, daß sich das Gasventil während des Verlaufes der Kurve zweimal hob und infolgedessen von a und b aus zwei-

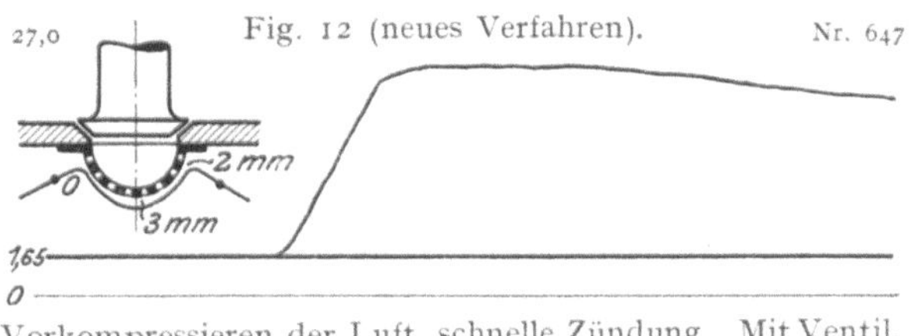
Fig. 12 (neues Verfahren). Nr. 647

Vorkompressieren der Luft, schnelle Zündung. Mit Ventil.

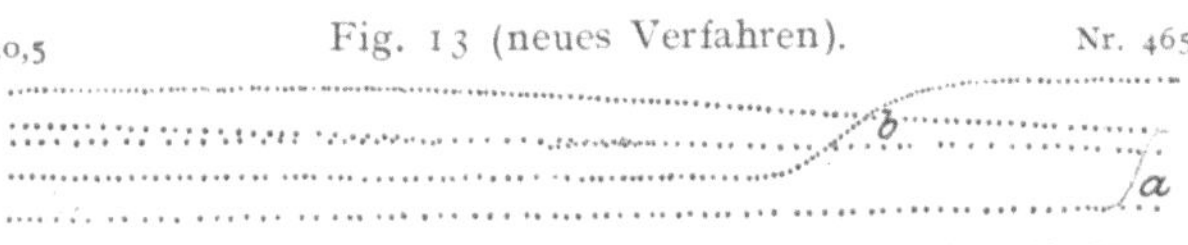
Fig. 13 (neues Verfahren). Nr. 465

Doppelte Zündung bei a und b (wahrscheinlich ging die Hubscheibe zweimal herum). Mit Ventil.

mal Zündungen und Drucksteigerungen auftraten. Diese Tatsache wurde später auch zu einer zweimaligen Gaseinspritzung während eines und desselben Arbeitshubes der umgeänderten Benzmaschine benutzt. Es sollte dadurch eine höherer mittlerer Druck hinter dem Kolben erreicht werden mit einem möglichst geringen Maximaldruck für die Konstruktionsteile. Es war indes hierbei trotz günstigerer Beanspruchung der Konstruktion keine bessere Ökonomie im Gasverbrauch nachzuweisen.

Fig. 14, 15 und 16. Statt des Siebes war eine kleine, feindurchlöcherte Rohrtülle an den Ventilsitz im Verbrennungsraum angeschraubt, um eine andere Verteilung des einströmenden Gases im Verbrennungsraum herbeizuführen. Die Zündung fand durch Induktionsfunken statt, die je nach der Entfernung und Lage dieser Tülle verschiedene Verbrennungsdrucke ergaben.

Fig. 14 (neues Verfahren). Nr. 1000

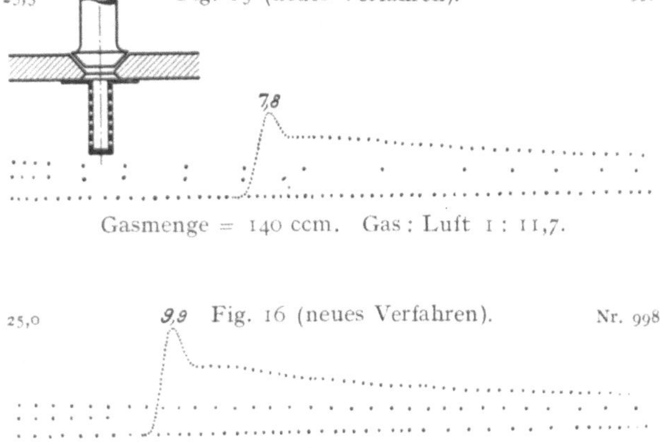

Fig. 15 (neues Verfahren).   Nr. 997

Gasmenge = 140 ccm.   Gas : Luft 1 : 11,7.

Fig. 16 (neues Verfahren).   Nr. 998

Hoher Verbrennungsdruck.
Gasmenge = 215 ccm.   Gas : Luft = 1 : 7,6.

Letztere hingen offenbar davon ab, wieweit die Gasstrahlen in den Verbrennungsraum schon eingetreten waren, bevor sie an die Zündstelle kamen. Je größer diese Gasmenge war, um so höher der Druck.

Bei untenstehenden beiden Diagrammen (**Fig. 17 und 18**) war jede Gaszerteilung durch kugel- oder röhrenförmige Siebe fortgelassen. Es ergab sich durch den Fortfall dieser Hemmungen bei der heftigen Durchwirbelung der Mischung und gleichzeitigen Zündung eine Drucksteigerung von solcher Schnelligkeit und Höhe (Stöße bis 14 at), daß sie mehr als das Doppelte des Verbrennungsdruckes nach dem alten Verfahren (von nur 6 bis 6$^1/_2$ at) erreichte. Von H. Junkers wurden später ähnliche Resultate durch Wirbelung der Gasmischung in einem anderen Apparat ebenfalls nachgewiesen.

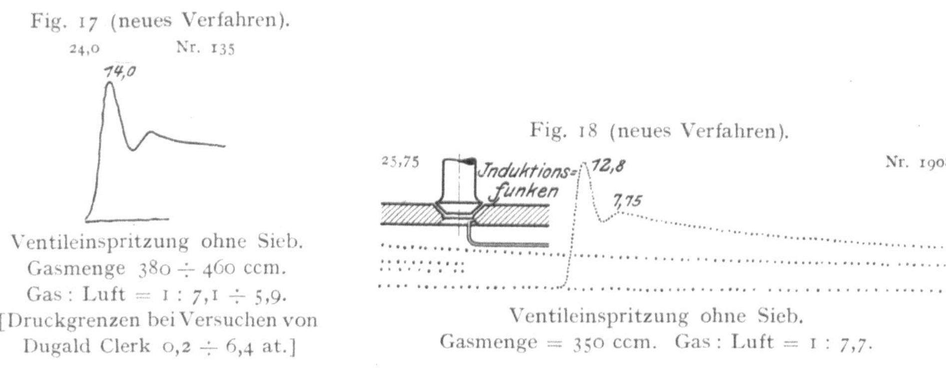

Fig. 17 (neues Verfahren).
Nr. 135

Ventileinspritzung ohne Sieb.
Gasmenge 380 ÷ 460 ccm.
Gas : Luft = 1 : 7,1 ÷ 5,9.
[Druckgrenzen bei Versuchen von Dugald Clerk 0,2 ÷ 6,4 at.]

Fig. 18 (neues Verfahren).   Nr. 1908

Ventileinspritzung ohne Sieb.
Gasmenge = 350 ccm.   Gas : Luft = 1 : 7,7.

Schlußfolgerung.

Die Diagramme Nr. 10 und 11 mit ihrer Verbrennung kleinster Gasmischungen Gas : Luft **bis 1 : 50** zeigen in Verbindung mit den sehr reichen Mischungen 1 : 2,6 und 1 : 3,6

Fig. 19.
Alte Verbrennungsart mit „Streuungslinien".

Fig. 20.
Neue Verbrennungsart.

Schematische Darstellung der Verbrennungs- bzw. Abkühlungskurven.

in Diagramm 13, daß das neue Verfahren eine **sichere** und **schnelle** Verbrennungsmöglichkeit für **jedes beliebige Verhältnis** von Gas und Luft darbot, daß ferner Verbrennungsdrucke **bis 12 und 14 at** (stoßweise) **ohne Vorkompression der Luft** erreichbar waren, während nach dem bisherigen Verbrennungsverfahren eine genügend schnelle Verbrennung von Gasmischungen nur innerhalb der Grenzen 1 : 5 und mit 1 : 12 überhaupt möglich war und nur mit 4 bis 7 at Druckentwicklung. — Die Resultate der Versuche einer Zündung in statu nascendi der Mischung hatten also in diesen Vor-Experimenten einen vollen Erfolg erzielt.

Ein schematisches Regulierungsdiagramm nach der neuen Verbrennungsart ist in Fig. 20 neben ein sogenanntes schematisches älteres Diagramm (Fig. 19) mit „Streuungskurven" (ohne Vorkompression) gesetzt.

Ich konnte später, als ich verschiedene von den Einströmungs- und Zündungsvarianten in meiner Zweitakt-Versuchsmaschine von Benz angewendet und gelegentlich den hinteren Deckel des Arbeitszylinders abgenommen hatte (Fig. 21), die Verbrennungserscheinungen in meinem dunkel gemachten Laboratorium mit bloßem Auge sehr gut verfolgen. Bei ungünstiger Einführung und Verteilung des Gases gab es nämlich schlechte Verbrennungen mit hell leuchtenden Flammen, während bei guter Verteilung die besten blaugrünen Flammen der Bunsenbrenner erschienen, die hier aber ohne die für den Bunsenbrenner charakteristische Vormischung von Gas und Luft erreicht wurden. Es ersetzte offenbar die Wirbelung in statu nascendi die stufenweise Vermischung mit Luft beim Bunsenbrenner. Der Einblick, den man durch diese Verbrennungsversuche sehr bald in die Diagramme gewann und der mir später für die Beurteilung der verschiedensten Maschinendiagramme sehr wertvoll wurde, war ein überraschend interessanter, und ich bedaure nur, daß ich Ihnen von meinen 1300 Diagrammen nur einige wenige hier vorführen kann.

Fig. 21. 4 pferd. Benz-Gasmaschine 1887.

Jene Beobachtungen bestärkten mich übrigens auch in der Erfahrung, daß die Gase sich untereinander und mit Luft viel schwerer mischen, als man wegen ihrer großen Molekulargeschwindigkeit sonst erwarten müßte. Ich habe das später noch oft beobachtet, auch in der freien Atmosphäre, und wurde immer mehr ein Anhänger der in Gasmotoren vorausgesetzten Schichtungen, wie sie Otto als Erklärung für sein Viertaktverfahren angegeben hatte.

Anlage 2.

Für die internationale Priorität der ersten Großgasmaschine kommen außer der Oechelhaeuser-Maschine wohl nur noch zwei Systeme in Frage: Zunächst der einzylindrige Simplex-Motor von 200 bis 220 effekt. (300 ind.) PS von Delamare-Debouteville, der in der Mühle von Pantin bei Paris in den 90er Jahren, also vor der Hörder Maschine in Betrieb kam.

Aimé Witz, der unzweifelhaft am genauesten darüber unterrichtete, nennt ihn in der 4. Auflage seines ausgezeichneten und objektiven Werkes „Traité des

Moteurs à Gaz" (1904) Bd. II, S. 617: „un moteur monocylindrique de 200 chevaux", und an anderer Stelle über einen Versuch: „or le travail indiqué était de 300 chevaux, ce qui correspondait à 220 chevaux effectifs". Es handelte sich also um einen 200 bis 220 PSe-Motor, über dessen Konstruktion und technischen Erfolg der genannte Autor sagt: „ces accidents (ruptures d'arbres) trop fréquents, menacèrent en effet de compromettre le succès des puissants moteurs monocylindriques: en dépit des retards à l'allumage, que nous avons signalés ci-dessus, les arbres les plus robustes et de la meilleure qualité ne résistaient pas longtemps aux efforts énormes auxquels ils étaient soumis. En réalité, nous croyons que ces accidents étaient causés par des allumages prématurés, occasionnés par des concrétions charbonneuses amenées à l'ignition dans la chambre de compression ou dans les boîtes à soupapes, qu'on avait le grand tort de ne pas refroidir suffisamment: les pistons eux-mêmes atteignaient des températures suffisantes pour produire des mises de feu intempestives.

Les premiers constructeurs de puissants moteurs ont fait sur ce point une ruineuse école, qui a conduit à des désastres ceux qui ont voulu courir trop vite: la fortune favorise souvent les audacieux, à condition qu'ils ne multiplient pas leurs coups d'audace. En procédant avec moins de hâte et plus de mesure, on aurait appris que, pour une dimension déterminée des cylindres, une réfrigération énergique des pistons et des culasees devient nécessaire et qu'il est opportun d'appauvrir les mélanges au fur et à mesure que la compression préalable devient plusforte. C'est ce que l'on fait aujourd'hui: aussi les arbres ne cassent-ils plus, alore même qu'un allumage au point mort donne un diagramme pointu, preuve d'une combustion presque instantanée.

MM. Matter et Cie. on installé en France un assez bon nombre de puissants moteurs Simplex, dont malheureusement il fallut en démonter plusieurs pour des causes diverses, quelquefois étrangères à la technique des moteurs à gaz et à l'art de la construction mécanique.

Auf S. 620 heißt es weiter: Moteur Delamare-Deboutteville et Cockerill.

La Société John Cockerill de Seraing (Belgique), travaillant en collaboration avec Delamare-Deboutteville, le créateur du Simplex, a établi, en 1897, un moteur à gaz de haut fourneau de grande puissance, monocylindrique, de 800 millimètres de diamètre et 1 mètre de course, qui développait aisément 200 chevaux effectifs par 105 tours à la minute. C'était une copie perfectionnée du moteur de Pantin."

Jener erste in Frankreich (Rouen) erbaute 200 PS-Motor kann hiernach als eine betriebsfähige Maschine nach diesem einwandfreien Zeugnis eines dem Erfinder sonst weiteste Gerechtigkeit widerfahren lassenden französischen Schriftstellers nicht in Betracht kommen. Erst nachdem dieses Maschinensystem in Verbindung mit der Firma John Cockerill in Seraing neu konstruiert und ihr Zylinderdurchmesser von 870 auf 800 mm reduziert war, erschien es im April 1898 wieder in einer Maschine von **200** effekt. PS und betrieb mittels Riemen eine Dynamomaschine.

Daß letzteres keine Maschineneinheit für einen Großbetrieb war, dürfte einleuchten. 4 Wochen später schon kam meine erste Zwillingsmaschine mit **600** effekt. PS auf dem Hörder Hüttenwerk, und zwar gleich mit Wechselstrom-Parallelschaltung in Betrieb. —

Außer jener 200 pferdigen Maschine spielt noch häufig die sogenannte 1000 pferdige Maschine der Société John Cockerill (Seraing) von der Pariser Weltausstellung von 1900 eine Rolle, und zwar bezeichnenderweise mit Festhaltung dieser rein nominellen 1000 PS Maschinengröße nur in der deutschen Literatur, nicht in der französischen. Noch in einer der neuesten Auflagen (1914) eines anerkannt vortrefflichen deutschen Werkes über Verbrennungsmaschinen heißt es: „Die 1900 in Paris ausgestellte und dem Simplexmotor in weiten Kreisen zu einem Ruf verhelfende „700 bis 1000pferdige" Gichtgasmaschine usw. ist in engster Verbindung mit Delamare-Deboutteville mit der Gesellschaft Cockerill in Seraing entstanden. Bezug genommen ist hierbei auf eine Textfigur, welche die Unterschrift trägt: Erster 1000-PS-Simplexmotor (80 Umdrehungen). Erbaut von der Gesellschaft John Cockerill in Seraing.

Auf dem noch in meinem Besitz befindlichen Pariser Ausstellungsprospekt der Firma John Cockerill heißt es aber auf der ersten Seite:

„Cette machine peut developper

  1000 chevaux au Gaz de Ville,

   800 chevaux au Gaz Pauvre,

   700 chevaux au Gaz de Hauts-Fourneaux.

Da die Maschine nach allen bisherigen Nachrichten niemals mit Leuchtgas (Gaz de Ville) betrieben worden ist und nach dem Urteil aller Sachverständigen auch niemals mit Leuchtgas hätte arbeiten können, so sind die gänzlich hypothetischen („peut" developper) 1000 PS weder als indizierte noch als effektive jemals geleistet worden. Auch die 700 PS für Hochofengase berechneten erwiesen sich tatsächlich nur als 600 effektive, denn auf der zweiten Seite des Prospektes heißt es:

  „Le premier moteur de 600 chevaux à cylindre unique de beaucoup le plus puissant qui ait été construit jusqu'à ce jour, fut mis en route le 20 novembre 1899 . . . . . .

  C'est de ce même type qu'est le moteur installé à l'Exposition Universelle de Paris 1900 par la Société Cockerill."

Die Bremsleistung der Pariser Maschine wurde Anfang 1900 mit 575 effekt. PS festgestellt[1]).

So reduziert sich also die noch in der neuesten deutschen Fach-Literatur legendäre 1000pferdige Simplexmaschine auf eine effektiv 575 pferdige Maschine in einem Zylinder: eine sicherlich sehr respektable Leistung, allein immerhin erst $1^1/_4$ Jahre nach der effekt. 600pferdigen Oechelhaeuser-Zwillingsmaschine in Hörde, die niemals auf einem Probierstand gelaufen war, sondern von vornherein die schwierigen Bedingungen eines Wechselstrom-Parallelbetriebes in einem fremden Großbetriebe erfüllen mußte und bereits alle Merkmale einer Großgasmaschine aufwies. Daß man $1^1/_4$ Jahre später eine noch größere Leistung in einem Zylinder in Seraing erzielte, ändert nichts an der deutschen Priorität der Großgasmaschine überhaupt. Die bedeutenden Verdienste des französischen Konstrukteurs Delamare-Deboutteville und der mit ihm verbundenen Société John Cockerill in Seraing, insbesondere ihre gleich in großem Stil betriebene Fabrikation und Agitation sind von mir im übrigen jeder Zeit mit Freude anerkannt worden; sie verdienen in jeder historischen Übersicht stets besonders hervorgehoben zu werden. Sollen wir Deutsche aber die gerechte Anerkennung des Auslandes immer noch bis zur Ungerechtigkeit gegen uns selbst übertreiben?

---

[1]) Güldner, Verbrennungskraftmaschine 1914, S. 661.

Die Lokomotiven der vormaligen Braunschweigischen Eisenbahn, unter Mitberücksichtigung gleichartiger Lokomotiven bei anderen Bahnverwaltungen.

Von

W. Nolte, Hannover.

Das Herzogtum Braunschweig war der erste deutsche Staat, der den Bau von Eisenbahnen auf eigene Rechnung in Angriff genommen hat. Eine hochentwickelte Landwirtschaft (es sei besonders auf das frühzeitige Entstehen der Rübenzucker-Industrie hingewiesen), das Vorkommen von Bodenschätzen (Braunkohle, Erze usw.), sowie auch der Holzreichtum in den ausgedehnten Waldungen des großenteils zum Herzogtum gehörenden Harzgebirges ließen in dem weitblickenden August von Amsberg schon 1824 den Plan für den Bau von Eisenbahnen reifen[1]). Zudem besaß auch die Hauptstadt des Landes — die alte ehrwürdige Hansastadt Braunschweig — seit alters her weit ausgedehnte Handelsbeziehungen.

So wurde denn bereits am 1. Dezember 1838 die rund 12 km lange Strecke von Braunschweig nach Wolfenbüttel, als erste Staatseisenbahn in Deutschland, in Betrieb genommen. Diese Bahn war eine Teilstrecke der im Bau befindlichen Eisenbahn von der Landeshauptstadt nach dem am Rande des Harzgebirges reizend gelegenen Ausflugs- und Kurorte Harzburg. Die Inbetriebnahme der ganzen Strecke erfolgte im Herbst 1841. Im Jahre 1843 wurde dann die Eisenbahn Wolfenbüttel—Oschersleben—Magdeburg fertiggestellt, wodurch eine Schienenverbindung über die bald darauf vollendete Strecke Berlin—Potsdam—Magdeburg mit der heutigen Reichshauptstadt geschaffen war. Durch die im folgenden Jahre stattfindende Eröffnung der Eisenbahnstrecke Braunschweig—Hannover wurde die Verbindung mit Rheinland-Westfalen, sowie bald auch mit den Hafenplätzen Hamburg und Bremen hergestellt.

Somit wurde die Braunschweigische Eisenbahn ein wichtiges Verbindungsglied für den sich lebhaft entwickelnden Verkehr zwischen dem nördlichen Ost- und Westdeutschland[2]).

Zur Beförderung der immer zahlreicher werdenden Personen- und Güterzüge hat die braunschweigische Eisenbahn einen Lokomotivpark besessen, der sich mit der Zeit ebenso durch hervorragende Leistungsfähigkeit wie auch durch schmuckes Aussehen der Lokomotiven vorteilhaft auszeichnete. (Mit wenigen Ausnahmen

---

[1]) Vgl. von Mühlenfels, Die Entstehungsgeschichte der ersten deutschen Staatsbahn. Archiv f. Eisenbahnwesen 1889.

[2]) Über den weiteren Ausbau der Braunschweigischen Eisenbahn vgl. von Röll, Enzyklopädie des Eisenbahnwesens, 2. Aufl., Bd. 3.

hatten die Lokomotiven durchweg blanke Messingblechbekleidung am Dampfdom, an den Zylindern, an der Übergangsstelle vom Langkessel zum Hinterkessel usw. Auch auf die saubere Instandhaltung des äußeren Anstriches wurde große Sorgfalt verwendet.) Da die Bahn auch bei der Wahl der Bauarten der Lokomotiven vielfach ihre eigenen Wege gegangen ist, liefert ein Überblick hierüber einen wertvollen Beitrag zur deutschen Lokomotivgeschichte.

Bei der frühzeitigen Eröffnung von Eisenbahnstrecken in Braunschweig war in Deutschland die heute zu so hoher Blüte gelangte Lokomotivbau-Industrie noch wenig entwickelt, und gleich verschiedenen anderen deutschen Bahnen bezog auch die Braunschweigische Eisenbahn die ersten Lokomotiven aus England, wo zu jener Zeit bereits eine Anzahl von Firmen Lokomotiven bauten. Später hat die Bahn Lokomotiven in dem Braunschweigischen Eisenhüttenwerke in Zorge am Harz bauen lassen. Hier wurden auch meistens die Tender zu den aus England bezogenen Lokomotiven hergestellt[1].

Vom Jahre 1848 an sind dann die sämtlichen Lokomotiven der Braunschweigischen Eisenbahn in der Fabrik von Georg Egestorff in Hannover-Linden, die von 1868 bis 1870 im Besitz von Dr. Strousberg war und seit Ende 1870 Hannoversche Maschinenbau-Aktiengesellschaft heißt, gebaut worden. Insgesamt hat dieses Werk die stattliche Anzahl von 158 Lokomotiven an die Braunschweigische Eisenbahn geliefert. Nur die zuletzt für die inzwischen verstaatlichte Bahn angelieferten 5 Stück 1 B[2], Normal-Personenzuglokomotiven wurden in der Lokomotivfabrik von Henschel & Sohn in Cassel gebaut.

Als erste Lokomotiven wurden auf der Braunschweigischen Eisenbahn im Jahre 1838 die beiden, aus der Fabrik von G. Forrester & Comp. in Liverpool stammenden 1 A 1-Lokomotiven „Advance" und „Swift" in Dienst gestellt. Sie hatten außerhalb der Räder liegenden Rahmen und aufgesteckte Antriebskurbeln. Diese Anordnung wurde bekanntlich später von Hall aufgenommen und hat unter der Bezeichnung „Hallsche Kurbeln" große Verbreitung, besonders in Österreich, gefunden.

Von diesen ersten beiden Lokomotiven der braunschweigischen Eisenbahn sind Zeichnungen nicht mehr aufzufinden gewesen, es ist deshalb Fig. 1 nach einer Handskizze des Herrn Geh. Baurat Kelbe in Braunschweig angefertigt. Sie mag als Anhalt auch für die übrigen von dieser Fabrik bezogenen Lokomotiven gelten. In der ersten Ausführung werden die Lokomotiven „Advance" und „Swift" senkrechte Gabelsteuerung mit Umkehrhebel besessen haben, wie sie derzeit von Forrester ausgeführt wurde. Als dann später die Howe[3] - Stephenson - Schwingensteuerung dafür angebracht wurde, war es nötig, die Umkehrwelle, durch die die Bewegung der

---

[1] In Zorge sind auch für andere Bahnverwaltungen Lokomotiven und Tender gebaut worden, so u. a. für die damalige Hannoversche Staatsbahn. Der Bau von größeren Lokomotiven für Hauptbahnen wurde jedoch wieder aufgegeben, offenbar weil das Fortschaffen der Lokomotiven und das Herbeischaffen der Bauteile auf den bergigen Landstraßen zu umständlich war. Eine kleine Lokomotive des Werkes mit stehendem Kessel, für Anschluß- oder Werksgleise, war 1873 auf der Wiener Weltausstellung ausgestellt.

[2] Nach der jetzt in Deutschland und auch in Österreich allgemein eingeführten abgekürzten Bezeichnung für die Achsenstellung der Lokomotiven werden durch Zahlen immer die Laufachsen und durch Buchstaben die Treib- und Kuppelachsen gekennzeichnet.

[3] Nach einem Vermerk in Heusinger und Clauß, „Abbildung und Beschreibung der Lokomotiv-Maschine", Wiesbaden 1858, S. 29 des geschichtlichen Anhanges, soll diese Steuerung von Howe erfunden, von Stephenson aber im Jahre 1842 zuerst angewendet worden sein.

Exzenterstangen nach den Schiebern von innen nach außen übertragen wurde, nach unten zu verlegen. Die damit verbundene Anordnung von innenliegender Steuerung und außenliegenden Schieberkästen war früher in Nordamerika allgemein eingeführt. Erst in neuerer Zeit wurde diese mit Mängeln behaftete Einrichtung auch dort, durch Einführung der außenliegenden Wallschaerts-Heusinger-Steuerung, verdrängt. Auch die 2 B-Schnellzug- und Personenzuglokomotiven (sog. Erfurter Bauart) der preußischen Staatsbahnen haben eine solche Bewegungsübertragung in der Allan-Steuerung. Der Umsteuerhebel befand sich bei den Forrester-Lokomotiven nach der in England üblichen Anordnung auf der linken Maschinenseite.

Ein schützendes Dach über dem Führerstande hatten die bis zum Anfang der 60er Jahre in Dienst gestellten Lokomotiven noch nicht, so daß Führer und Heizer dem heftigen Luftzuge und allen Unbilden des Wetters ausgesetzt waren.

Fig. 1. Forrester 1834, Liverpool—Manchester-Bahn.

Im Jahre 1840 wurde von G. Forrester & Comp. in Liverpool wiederum eine 1 A 1-Lokomotive der beschriebenen Bauart mit dem Namen „Dart" bezogen. Jedoch war sie bereits um mehr als 3 t schwerer als die beiden ersten Lokomotiven, hatte Zylinder von 330 mm und Treibräder von 1525 mm Durchmesser, sowie einen Kessel von größerer Heizfläche.

Als letzte dieser Bauart und aus derselben Fabrik stammend wurden 1843 dann noch die beiden Lokomotiven „Blankenburg" und „Magdeburg" in Dienst gestellt. Sie waren etwas leichter als die „Dart" und hatten Treibräder von 1678 mm Durchmesser. Die Kessel hatten im runden Teil eine Länge von 2388 mm und eine lichte Weite von 940 mm. Der Langkessel war aus 10 mm starken Platten in der Längsrichtung (Walzrichtung) zusammengenietet, und es ist anzunehmen, daß diese gegen die Regeln der Festigkeitslehre verstoßende Bauweise auch bei den übrigen Forrester-Lokomotiven angewendet war.

Diese beiden Lokomotiven waren zu einem recht niedrigen Preise in England angekauft; es ist daher zu vermuten, daß sie dort schon in Benutzung gewesen sind, und zwar, da ihre Kessel bei der Übernahme sehr tief lagen und in Braunschweig höher gebracht wurden, wahrscheinlich als Tenderlokomotiven. Nach den Angaben von Geh. Baurat K e l b e in Braunschweig hatten diese Lokomotiven noch einen kurzen Hilfsrahmen, der weiter nach außen lag, bis hinter den Kurbelkreis reichte und zur Aufnahme der Gleitbahnen diente. Die anderen F o r r e s t e r - Lokomotiven sollen ähnlich gebaut gewesen sein.

Die erste Lokomotive „Advance“ ist bald aus. dem Betriebe zurückgezogen, „Swift“ und „Dart“ sind zu Anfang der 60er Jahre des vorigen Jahrhunderts ausgemustert worden. Die Lokomotive „Magdeburg“ fand am 5. Oktober 1866 infolge der bei Vienenburg erfolgten Explosion ihres Kessels ein plötzliches Ende[1]). Am längsten verblieb die Lokomotive „Blankenburg“ im Dienste (bis Ende der 70er Jahre), nachdem sie in den 60er Jahren noch einen neuen Kessel erhalten hatte. Den gesteigerten Anforderungen des Betriebs konnte sie jedoch nicht mehr genügen, so daß ihr Verwendungsgebiet sich auf Aushilfsleistungen beschränken mußte.

Diese fünf Lokomotiven von F o r r e s t e r waren die e r s t e n L o k o m o t i v e n i n D e u t s c h l a n d m i t A u ß e n r a h m e n u n d a u f g e s t e c k t e n A n t r i e b s k u r b e l n, sowie die einzigen, die seitens dieser Fabrik in Deutschland eingeführt wurden. Die Firma G. F o r r e s t e r & C o m p. in Liverpool hat mit dieser von ihr allein derzeit aufgenommenen Bauart ein größeres Absatzgebiet nicht zu erreichen vermocht. Auch in England ist diese Bauart nur vereinzelt angewendet worden.

Zu Ende der 30er Jahre des vorigen Jahrhunderts wurden durch die Fabrik von N o r r i s in Philadelphia Lokomotiven nach deren besonderer Ausführungsform bereits in Europa eingeführt, während bis dahin mehrfach noch Lokomotiven von England nach Nordamerika geliefert worden waren.

Eine 2 A-Lokomotive, mit dem Namen „Baltimore“, wie sie N o r r i s zu jener Zeit baute, wurde im Jahre 1839 auch durch die Braunschweigische Eisenbahn aus Nordamerika bezogen. In Fig. 2 ist eine 2 A - N o r r i s - Lokomotive der vorm. Berlin—Potsdam—Magdeburger Eisenbahn nach Glasers Annalen, Bd. 74, Heft 7, dargestellt, die, aus gleichem Lieferjahr stammend, sich von der „Baltimore“ kaum unterschieden haben wird. Als besondere Eigentümlichkeiten dieser Bauart seien hier hervorgehoben: die hinten, dicht vor der Feuerbüchse gelagerte Treibachse, die Vereinigung der beiden vorn befindlichen Laufachsen zu einem Drehgestell, sowie die Anwendung des für die amerikanischen Lokomotiven noch heute typischen Barrenrahmens. An den zu jener Zeit von N o r r i s gebauten Maschinen zeigten sich außerdem noch folgende Abweichungen gegenüber den in Europa hergestellten Lokomotiven: die Feuerbüchse war nicht aus Kupfer-, sondern aus Eisenblech angefertigt (und daher einer schnelleren Abnutzung unterworfen), dagegen bestanden die Heizrohre aus Kupfer, in der Mitte des Langkessels befand sich zur (unnötigen) Abstützung der Heizrohre eine dritte eiserne Rohrwand, die zwischen den Röhren mit Öffnungen für den Wasserumlauf versehen war, sämtliche Radsterne waren gegossen, unter Verwendung eines weniger spröden Gußeisens (durch Beimischung von Schweißeisen). Derartige Lokomotiven von N o r r i s hatten zu jener Zeit eine weitere Verbreitung in Deutschland gefunden. Mit teilweise etwas größeren Zylindern waren davon u. a. vorhanden bei der Berlin—Frankfurter (a. Oder) Eisen-

---

[1]) Vgl. Organ für die Fortschritte des Eisenbahnwesens 1867.

bahn 15 Stück — hier war damals anfänglich diese Bauart allein vertreten —,
während die Berlin—Stettiner, Berlin—Potsdam—Magdeburger, Oldenburger und
Hessische Nordbahn je 2 Stück davon hatten.

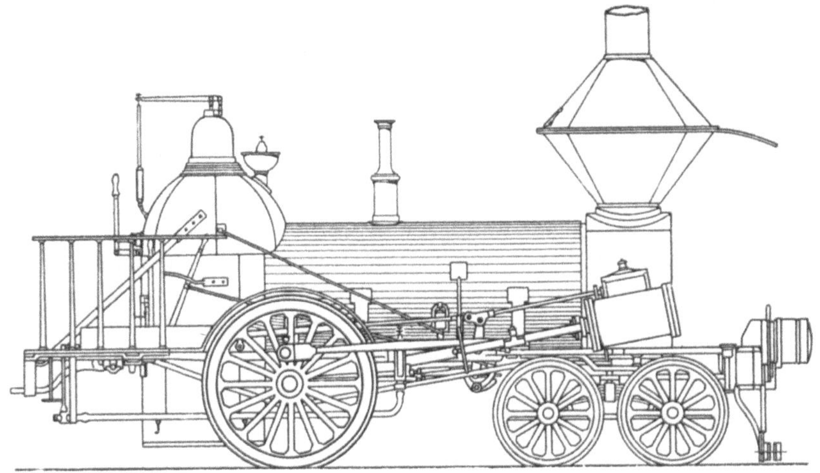

Fig. 2. Norris 1839, Berlin—Potsdam—Magdeburger Eisenbahn.

Bereits im Jahre 1843 hat die Braunschweigische Eisenbahn den für damalige
Zeit sehr beachtenswerten Schritt unternommen, in ihrer eigenen Ausbesserungs-
werkstatt zu Braunschweig eine Lokomotive bauen zu lassen, die den Namen „Braun-

Fig. 3. 2 t-Lokomotive „Braunschweig", gebaut 1843 in Braunschweig.
(Nach einer Handskizze von Baurat Kelbe, Braunschweig.)

schweig" erhielt. (Fig. 3.) Für die Gesamtanordnung war zwar die Bauart nach
Norris zugrunde gelegt, in den Einzelausführungen besaß sie von dieser jedoch so
wesentliche Unterschiede, daß sie eine völlig selbständige Schöpfung und einen
nicht unerheblichen Fortschritt auf dem Gebiete des Lokomotivbaues darstellte.

An Stelle des noch wenig dauerhaften Barrenrahmens von Norris war ein durchgehender, kräftiger Plattenrahmen angewendet. Da an diesem Plattenrahmen auch die Zylinder befestigt waren — nicht, wie bei Norris, an der Rauchkammer —, so mußte er höher hinauf geführt werden, woraus sich auch eine höhere Lagerung des Kessels ergab. Das ergab noch den Vorteil, daß die Tenderkupplung in die Höhenlage der Kupplungen der fortzubewegenden Fahrzeuge zu liegen kam. Die zuvor beschriebenen Abweichungen bezüglich der verwendeten Baustoffe, einer dritten Rohrwand usw. bei der Norris-Lokomotive gelangten hier nicht zur An-

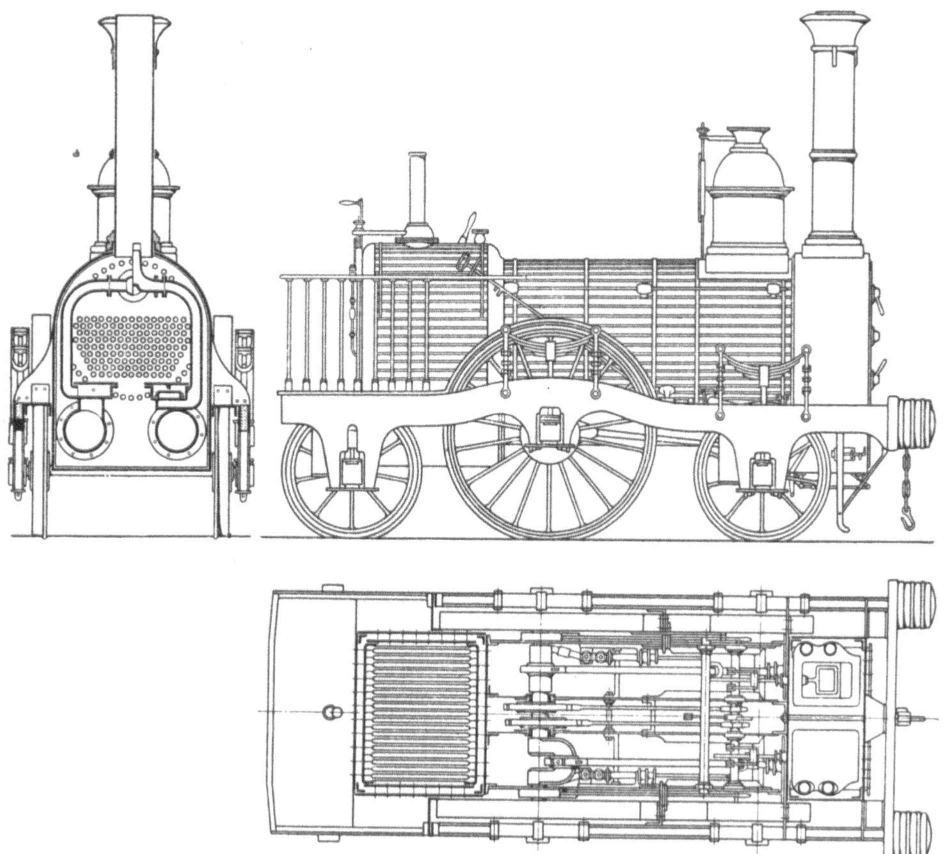

Fig. 4 bis 6. 1 A 1-Lokomotive von Sharp, Roberts & Comp., Manchester.

wendung. Wohl aber wurde die Bauart der Steuerung von der Norris-Lokomotive[1] übernommen. Später ist die letztere indessen durch Howe-Stephenson-Steuerung ersetzt worden. Als Beweis für die sorgfältige Ausführung dieser Lokomotive mag die Tatsache dienen, daß sie bis zum Anfang der 70er Jahre des vorigen Jahrhunderts im Dienste verblieben ist, während die amerikanische Lokomotive „Baltimore" bereits Mitte der 50er Jahre verschwunden war. In den Hauptabmessungen stimmten beide Lokomotiven überein, nur war das Gewicht bei der „Braunschweig" etwas größer. Die Tender für beide Lokomotiven waren in Zorge am Harz gebaut.

---

[1] Eine Beschreibung dieser Steuerung befindet sich in Heusinger und Clauß, a. a. O. S. 23.

Die Fabrik von Sharp, Roberts & Comp. in Manchester baute damals besonders 1 A 1 - Lokomotiven mit innenliegenden Zylindern, und es ist auch eine stattliche Anzahl davon nach Deutschland gelangt. Auch die Braunschweigische Eisenbahn hat im Jahre 1842 eine solche Lokomotive mit dem Namen „Manchester" von dieser Firma bezogen. (Fig. 4 bis 6.) Bei dieser Lokomotive mochte besonders die sehr geschützte Lage der Zylinder nebst Schieberkästen, in der Rauchkammer, empfehlend wirken, da hierdurch eine vorteilhafte Trocknung des Dampfes erzielt wurde. Als Nachteil, der allerdings nicht gleich hervortrat, stand dem aber eine schnellere Abnutzung der Zylinderkörper mit Zubehör gegenüber. Der nicht zu verkennende Vorteil, den diese Anordnung fürs erste bieten mußte, gab wohl die Veranlassung dazu, daß auch in dem braunschweigischen Eisenhüttenwerke in Zorge am Harz Lokomotiven der gleichen Bauart hergestellt wurden. Noch in demselben Jahre lieferte dieses Werk seine beiden ersten Lokomotiven, die den Namen „Zorge" und „Hackelberg" führten und der „Manchester" in allen Teilen glichen, an die Braunschweigische Eisenbahn ab. Im folgenden Jahre 1843 wurde in Zorge noch eine dritte derartige Lokomotive mit dem Namen „Harzburg" gebaut. Bei dieser Bauart von Sharp, Roberts & Comp. war erstmalig ein Doppelrahmen mit vierfacher Lagerung der gekröpften Treibachse angewendet. Wie aus der Grundrißzeichnung (Fig. 4 bis 6) ersichtlich ist, wurde der Innenrahmen aus vier Platten gebildet, die von der Feuerbüchse bis zur Rauchkammer reichten. Die inneren Platten, in denen die Treibachse nahe ihrer Mitte ohne Abfederung gelagert war, hatten 252 mm Abstand, die beiden äußeren Platten waren davon jederseits 454 mm entfernt angeordnet. Der Außenrahmen bestand aus Eichenholz, das mit Eisenblech beschlagen war. Der Steuerungshändel befand sich auf der linken Maschinenseite. Die Lokomotive „Manchester" wurde wegen starker Abnutzung der Zylinder durch Rostbildung im Jahre 1862 aus dem Dienste zurückgezogen und die drei in Zorge gebauten Lokomotiven aus gleichen Gründen bald nachher.

Diese Bauart hat, teilweise mit geringfügigen Abweichungen, in Deutschland zu jener Zeit eine größere Verbreitung gefunden[1]).

Die Teilstrecke Vienenburg—Harzburg der Braunschweigischen Eisenbahn war die erste Eisenbahnlinie in Deutschland, auf der stärkere Steigungen bis 1 zu 46 vorkamen. Eine Darstellung des ursprünglichen Neigungsverhältnisses dieser Bahn-

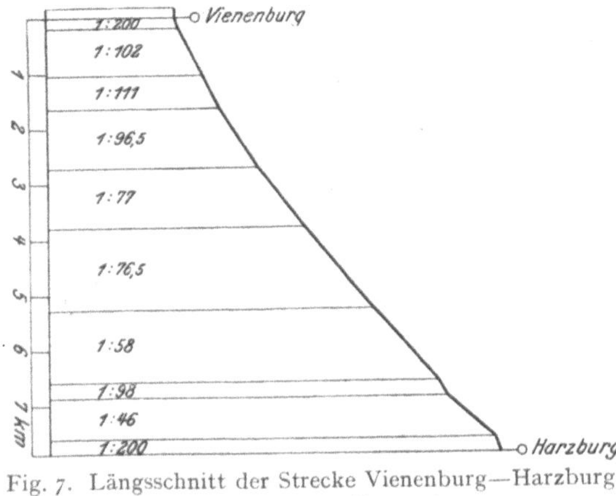

Fig. 7. Längsschnitt der Strecke Vienenburg—Harzburg (ursprünglicher Zustand).

---

¹) U. a. besaß die Hannoversche Staatsbahn 7 Stück, wovon die Betriebsnummern 1 bis 4 aus England und Nr. 7, 10 und 11, von Zorge stammten, die Magdeburg—Halberstädter Eisenbahn 3 Stück, davon 1 Stück in Buckau gebaut, die Magdeburg—Leipziger Eisenbahn 20 Stück, davon 2 Stück in Buckau gebaut, die Berlin—Stettiner Eisenbahn 4 Stück, die Oberschlesische Eisenbahn 6 Stück, die Breslau—Freiburger Eisenbahn 4 Stück, die Taunus-Eisenbahn 2 Stück, die Badische Staatsbahn 15 Stück, davon 9 von Keßler in Karlsruhe gebaut, und die München—Augsburger Eisenbahn 2 Stück.

strecke zeigt Fig. 7. Das heutige Streckenbild weist einige, wenn auch geringfügige Abweichungen hiervon auf.

Den bis dahin bei der Braunschweigischen Eisenbahn vorhandenen ungekuppelten Lokomotiven mochte man bei ihrem geringen Reibungsgewicht die Überwindung derartiger Steigungen nicht zumuten, so daß diese Strecke anfänglich für den Betrieb mit Pferden eingerichtet war. Der hierfür hergestellte leichte Oberbau bestand nach damaliger amerikanischer Bauweise aus hölzernen Langschwellen, auf die Flacheisenschienen von 50 mm Breite und 25 mm Höhe genagelt waren. Über die Ausführung des Betriebes mit Pferden wird in der Eisenbahnzeitung von Etzel & Klein etwa folgendes berichtet: Bis zum Herbste des Jahres 1843 wurde der Betrieb auf der Strecke Braunschweig—Vienenburg regelmäßig mit Lokomotiven und von da aufwärts bis Harzburg mittelst Pferden, abwärts aber durch die Wirkung der Schwere auf der stark geneigten Bahn geführt. Zur Hinaufbeförderung eines vierrädrigen Personenwagens, der höchstens mit 24 Personen besetzt werden konnte, waren zwei Pferde erforderlich, welche die 7,9 km lange Strecke in frühestens 35 Minuten zurücklegten. Das Hinaufschaffen leerer Steine- oder Holzwagen, von denen zwei oder drei durch zwei Pferde gezogen wurden, dauerte etwa $1^1/_2$ Stunden auf dieser Bergstrecke. Bei der Abwärtsfahrt war es nur nötig, an den Wagen, die auf dem 1 : 200 geneigten Gleise des Bahnhofes Harzburg standen, die Bremsen zu lösen, und der Wagenzug setzte sich von selbst in Bewegung. Die bei dieser Abwärtsfahrt erforderliche, recht ausgiebige Benutzung der Bremsen führte dazu, daß die hölzernen Bremsklötze häufiger in Brand gerieten. Es waren deshalb in Vienenburg Wasserkübel mit Eimern aufgestellt, zum Ablöschen in Brand geratener Bremsklötze.

Da ein derartig umständlicher Betrieb unmöglich befriedigen konnte, die angestellten Versuche mit den vorhandenen ungekuppelten Lokomotiven auf dieser Bergstrecke ein zufriedenstellendes Ergebnis indessen nicht zu liefern vermochten, so entschloß man sich, besonders geeignete Lokomotiven für diesen Zweck einzuzustellen. Im Frühjahr 1843 wurde eine Kommission nach England entsandt, um dort die seit kurzem eingeführten, dreifach gekuppelten Lokomotiven aus der Fabrik von Robert Stephenson in Newcastle on Tyne im Betriebe auf Steilrampen zu studieren. Das Ergebnis muß sehr zufriedenstellend ausgefallen sein, denn es wurden sofort zwei derartige Lokomotiven bei Stephenson bestellt. Noch im August und September 1843 trafen sie in Vienenburg ein, und sobald sie zusammengebaut waren, wurde mit den Versuchen auf der inzwischen mit stärkerem Querschwellenoberbau versehenen Bergstrecke nach Harzburg begonnen. In der Eisenbahnzeitung von Etzel & Klein wird unter dem 31. Dezember 1843 über das sehr zufriedenstellende Ergebnis dieser denkwürdigen Versuche mit den ersten beiden dreifach gekuppelten Lokomotiven in Deutschland berichtet. Sie trugen die Namen „Crodo" und „Wildemann". Im Jahre 1846 wurde noch eine dritte derartige Lokomotive von Stephenson bezogen mit dem Namen „Brocken". Die Howe-Stephenson-Steuerung dieser Lokomotive war mit gekreuzten Stangen versehen, während die beiden ersten Schwesterlokomotiven offene Exzenterstangen hatten. Wie aus Fig. 8 ersichtlich ist, hatten diese Lokomotiven innerhalb des Rahmens liegende Zylinder[1]) und

---

[1]) Außer diesen 3 waren in Deutschland noch 2 Stück C-Lokomotiven mit Innenzylindern und überhängender Feuerbüchse bei der vorm. Berlin—Potsdam—Magdeburger Eisenbahn vorhanden. Sie wurden 1868 vom „Vulcan" in Stettin gebaut, hatten das geringe Dienstgewicht von kaum 20 t und waren trotz des vorhandenen Schlepptenders ausschließlich für den Vorschiebe-

Fig. 8. Lokomotive von Robert Stephenson & Co.
„Erste dreifach gekuppelte Lokomotive in Deutschland."

einen Hinterkessel mit hochgewölbter Decke, der die Stelle des Dampfdomes vertrat. Eine besondere Eigentümlichkeit des Kessels bestand noch darin, daß der Langkessel elliptischen Querschnitt besaß; sein senkrechter Durchmesser war größer als der wagerechte. Dieser unzweckmäßige Querschnitt ist damals mehrfach angewendet worden, um Raum zu gewinnen für die oberhalb des Rahmens und der Räder liegenden Tragfedern. Die durch die unrunde Form erforderlich gewordene Querverankerung des Langkessels, Fig. 9, bestand in 6 Querankern aus Rundeisen von 45 mm Durchmesser, die dicht über der obersten Heizrohrreihe zu je zwei Stück in einem Kesselschusse angeordnet waren[1]).

Außer diesen Querankern sind noch zu erwähnen die aus der Zeichnung des Längsschnittes, Fig. 10, ersichtlichen Längsanker, welche durch die ganze Länge des Kessels reichten, von der Hinterkesselwand bis zur Rauchkammerrohrwand. Die Feuerbüchsendecke war durch 8 Stück aufgeschraubte Barrenanker, aus 114×32 mm starkem Flacheisen, gegen Durchbiegen gesichert. Auf dem vorderen gewölbten Oberteile des Hinterkessels befand sich das Mannloch. Der Kessel enthielt 125 Heizrohre, welche entgegen der derzeitigen Gewohnheit nicht aus Messingblech, sondern aus Eisenblech hergestellt waren. Die Anwendung der eisernen Heizröhren ist in den Fachblättern zu jener Zeit bemängelt worden, weil man ihnen wegen der zersetzenden Eigenschaften der durchstreichenden Heizgase sowie der starken äußeren Abnutzung durch Rostbildung eine nur kurze Lebensdauer glaubte zusprechen zu können. Von Stephenson selbst ist die Verwendung der eisernen Heizrohre damit begründet

---

dienst bestimmt. (Für letztere Anordnung soll die Ansicht maßgebend gewesen sein, daß beim Zusammenstoß mit der Rückseite der Lokomotive das Personal geschützt sei. Ebenso sollen die Innenzylinder wegen ihrer besser geschützten Lage bei Unfällen hier angewendet worden sein.) Dreifach gekuppelte Innenzylinder-Lokomotiven mit unterstützter Feuerbüchse, wie sie auf englischen und belgischen Bahnen in großer Anzahl bis auf die Neuzeit üblich sind, hat es in Deutschland nur 7 Stück bei der vorm. Kgl. Niederschlesisch-Märkischen Eisenbahn gegeben. Sie hatten ein Dienstgewicht von 40 t und waren 1 Stück von Borsig 1865 und 6 Stück von Schwartzkopf 1867 gebaut.

[1]) Ein derartiger elliptischer Langkessel von einer dreiachsigen, zweifach gekuppelten Güterzuglokomotive der vormaligen Main—Weser-Bahn, gebaut von Emil Keßler in Karlsruhe, findet sich im Jahrgang 1849 des Organs für die Fortschritte des Eisenbahnwesens abgebildet. Dort ist in der Zeichnung des Längsschnittes für jeden der drei Langkesselschüsse indessen nur ein Queranker angegeben.

worden, daß sie sich bei der Erwärmung gleichmäßig mit dem Kessel ausdehnten, während die größere Ausdehnungsfähigkeit der Messingrohre von ihm als ein Nachteil bezeichnet wurde. Die Braunschweigische Eisenbahn hat jedoch, gleich verschiedenen anderen Bahnverwaltungen, bis gegen Ende der 70er Jahre des vorigen Jahrhunderts durchweg Messingheizrohre verwendet. Die obere Öffnung in der Hinterkesselhaube war durch ein Messinggußstück verschlossen, in dem sich die Bohrungen für die beiden Federwage - Sicherheitsventile Bauart Salter, sowie für die Dampfpfeife befanden. Die seitlichen Rahmenteile bestanden je aus einer durchgehenden Blechplatte mit aufgenieteten Achshaltern ohne Nachstellvorrichtung. Nach der zu jener Zeit allgemein verbreiteten Herstellungsart der Lokomotivräder bestanden die Speichensegmente aus T-Eisen, die Nabe war eingegossen. Ein besonderer Felgenkranz war zu Anfang nicht vorhanden, sondern die Radreifen wurden direkt auf das Radgestell gezogen und mit Schrauben an den einzelnen Segmenten befestigt. Zur Erleichterung des Durchfahrens von Gleiskrümmungen waren an den Mittelrädern — auch bei den Tendern — die Führungsflansche fortgelassen. Dafür waren die Reifen der Mittelräder nach außen um 16 mm breiter, als die der Endräder. Als zu Anfang der 70er Jahre des vorigen Jahrhunderts den inzwischen eingeführten Vorschriften ge-

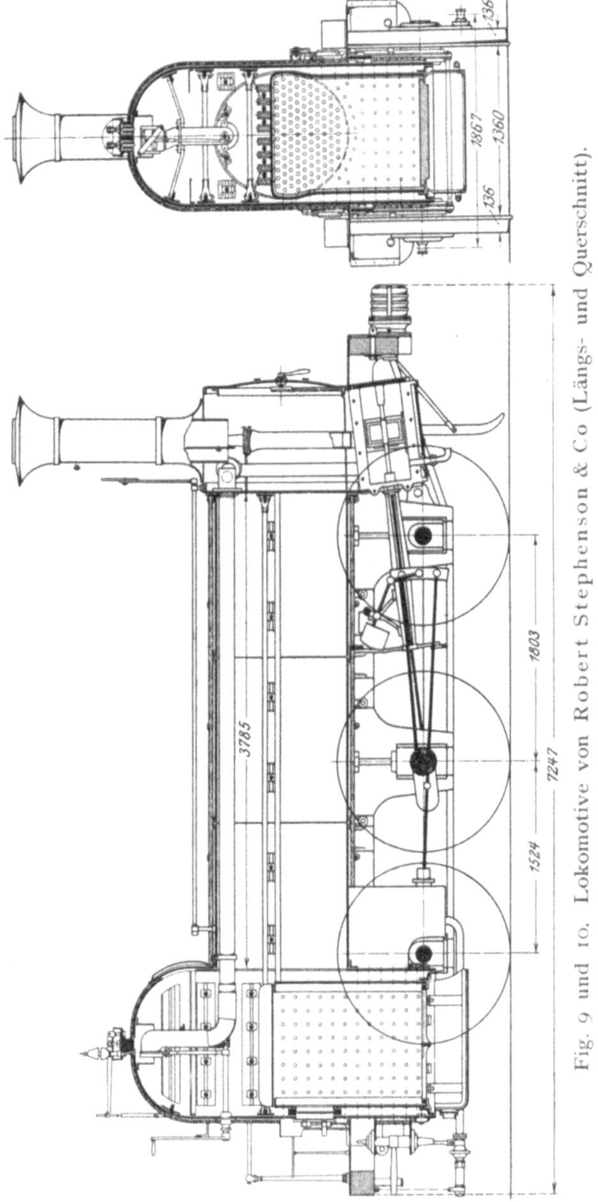

Fig. 9 und 10. Lokomotive von Robert Stephenson & Co (Längs- und Querschnitt).

mäß auch die Räder der Mittelachsen mit Radflanschen versehen werden mußten, ergab sich die Notwendigkeit, die Mittelachse von der Hinterachse abzurücken und um 38 mm nach vorn zu verschieben. Diese eingreifende Änderung an den verschiedenen Triebwerksteilen war mitbedingt durch die erforderlich gewordene Anbringung von Unterreifen auf den Radgestellen. Im Jahre 1869 erhielten die Loko-

motive „Wildemann", 1874/75 die Lokomotiven „Crodo" und „Brocken" Ersatzkessel von rundem Querschnitt aus der Egestorffschen Fabrik. Zur Unterbringung des neuen Kessels mußten die Tragfedern der Vorderachse tiefer gesetzt
und die Rahmenplatten mit einem oberen Ausschnitt versehen werden. Durch
die größere überhängende Feuerbüchse der neuen Ersatzkessel wurde die Hinterachse stärker belastet, so daß ein Ausgleichhebel zwischen den Tragfedern der
beiden hinteren Achsen eingebaut werden mußte. Außerdem hatten die Lokomotiven inzwischen ein Führerhaus erhalten und boten nun (Fig. 11) einen modernen
Anblick. In diesem umgewandelten Zustande sind Deutschlands erste dreifach
gekuppelten Lokomotiven noch länger im Güterzugdienste verwendet worden.
Das höchste Alter von 47 Jahren hat die Lokomotive „Brocken" erreicht, sie
wurde erst im Mai 1893 aus dem Betriebe gezogen.

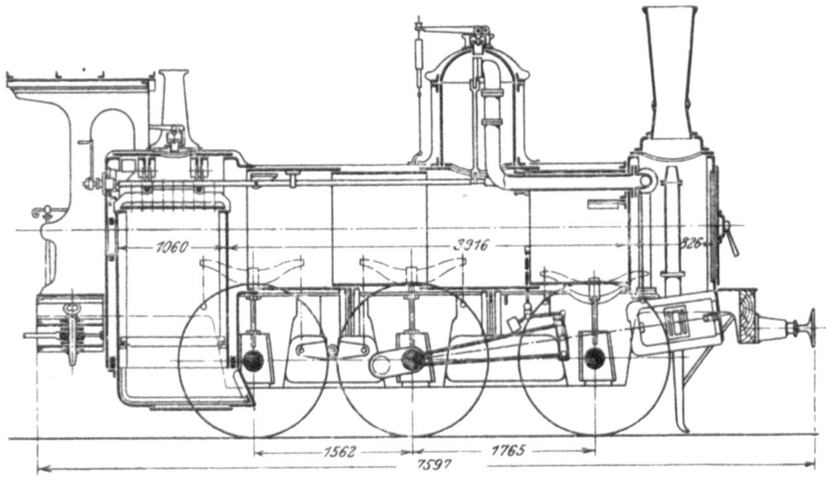

Fig. 11. Harzburger Rampenmaschine.

Zu erwähnen wäre noch, daß diese Lokomotiven auf dem Fabrikschilde mit der
Bezeichnung „Patent" versehen waren, weshalb sie damals in den Fachblättern als
Patentlokomotiven bezeichnet wurden. Im Hinblick auf ihren ursprünglichen Ver-
wendungszweck wurden sie auch als Harzburger Rampenmaschinen bezeichnet.

Die zugehörigen Tender waren in dem braunschweigischen Eisenhüttenwerke
in Zorge am Harz gebaut, der Fassungsraum ihres hufeisenförmigen Wasserbehälters
betrug anfänglich nur 5,5 cbm, später wurde er durch Einbau eines zwischen die
Räder herabreichenden Zusatzbehälters auf 8 cbm vergrößert.

Zugleich mit den beiden ersten Dreikupplern hat die Braunschweigische Eisenbahn im Jahre 1843 von R. Stephenson in Newcastle auch ihre erste zweifach
gekuppelte Lokomotive mit dem Namen „Hercynia" bezogen. Es war eine 1 B-
Lokomotive mit außen liegenden Zylindern, bei der sämtliche Achsen vor
der Feuerbüchse lagen. In Fig. 12 ist eine ganz gleichartige Lokomotive nach der
Zeitschrift „The Locomotive Magazine" 1903 dargestellt, die 1846 von R. Stephenson für die große englische Ostbahn gebaut wurde und etwas größere Treibräder hatte. Von den zuvor beschriebenen C-Lokomotiven unterschied sie sich
hauptsächlich durch die vorhandenen vorderen kleineren Laufräder und die
größeren Treib- und Kuppelräder, sowie durch die Außenzylinder. Das dort bei

der Beschreibung des Kessels sowie über Rahmen und Räder Gesagte trifft auch bei dieser Lokomotive zu. Die innenliegenden Schieberkästen an den Außenzylindern waren sehr kurz gehalten, und die Howe-Stephenson-Steuerung mit auf der rechten Maschinenseite befindlichem Händel war infolgedessen so weit nach außen gerückt, daß die einseitig aufgehängte Taschenschwinge sich dicht an der Innenseite der Rahmenplatten bewegte. Eine zweite derartige 1 B-Lokomotive wurde im Jahre 1846 wiederum von R. Stephenson bezogen. Sie trug den Namen „Wolfenbüttel" und hatte gekreuzte Exzenterstangen, während die Lokomotive „Hercynia" offene Stangen besaß. Das Bedürfnis für die Einstellung derartiger Lokomotiven wurde offenbar dadurch hervorgerufen, daß die Zugkraft der bis dahin vorhandenen ungekuppelten Lokomotiven für die Beförderung der schwerer werdenden Züge nicht mehr ausreichte. Für die zugehörigen Tender treffen die bei den C-Lokomotiven vorhandenen Angaben auch hier zu.

Fig. 12. 1 B-Lokomotive mit außen liegenden Zylindern (gebaut von R. Stephenson).

Ganz ähnliche 1 B-Lokomotiven, mit gleicher Anordnung sämtlicher Achsen vor der Feuerbüchse, jedoch mit neuzeitlicher gebauten Kesseln, wurden auch noch in den folgenden Jahren von Georg Egestorff in Hannover-Linden bezogen. Im Jahre 1850 wurden solche Lokomotiven mit den Namen „Berlin" und „Bremen" in Dienst gestellt, 1852 folgten die beiden Lokomotiven „Dresden" und „Leipzig" und 1856 noch „Elm". Inzwischen hatte sich auch bei diesen Lokomotiven das Bedürfnis herausgestellt, sie zur Beförderung schwerer Züge kräftiger zu bauen, und noch im Jahre 1856 wurde eine verstärkte derartige Lokomotive mit dem Namen „Radau" in Betrieb genommen. Nach dieser verstärkten Bauart sind 1857 und 1858 noch die Lokomotiven mit den Namen „Holzminden" und „Öls" angeliefert worden. Für weniger schwere Leistungen wurde aber die etwas leichtere Lokomotive auch noch gebaut, und zwar im Jahre 1858 die beiden Lokomotiven „Elfenstein" und „Frankfurt". Der Längsschnitt dieser Lokomotiven ist in Fig. 13 dargestellt. Diese Bauart hatte seiner Zeit in Deutschland eine größere Verbreitung gefunden, später wurde sie jedoch wieder verlassen, weil die Lokomotiven beim schnelleren Fahren infolge der überhängenden Feuerbüchse in schlingernde Bewegung gerieten[1]). Auch erwies sich hier die Rostfläche als zu klein, so daß bei der verringerten Auspuffzahl, infolge der Anwendung größerer Treibräder, vor schweren Zügen öfter Dampfmangel eintrat. (Verhältnis der Rostfläche zur Heizfläche etwa 1 : 80.)

Nachdem zu Ende der 40er Jahre des vorigen Jahrhunderts ein größeres, zusammenhängendes Netz von Eisenbahnstrecken entstanden war, stellte sich auch das Bedürfnis für schnell fahrende Züge ein. Da die Benutzung dieser „Kurierzüge" damals gering war, so wurden hierfür auf den Strecken mit nicht ungünstigen Steigungsverhältnissen ungekuppelte Lokomotiven allgemein als ausreichend leistungsfähig angesehen. Verschiedene deutsche Eisenbahnverwaltungen stellten zur Beförderung der Schnellzüge 1 A 1-Lokomotiven mit Außenzylindern, wie sie u. a. von A. Borsig in Berlin in größerer Anzahl gebaut worden sind, in Dienst. Andere Bahnverwaltungen führten 2 A-Lokomotiven nach der Bauart Crampton ein[2]). Die Braunschweigische Eisenbahn entschied sich, wohl infolge des Einflusses

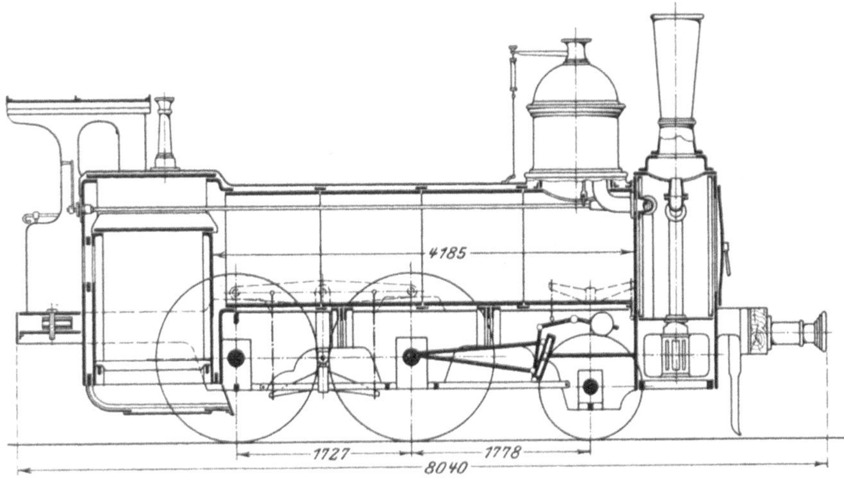

Fig. 13. Lokomotiven „Elfenstein" und „Frankfurt".

der bei ihr tätigen englischen Ingenieure Chillingworth und Blenkinsop, für die 1 A 1-Bauart mit Innenzylindern und Doppelrahmen. Eine der ersten Ausführungen dieser in England zu großer Verbreitung gelangten Bauart hatte nach der zu jener Zeit außerordentlich gefeierten, aus Schweden stammenden, hervorragenden Sängerin den Namen Jenny Lind erhalten[3]). Hiernach sind dann für die Folge Lokomotiven nach dieser Bauart allgemein als „Jenny-Lind-Type" bezeichnet worden. Die ersten beiden derartigen 1 A 1-Lokomotiven der Braunschweigischen Eisenbahn mit dem Namen „London" und „Paris" wurden im Jahre 1853 von Georg Egestorff in Hannover-Linden gebaut. Wie schon erwähnt, besaßen sie einen doppelten Rahmen. Derselbe bestand auf jeder Seite aus zwei Platten von 25 mm Stärke, welche in einem Abstand von 305 mm angeordnet waren. Die innerhalb der Räder liegenden kurzen Rahmenplatten reichten von der

---

[1]) Die vorm. Altona-Kieler Eisenbahn hat diese Bauart bis 1876 beibehalten.

[2]) Vgl. „Die Crampton-Lokomotive" von F. Gaiser, Neustadt a. H. 1909.

[3]) Vergleiche die geschichtliche Entwicklung der grundlegenden Anschauungen im Lokomotivbau von Prof. Z. Zahn, Danzig-Langfuhr. Annalen für Gewerbe und Bauwesen, Bd. 74, Heft 7, S. 138—140.

Pufferbohle bis zur Feuerbüchse durch und waren mit letzterer fest verbunden. In diesen Rahmenplatten war die gekröpfte Treibachse gelagert; auch wurden hieran die Zylinder und Gleitbahnträger befestigt. Die außerhalb der Räder befindlichen, von der vorderen Pufferbohle bis zum hinteren Ende der Lokomotive durchgehenden Rahmenplatten enthielten die Lager für die beiden Laufachsen. In den Jahren 1855 bis 1858 wurden weitere sechs Stück[1]) von diesen Lokomotiven in Dienst gestellt. Zu erwähnen ist hier noch, daß der Kesselabschluß um die Feuertüröffnung aus Messingguß von ⊔ förmigem Querschnitt bestand.

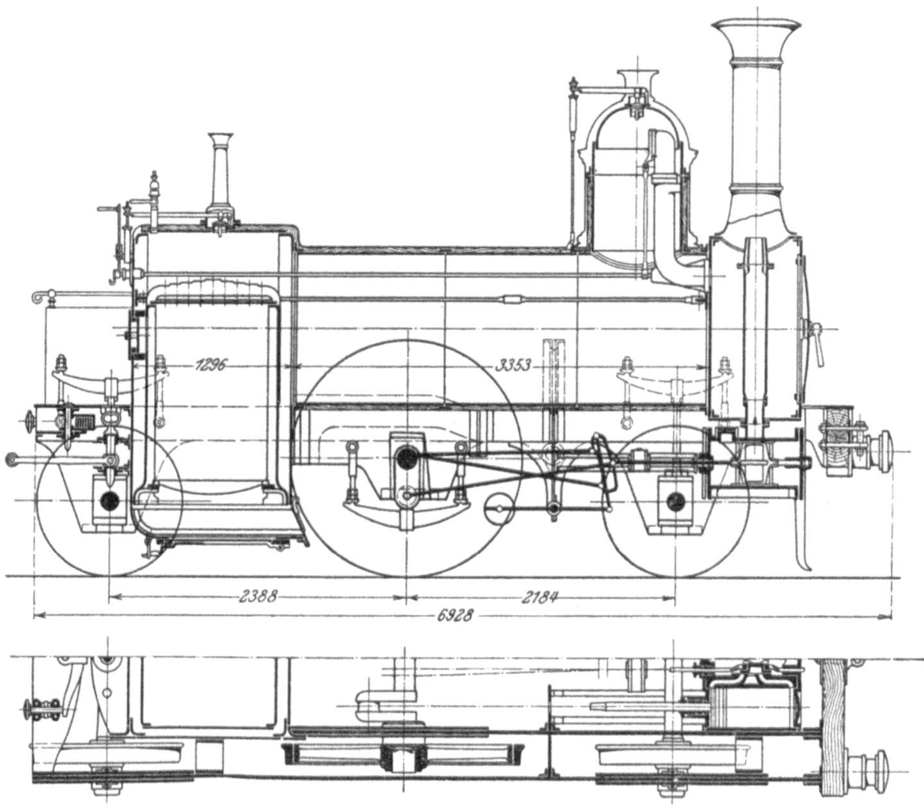

Fig. 14 und 15.   1 A 1-Schnellzuglokomotive ersterer Ausführung.

Ihr Rahmenbau sowie die Hauptabmessungen stimmten mit den zuvor genannten beiden Lokomotiven überein, doch war durch Verlängerung der Heizrohre und der Feuerbüchse die Heizfläche auf 95 qm vergrößert. Die Änderungen hatten auch eine Verlängerung des Achsstandes auf 4572 mm zur Folge; das Reibungsgewicht war auf 13 t und das Gesamtgewicht auf 28,5 t angewachsen. Wie aus der Schnittzeichnung (Fig. 14 und 15) hervorgeht, war hier, wie auch bei den ersten beiden derartigen Lokomotiven, der Raum zwischen innerer und äußerer Feuerbüchse am unteren Ende nicht durch den üblichen Bodenring abgeschlossen, sondern die Verbindung war durch Aufweiten der Kupferplatten hergestellt.

---

[1]) Die Lokomotive „Seesen" hat am 2. April 1875 durch Kesselexplosion (wahrscheinlich infolge von Wassermangel) ein plötzliches Ende gefunden. Vgl. Organ für die Fortschritte des Eisenbahnwesens von 1875.

An der Hinterwand der äußeren Feuerbüchse war (bei allen 1 A 1-Lokomotiven
dieser Bauart) die Führung für die Bolzen der Tenderkupplung befestigt, so daß die
gesamte von der Lokomotive ausgeübte Zugkraft von der Feuerbüchse aufgenommen
und übertragen werden mußte. Ein schützendes Dach über dem Führerstande
ist erst später angebracht worden. Im Jahre 1861 wurden wieder zwei gleiche
Lokomotiven mit dem Namen „Roßwitha" und „Welf" in Betrieb genommen.
Sie hatten als die ersten Lokomotiven der Braunschweigischen Eisenbahn bereits
ein vollständiges Führerhaus. In den Jahren 1862 bis 1864 sind dann die letzten
drei von diesen 1 A 1-Lokomotiven mit dem Namen „Göttingen", „Lüneburg",
(Fig. 16) und „Richmont" in Dienst gestellt worden. Um den inzwischen gesteigerten Anforderungen, hervorgerufen durch vergrößerte Fahrgeschwindigkeit und
vermehrtes Zuggewicht, besser genügen zu können, waren sie wiederum verstärkt
worden. Jedoch war die weitere Mehrbelastung der Treibachse vermieden, und die

Fig. 16. 1 A 1-Schnellzuglokomotive „Lüneburg".

Gewichtsvermehrung auf die schwach belastete hintere Laufachse übertragen.
Der Achsstand war bei diesen letzteren 1 A 1-Lokomotiven auf 4699 mm, die lichte
Länge der Heizrohre auf 3454 mm und die lichte Länge der Feuerbüchse auf 1216 mm
vergrößert.

Von den 13 Lokomotiven dieser Gattung waren bei der Verstaatlichung der
Braunschweigischen Eisenbahn noch 4 Stück vorhanden, die mit den Betriebs-
nummern 96 bis 99 in den Lokomotivbestand der königlichen Eisenbahn-Direktion
Magdeburg eingereiht wurden.

Sechs Lokomotiven dieser Bauart, gleichfalls aus der Fabrik von Georg Egestorff stammend, hat noch die vormalige Altona-Kieler Eisenbahn besessen (Fig. 17).
Sie wurden in den Jahren 1862 bis 1867 gebaut und waren leichter als die beschriebenen Lokomotiven der Braunschweigischen Eisenbahn. Der hauptsächlichste äußere
Unterschied von den vorigen bestand in der Unterbringung des Dampfdomes auf dem
mittleren Kesselschusse.

Den immer weiter gesteigerten Ansprüchen im Schnellzugdienste auf den ver-
kehrsreichen Strecken der Braunschweigischen Eisenbahn vermochte aber auch diese
verstärkte 1 A 1-Lokomotive für die Folge nicht mehr zu genügen, Vorspannleistun-
gen vor den wichtigen Schnellzügen wurden fast zur Regel. Zudem wurde im Jahre 1865

die Strecke Börßum—Kreiensen—Holzminden (mit mehreren längeren Steigungen) in Betrieb genommen, auf der ein bedeutender Durchgangsverkehr zwischen Ost- und Westdeutschland zu erwarten stand. Da eine weitere Verstärkung der 1 A 1-Lokomotiven wegen der bereits an der damals zulässigen Höchstgrenze angelangten Belastung der Treibachse nicht angängig war und ihr Reibungsgewicht nicht mehr genügte, so wurde der Entwurf für eine zweifach gekuppelte Schnellzug-lokomotive ausgearbeitet. Nach englischen Vorbildern[1]) wurde seitens des derzeit maßgebenden englischen Ingenieurs Blenkinsop die umständlichere Anwendung der Innenzylinder und des Doppelrahmens von der zuvor beschriebenen 1 A 1-Loko-motive übernommen. Die äußeren und inneren Rahmenplatten, welche in einem Abstande von 287 mm angeordnet waren, gingen jedoch beide der ganzen Maschinen-länge nach durch. Die Treibachse war doppelt gelagert, einmal in der 22 mm starken

Fig. 17. 1 A 1-Schnellzuglokomotive mit Innenzylindern der vorm. Altona-
Kieler Eisenbahnen.

inneren Rahmenplatte, an der auch die Zylinder und Gleitbahnträger befestigt waren, und außerdem in der äußeren Rahmenplatte von 25 mm Stärke, in der auch die Lager der Lauf- und der Kuppelachse sich befanden. Während die Tragfedern der im Außenrahmen befindlichen Achslager oberhalb der letzteren angeordnet waren, muß-ten die Tragfedern für die zweite Lagerung der gekröpften Treibachse im Innen-rahmen wegen Raummangel unterhalb des Lagers angebracht werden (wie bei den zuvor beschriebenen 1 A 1-Lokomotiven). Nach dieser Ausführung wurden im Jahre 1865 die beiden ersten Lokomotiven mit den Namen „Schill" und „Goslar" in Dienst gestellt, 1866 folgten die Lokomotive „Ottmer", 1867 die Lokomotiven „Paderborn"

---

[1]) Bereits im Jahre 1851 hatte die Hannoversche Staatsbahn zwei derartige 1 B-Loko-motiven mit etwas kleineren Abmessungen von Wilson in Leeds bezogen. Sie besaßen gleich-falls Doppelrahmen, Innenrahmen von Zylinder-Vorderkante bis zum hinten befindlichen Ab-schlußbleche reichend und zur Lagerung von Treib- und Kuppelachse dienend, Außenrahmen etwas weiter nach vorn bis zur Pufferbohle reichend und das Lager der Laufachse aufnehmend. Zwischen Lauf- und Treibachse ein zweiteiliger Ausgleichhebel, der die Belastung zwischen der über der äußeren Rahmenplatte befindlichen Laufachstragfeder und der unterhalb der inneren Rahmenplatte angebrachten Treibachstragfeder ausglich.

und „Fallstein" und Anfang 1868 noch „München", „Wien" und „Minden". Die acht
Lokomotiven wichen von der Zeichnung (Fig. 18 und 19) dadurch ab, daß sie auf dem
Hinterkessel und auf dem Dampfdom je ein Federwage-Sicherheitsventil besaßen;
auch war die Treibachse um 51 mm (2 Zoll englisch) weiter von der Kuppelachse ab-
und an die Laufachse herangerückt. Die aus der Schnittzeichnung ersichtliche flache
Rahmenversteifung vor der Stiefelknechtplatte war bei den ersteren Lieferungen
nicht vorhanden, sie wurde hier später noch eingebaut. An Stelle des in der Zeichnung
dargestellten gußeisernen, konischen Schornsteins (nach Prüsmann) war bei diesen
Lieferungen ein zylindrischer Blechschornstein vorhanden, der später durch den
gußeisernen Schornstein ersetzt worden ist. Von der zweiten Hälfte des Jahres 1868

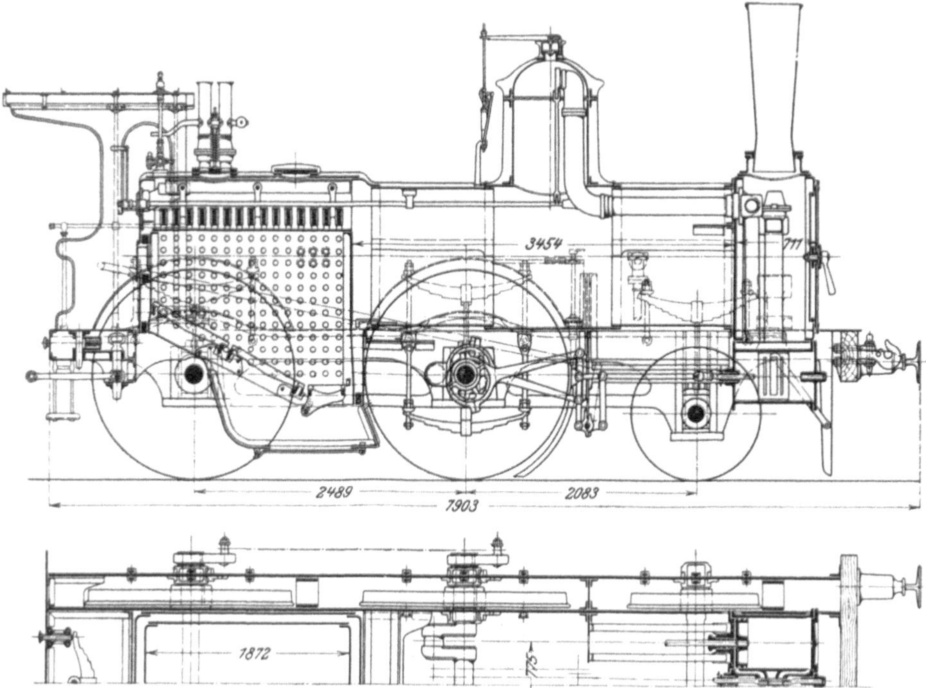

Fig. 18 und 19. 1 B-Schnellzuglokomotive mit Innenzylindern.

ab sind dann die übrigen Lokomotiven dieser Bauart nach den in der Zeichnung
angegebenen Abmessungen gebaut worden. Sie besaßen auf dem Hinterkessel ein
Ramsbottomsches Sicherheitsventil nach Wöhlerscher Ausführung, am Dampfdom ein Federwage-Sicherheitsventil nach Meggenhofen. Auch der konische gußeiserne Schornstein war von hier ab schon bei der Anlieferung vorhanden. Hiernach
wurden noch im Jahre 1868 6 Lokomotiven angeliefert; hierunter befand sich auch
die „Egestorff", die hundertste Lokomotive, die Georg Egestorff in Hannover-
Linden für die Braunschweigische Eisenbahn gebaut hatte. In Fig. 20 ist diese
Lokomotive dargestellt, wie sie, mit Kranzgewinden reich geschmückt, auf dem
alten hannoverschen Bahnhofe (1875 abgebrochen) zur Beförderung nach ihrem
Bestimmungsorte Braunschweig bereitsteht. Von Lokomotiven dieser Bauart sind
1870/71 je 5, 1874 10 Stück[1]) angeliefert worden, so daß die Braunschweigische

---

[1]) Die Namen der Lokomotiven können aus der Reichsstatistik von 1881, Tabelle 14,
S. 124 ersehen werden.

Eisenbahn davon die stattliche Anzahl von 34 Stück besessen hat. Sie waren in den 60er und 70er Jahren des vorigen Jahrhunderts nicht allein zu den leistungsfähigsten Schnellzuglokomotiven zu zählen, sondern sie stellten auch eine sehr bemerkenswerte Bauart dar, weil sie die einzigen auf deutschen Bahnen vor-

Fig. 20. Lokomotive „Egestorff".

handenen 1 B-Innenzylinder-Lokomotiven waren, die in Deutschland gebaut wurden. Mehrere von diesen Lokomotiven haben noch in den 80er Jahren des vorigen Jahrhunderts einen neuen Ersatzkessel für 10 at Überdruck erhalten. Bei der Verstaatlichung wurden diese Lokomotiven mit Ausnahme von „Wien", die derzeit

Fig. 21. 1 B-Güterzuglokomotive (nach einer alten Zeichnung).

ausgemustert worden war, unter den Nummern 467 bis 499 in den Lokomotivpark der königlichen Eisenbahndirektion Magdeburg eingereiht. Der hufeisenförmige Wasserbehälter des dreiachsigen Tenders faßte anfänglich 7 cbm, später 8 cbm und, bei einer Anzahl der Lokomotiven durch Einbau von zwischen die Achsen herabreichendem Zusatzbehälter zuletzt 9 cbm Wasser.

    Außer den bereits erwähnten beiden ähnlichen Lokomotiven der Hannoverschen Staatsbahn hat noch die vormalige Berlin—Potsdam—Magdeburger Eisenbahn im Jahre 1874 acht Stück 1 B-Innenzylinder-Lokomotiven aus England bezogen. Sie waren in der Fabrik von Beyer, Peacock & Comp. in Manchester gebaut, hatten einfachen Rahmen und besaßen geringere Leistungsfähigkeit als die beschriebenen Braunschweiger Lokomotiven.

Die erste Lokomotive, welche Georg Egestorff für die Braunschweigische Eisenbahn gebaut hat, eine 1 B-Lokomotive für Güterzüge, ist in Fig. 21 dargestellt. Wie aus der Figur ersichtlich ist, hatten die Mittelräder von Lokomotive und Tender anfänglich keine Spurkränze. Auch war hier die gemeinsame Tragfeder der Mittel- und Hinterachse oberhalb des Rahmens, in dem aus zwei Platten bestehenden Belastungshebel gelagert, während die Feder bei späteren Ausführungen unterhalb des Rahmens angeordnet und durch Zugstangen mit dem Belastungshebel verbunden wurde. Sie wurde im Jahre 1848 angeliefert und trug den Namen „Germania". Noch in demselben Jahre folgten die beiden gleichartigen Lokomotiven „Concordia" und „Hannover", 1849 „Cöln" und 1851 „Hamburg". Nach der Inbetriebgabe der zuletzt bezeichneten Lokomotive trat

Fig. 22. Güterzuglokomotive „Oker".

das Bedürfnis für die Einstellung kräftigerer Lokomotiven bereits hervor, als Folgeerscheinung des im Anwachsen begriffenen Güterverkehrs. 1853/54 wurden die gleichartigen Lokomotiven „Elbe" und „Rhein" in Dienst gestellt, die Kessel von 85 qm Heizfläche und ein Betriebsgewicht von 28 t besaßen. Von 1855 an hat diese Bauart eine weitere Steigerung der Leistungsfähigkeit erfahren durch Anwendung von Zylindern mit 406 mm Durchmesser, sowie von Kesseln mit 93 qm Heiz- und 1,2 qm Rostfläche, Gesamtgewicht 30 t. Nach diesen verstärkten Abmessungen sind bis 1861 11 weitere Lokomotiven gebaut worden. Über die zu dieser Lieferung gehörende Lokomotive „Oker" (Fig. 22) befindet sich eine eingehendere Abhandlung mit Zeichnungen in der „Beschreibung der Lokomotiv-Maschine von Heusinger und Clauß", der außer der Figur die folgenden Angaben entnommen sind. Der aus drei Schüssen mit Laschenverbindung hergestellte Langkessel von 1118 mm Durchmesser enthielt 151 Messingheizrohre von 48/43 mm Durchmesser und 4267 mm lichter Länge. Unten am Kesselbauch waren zwei aus Messingguß hergestellte trichterförmige kleine Schlammsäcke angebracht. Die in einem Stück gewalzten Rahmenplatten von 25 mm Stärke waren von Lloyds-Forster & Comp. in Wednesbury (England) bezogen und die Achswellen aus dem englischen Walzwerke in Lowmoor. Die Gußstahlradreifen stammten aus dem Kruppschen Werke in Essen. Die Radsterne mit Schweißeisennabe wurden in der Fabrik von Georg Egestorff angefertigt, ihre Herstellungsweise stellte für damalige Verhältnisse einen erheblichen Fortschritt dar, weil die bis dahin üblichen Räder durchweg mit gußeiserner Nabe von geringerer Haltbarkeit versehen waren. Die Dampfkolben waren nach der zu jener Zeit vielfach angewendeten Bauart Ramsbottom als Hohlkörper aus Messing gegossen und mit Deckelverschluß aus demselben Metall versehen. Sie besaßen Dichtungsringe aus Weißmetall (zur Schonung der Zylinderkörper), deren Spannkraft durch je zwei flache Schraubenfedern unterstützt wurde. Nach der bezeichneten Quelle konnten mit diesen Lokomotiven Züge bis zu 800 t Gewicht auf Strecken mit günstigen Neigungsverhältnissen mit einer Geschwindigkeit von 26 km in der Stunde befördert werden. Hierbei betrug der Verbrauch an Koks etwa 13 kg auf ein Kilometer; mittelst eines Kilogramms Koks wurden durchschnittlich 9,5 kg Wasser verdampft, das vor der Einführung in den Kessel auf 40° vorgewärmt war.

Bei der Verstaatlichung waren noch 8 Stück von diesen Lokomotiven, von denen 2 Stück inzwischen Ersatzkessel für 9 at Überdruck erhalten hatten, vorhanden.

Diese Bauart, mit sämtlichen Achsen vor der Feuerbüchse, hat früher eine große Verbreitung gefunden; so hat z. B. Georg Egestorff für die vormalige Hannoversche Staatsbahn über 100 Stück derartiger Lokomotiven gebaut mit etwas größeren Rädern und sonstigen geringeren Maßabweichungen. Sie wurden damals für alle möglichen Dienstleistungen verwendet, sowohl im Personenzug- und Schnellzugdienst, als auch vor Güterzügen. Auch F. Schichau in Elbing hat besonders für Privatbahnen im östlichen Deutschland solche Lokomotiven in größerer Anzahl gebaut, die letzten noch 1878 für die vorm. Marienburg—Mlawkaer Eisenbahn.

Zu Anfang der 60er Jahre des vorigen Jahrhunderts war bereits eine sehr erhebliche Steigerung in der Güterbeförderung eingetreten, besonders mit hervorgerufen durch die Einführung von billigen Frachtsätzen für Massengüter. Zudem wurden in jener Zeit auch schon Güterwagen mit vergrößertem Fassungsraum eingeführt mit einer Tragfähigkeit von 10 t, während die bis dahin gebräuchlichen kleinen Güterwagen durchweg nur ein Ladegewicht von 5 t besaßen. Den hierdurch gesteigerten Ansprüchen an die Zugkraft vermochten die zuvor beschriebenen 1 B-Lokomotiven kaum noch zu genügen, und es trat daher das dringende Bedürfnis für die Einstellung von kräftigeren Güterzuglokomotiven hervor.

Die Braunschweigische Eisenbahn entschied sich für die Einführung von Güterzuglokomotiven nach der Bauart Behne-Kool, die damals zu den leistungsfähigsten Lokomotiven gehörten. Diese Lokomotivform ist seitens der Braunschweigischen Eisenbahn dann auch für die Folge allein beibehalten und in größerer Anzahl angeschafft worden. Erst ganz kurz vor der Verstaatlichung hat diese Bahn einige andere Güterzuglokomotiven nach der Regelbauart der preußischen Staatsbahnen in Dienst gestellt.

Die wesentliche Eigenart der vom Zivilingenieur Behne in Hamburg entworfenen Bauart Behne-Kool bestand in der Anwendung eines besonders langen Rostes, wie er bis dahin in Deutschland nicht üblich war. Gewählt wurde die außergewöhnlich große Rostfläche, um Förderkohle an Stelle des derzeit allgemein üblichen Koks als Brennstoff verwenden zu können. Es waren damals, besonders in England, schon mehrfach Versuche unternommen, um den teuren Koks durch die billigere Kohle zu ersetzen, jedoch hatte die Besorgnis wegen zu starker Rauchbelästigung bei der Kohlenverfeuerung ihre Verwendung bis dahin verhindert. Behne wollte diesem Übelstande dadurch begegnen, daß er den von ihm

angewendeten sehr langen Rost in drei stufenartig übereinanderliegende Teile
gliederte. Auf der vorderen (obersten) Stufe des Rostes sollte die frisch ein-
geschaufelte Kohle einer Art Vorverbrennung (Verkokung) unterworfen werden,
wobei die entweichenden Rauchgase über dem lebhaften Feuer auf der mittleren
Roststufe, dem sogenannten Nachverbrennungsroste, völlig verbrannt werden
sollten. Wie aus Fig. 23 ersichtlich ist, konnte die Luftzuführung unter den Vor-
verbrennungsrost durch eine drehbare Klappe abgestellt werden, so daß dann nur
die sauerstofflose heiße Luft durch die Öffnung zwischen den beiden Roststufen zu
der eingeschaufelten Kohle gelangte. Mit der Beseitigung des Stufenrostes ist auch
diese Luftabschlußklappe bald verschwunden. Die unterste, wagerecht liegende kleine
Stufe des Rostes sollte zur Aufnahme der Schlacke dienen. Zur Entfernung der letzteren
konnte dieser kleine Rost mittelst einer nach außen durchgehenden Welle mit Schraubenspindel gekippt werden. Wie aus vorstehender Beschreibung hervorgeht, war von

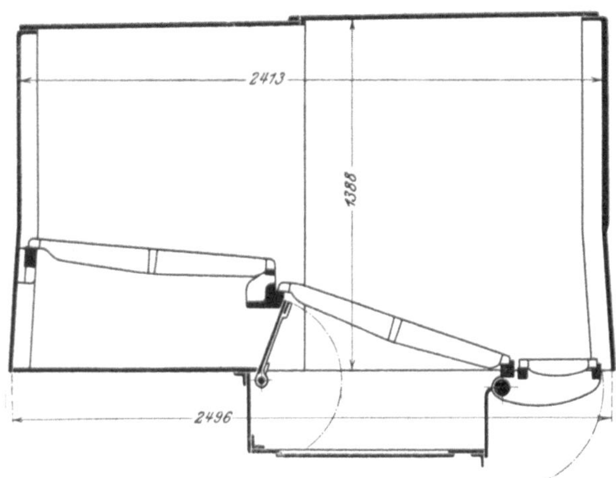

Fig. 23. Rostanordnung der ersten Behne-Kool-Loko-
motive „Bruno".

Behne die Behandlung des
Feuers bei seiner Lokomotiv-
bauart so gedacht, daß die
leicht durchgebrannte Kohle
großenteils immer erst auf die
mittlere Rostabteilung hinab-
befördert werden mußte, bevor frische Kohle auf der
oberen Stufe nachgeworfen
wurde. Vorher hatte dann die
zurückgebliebene Schlacke
die Wanderung nach dem unten befindlichen Kipproste
anzutreten. (Da Behne sich
nach seinen derzeitigen Veröffentlichungen erboten hatte,
den Bahnverwaltungen bei
Annahme seiner Bauart eine

größere Garantiesumme zu hinterlegen, so setzte er sich mit dem kapitalkräftigen
holländischen Ingenieur Kool in Verbindung und bezeichnete seine Lokomotiven
als „System Behne-Kool"). Behne hat den Gedanken über das periodische
Weiterwandern der brennenden Kohle auf dem Rost weiterverfolgt und bald darauf
noch einen mehrstufigen Treppenrost[1] entworfen (vgl. Organ für die Fortschritte
des Eisenbahnwesens, Jahrgang 1862).

Die recht umständliche Behandlung des Feuers, wie sie von Behne für seine
Rostanordnung vorausgesetzt wurde, erwies sich indessen als nicht durchführbar,
weshalb der Vorder- und Mittelrost sehr bald in eine Ebene gebracht worden sind.
Der nicht unzweckmäßige kippbare Schlackenrost wurde indessen beibehalten und
auch noch bei anderen Lokomotivbauarten der Braunschweigischen Eisenbahn
angebracht.

Durch die Anwendung eines derartig großen Rostes ergab sich eine lange, weit
nach hinten überhängende Feuerbüchse, die der Abstützung durch eine weitere
Achse bedurfte. Die Anordnung einer festen Laufachse unter oder hinter der Feuer-

---

[1] Einen Treppenrost zur Verfeuerung von stückenarmer Kohle hatte sich Thomas
Russel Crampton bereits im Jahre 1855 patentieren lassen.

büchse würde einen unzulässig großen Gesamtachsstand für die Lokomotive ergeben haben, über die Bauart einer beweglichen Laufachse von wünschenswerter Einfachheit verfügte man zu jener Zeit aber auch noch nicht. So wurde denn von Behne der allein übrigbleibende Ausweg beschritten und der nach Engerths Entwurf für österreichische, französische und Schweizer Lokomotiven bereits zahlreich angewendete Stütztender für die Behne-Kool-Lokomotiven zur Ausführung übernommen[1]). Das Untergestell des zweiachsigen Tenders war zu diesem Zwecke nach vorn verlängert und mit einer dritten Achse versehen, die lediglich dazu diente, das überhängende Gewicht der Lokomotive aufzunehmen. Durch diese Mitverwendung des Tenders für die Aufnahme von Lokomotivgewicht wurde sein Fassungsraum von Wasser allerdings auf etwa 7,5 cbm beschränkt, so daß bei den Behne-Kool-

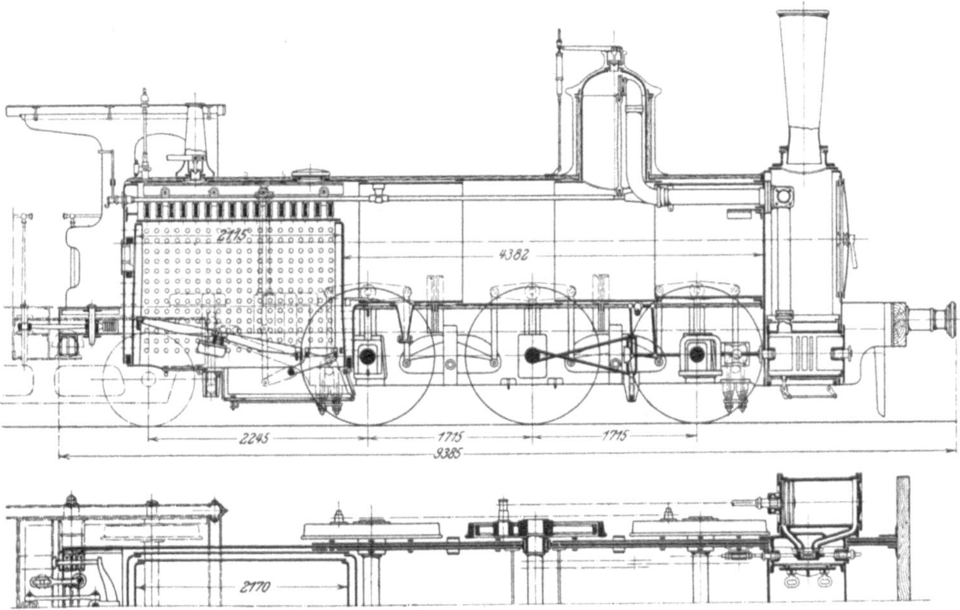

Fig. 24 und 25. C Stütztender-Güterzuglokomotive Behne-Kool.

Lokomotiven eine häufigere Ergänzung des Wasservorrates erforderlich war. Somit war der Drehpunkt zwischen Lokomotive und Tender so weit nach vorn verlegt, daß für beide Fahrzeuge das anstandslose Durchfahren von Gleiskrümmungen gewährleistet wurde. Aus der Fig. 24 und 25 läßt sich die Verbindung des Tenders mit der Lokomotive erkennen. Zur Übertragung des überhängenden Lokomotivgewichtes auf das verlängerte Untergestell des Tenders war unter der Feuerbüchse ein Querträger von kastenförmigem Querschnitt befestigt. Letzterer besaß auf seinen beiden Enden Hängeeisen mit kugelförmigen Gelenkköpfen, die auf den höher liegenden runden Endzapfen des Tenderrahmens ruhten. Zur besseren Befestigung dieser einen Teil des Lokomotivgewichtes aufnehmenden Endzapfen war der Rahmen des Tenders aus zwei parallelen Blechtafeln von je 10 mm Stärke in 113 mm Abstand hergestellt. Vermöge einer derartigen Gewichtsübertragung durch Universalgelenkverbindung wurde die Reibung zwischen Lokomotive und Tender

---

[1]) Vgl. auch Sanzin, Der Einfluß des Baues der Semmeringbahn auf die Entwicklung der Gebirgslokomotiven. Beiträge, Bd. 4, S. 333.

auf ein möglichst geringes Maß beschränkt. Bei dieser Lastverteilung zwischen
Lokomotive und Tender waren indessen vorübergehend auftretende Ungleich-
mäßigkeiten, hervorgerufen besonders durch Abweichungen im Beharrungszustande
beider Fahrzeuge zueinander nicht zu vermeiden. Es ist beobachtet worden, daß
beim Durchfahren von stärker gekrümmten Gleisbögen eine völlige Entlastung
der äußeren Stützachsentragfeder eintrat. Zur Behebung dieses Mangels wurde
später nach den Angaben von Kelbe noch ein querliegender Ausgleichhebel
zwischen der Aufhängung der zuvor bezeichneten Tragfedern eingebaut. Eine
Hubbegrenzung für die abweichenden Bewegungen von Lokomotivhinterende und
Tendervorderende zueinander enthielt diese Lastübertragungsvorrichtung jedoch
nicht, so daß dafür eine besondere elastische Verbindung vorgesehen war. Sie bestand in Gummipuffern, die an den beiden Innenseiten des Tenderrahmens befestigt
waren und gegen einen kastenförmigen Führungsansatz unter dem Kuppelkasten

Fig. 26. Stütztender-Güterzuglokomotive (Bauart Behne-Kool).

der Lokomotive drückten. Das Zusammenkuppeln von Lokomotive und Tender
war bei dieser Bauart umständlicher, als bei anderen Lokomotiven. Es war
hierzu eine Ausschaltung des Federspieles, durch Festkeilen der Hinterachslager,
sowie ein Anheben des überhängenden Lokomotivendes mittelst zweier Schrauben-
winden erforderlich. Die Übertragung der von der Lokomotive ausgeübten Zugkraft auf den Tender geschah durch die gebräuchliche Stangenkupplung (vgl.
Fig. 24 und 25).

Die erste Lokomotive nach der beschriebenen Bauart Behne-Kool, eine
dreifach gekuppelte Güterzuglokomotive mit dem Namen „Bruno", wurde im Jahre
1861 von Georg Egestorff für die Braunschweigische Eisenbahn gebaut. Von
den fernerhin gelieferten derartigen Lokomotiven unterschied sie sich besonders
dadurch, daß der Dampfdom auf dem vordersten Kesselschusse saß, sowie durch
kleinere Zylinder von 432 mm Durchmesser, gegenüber 457 mm bei den übrigen.
Auch betrug die lichte Länge der Feuerbüchse, abweichend von der Maßangabe in
der Zeichnung des Längsschnittes (Fig. 24), hier 2413 mm. Wie aus Fig. 23 ersichtlich, war der kupferne Feuerbüchsmantel aus zwei Teilen zusammengenietet,
wahrscheinlich weil Kupferbleche von der erforderlichen Breite damals nicht zu

erhalten waren. Feuerbüchsen der bezeichneten abweichenden Länge besaßen auch noch die drei im Jahre 1863 angelieferten Lokomotiven. Bei späterer Erneuerung der Feuerbüchse sind diese Abweichungen jedoch beseitigt worden. 1864 wurde eine weitere Lokomotive derselben Bauart eingestellt. Diese ersten fünf Lokomotiven hatten einen Treibraddurchmesser von 1448 mm, während die später gelieferten etwas kleinere Treibräder von 1371 mm Durchmesser (bei nur 38 mm starken Radreifen) hatten. Von 1865 bis 1873 sind dann noch 32 Stück solcher Lokomotiven in Dienst gestellt worden. Die letzte, im Jahre 1874 gelieferte dieser Bauart, „Mainz", besaß unterschiedlich von den übrigen eine rechteckige, nicht überhöhte Hinterkesseldecke mit Bolzenverankerung, während alle anderen anfänglich halbrunde Hinterkesseldecken mit Barrenverankerung hatten (vgl. Fig. 24). Nach den Angaben Kelbes erhielt die Hinterkesseldecke bei 16 Lokomotiven später eine rechteckige Gestalt mit einer Überhöhung von 150 mm gegen den Langkessel und mit einer lichten Breite von 1300 mm. Neben der Anwendung der einfacheren Bolzenanker wurde hierdurch zugleich eine wertvolle Vergrößerung des Dampfraumes erreicht. Mit dieser Abänderung war auch der Ersatz des auf dem Hinterkessel befindlichen Federwagen-Sicherheitsventils durch ein solches nach der Bauart Ramsbottom-Wöhler verbunden. Auch die an den zuerst gelieferten Lokomotiven vorhanden gewesene Howe-Stephenson-Steuerung wurde später durch diejenige nach Allan ersetzt. Wie aus der Grundrißzeichnung, (Fig. 25) hervorgeht, war die von vorn bis hinten durchgehende, sehr kräftige Rahmenplatte von 29 mm Stärke vorn auf etwa zwei Drittel ihrer Länge, durch aufgenietete Blechtafeln beiderseits verstärkt, so daß der Rahmen hier die außergewöhnliche Stärke von 54 mm erreichte.

Einige dieser Lokomotiven haben in den 80er und 90er Jahren des vorigen Jahrhunderts noch neuzeitlicher gebaute Ersatzkessel für 10 at Überdruck und mit 116 qm Heizfläche erhalten. Die lichte Länge der Feuerbüchse betrug hier 1800 mm und diejenige der Heizrohre 4732 mm, der Dampfdom befand sich auf dem rückwärtigen Langkesselschusse.

Bei der Verstaatlichung wurden diese Maschinen in den Lokomotivpark der Königlichen Eisenbahn-Direktion Magdeburg eingereiht, und bei der Neuordnung der preußischen Staatsbahnen gingen 1895 noch 6 von ihnen an die Königliche Eisenbahn-Direktion Cassel mit der Strecke Holzminden—Börßum über.

Außer der Braunschweigischen Eisenbahn hat nur noch die vormalige Hannoversche Staatsbahn derartige dreifach gekuppelte Behne-Kool-Lokomotiven besessen, insgesamt 5 Stück, davon 2 Stück mit 457 mm Zylinderdurchmesser, 660 mm Kolbenhub und 1448 mm Treibraddurchmesser und 3 Stück mit 432 mm Zylinderdurchmesser, 610 mm Kolbenhub und 1371 mm Treibraddurchmesser.

Für die Beförderung von gemischten Zügen sowie von Personenzügen auf Strecken mit stärkeren Steigungen usw. wurden außerdem auch bald zweifach gekuppelte Lokomotiven nach der gleichen Stütztender-Bauart Behne-Kool in Dienst gestellt (Fig. 27 und 28). Die Feuerbüchse besaß, trotz des kürzeren Langkessels dieselbe außerordentliche Größe wie bei den zuvor beschriebenen dreifach gekuppelten Lokomotiven, so daß sich die Rostfläche zur Heizfläche wie 1 zu 46 verhielt. Von diesen zweifach gekuppelten Lokomotiven sind durch die Egestorffsche Fabrik von 1863 bis 1872 für die Braunschweigische Eisenbahn 27 Stück gebaut worden. Alle über die Bauart Behne-Kool zuvor gebrachten Erläuterungen treffen auch auf diese Lokomotiven zu, jedoch waren

hier die durchgehenden Rahmenplatten von 26 mm Stärke nicht durch aufgenietete
Blechtafeln verstärkt.

Zwei ganz gleiche Lokomotiven hat auch die größtenteils braunschweigisches
Gebiet durchziehende Halberstadt—Blankenburger Eisenbahn besessen. Sie wurden
1872 durch die Hannoversche Maschinenbau-Aktien-Gesellschaft gebaut und trugen

Fig. 27. ²/₂ gekuppelte Personenzuglokomotive (Bauart Behne-Kool) mit dreiachsigem
Tender (erbaut 1863).

die Namen „Langenstein“ und „Ziegenkopf“. Letztere Lokomotive ist in Fig. 29
dargestellt, jedoch waren der etwas plumpe Sandkasten, sowie Dampfläutewerk,
Heberleinbremse-Rollenführung und Gasbeleuchtung anfänglich nicht vorhanden.
Diese Teile sind erst später hinzugekommen.

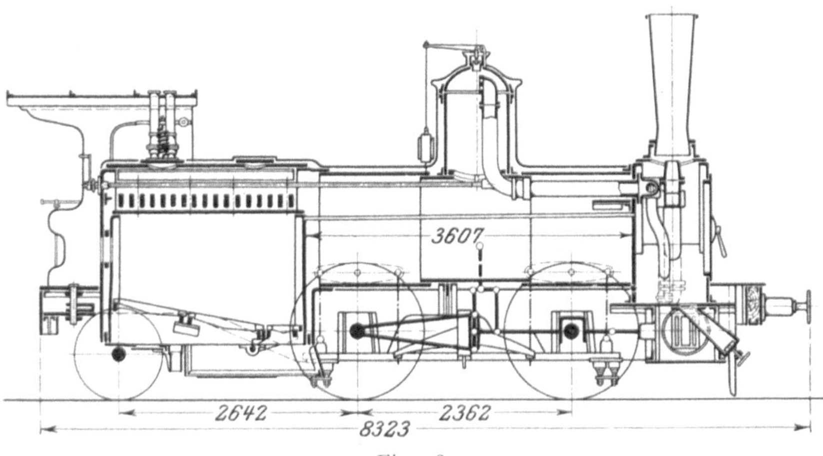

Fig. 28.

Für den Verschiebedienst, zum Nachdrücken von Zügen auf stärkeren Steigungen, sowie auch für den Zugdienst auf kürzeren Strecken wurden im Jahre 1863
die ersten beiden dreifach gekuppelten Tenderlokomotiven mit den Namen „Hansa“
und „Brabant“ von Georg Egestorff an die Braunschweigische Eisenbahn ab-
geliefert (Fig. 30 und·31). Mit Rücksicht auf die von diesen Tenderlokomotiven zu
verlangende kräftige Arbeitsleistung von jeweilig nicht sehr langer Dauer war hier

eine größere direkte Heizfläche bei einer im Verhältnis hierzu kleineren indirekten Heizfläche angewendet. Infolge der hieraus sich ergebenden kürzeren Form des Langkessels konnten unter diesem nur zwei Achsen angeordnet werden, und es ließ sich somit zur ausreichenden Belastung der hinteren Kuppelachse noch ein Wasser-

Fig. 29. B-Stütztender und Lokomotive (Bauart B e h n e - K o o l der Halberstadt—Blankenburger Eisenbahn).

behälter unterhalb des am rückwärtigen Ende befindlichen Kohlenraumes anbringen. Der übrige Teil des Wasservorrates war in einem über und zwischen den beiden vorderen Achsen angeordneten Behälter untergebracht. Die Wasserkästen waren durch Rohre verbunden. In der Fig. 31 sind die Wasserbehälter durch

Fig. 30. C-Tenderlokomotive.

schraffierte Umrahmung gekennzeichnet. Die Abfederung der Lokomotive erfolgte in Dreipunkt-Aufhängung, Vorder- und Mittelachsen-Tragfedern waren durch Ausgleichhebel mit genau in der Mitte liegendem Drehpunkt verbunden, und die Hinterachse wurde durch eine Querfeder belastet. Bei den bezeichneten ersten beiden Lokomotiven dieser Gattung waren gußeiserne Scheibenräder ohne aufgezogene

Radreifen verwendet. Da die mit der Schiene in Berührung stehende Außenfläche der Räder trotz der von der Lokomotive zurückzulegenden geringeren Wegestrecke sich schneller abnutzte und das Aufziehen von Gußstahlradreifen erforderlich machte, so waren die nachher gelieferten Lokomotiven dieser Gattung mit geschweißten Speichenrädern versehen. Durch eine kräftige Spindelbremse konnten die Räder der Hinterachse vermittelst hölzerner Bremsklötze gebremst werden, wobei die Bremswirkung durch die Kuppelstangen auf die übrigen beiden Achsen übertragen wurde. 1865 wurden wieder zwei derartige Lokomotiven und 1867 noch 4 Stück in Betrieb genommen. Mit Rücksicht auf ihren Verwendungszweck besaßen sie anfänglich nur einen offenen Führerstand, der erst später mit einer schützenden Überdachung versehen worden ist.

Bei der Verstaatlichung wurden diese acht Lokomotiven mit den Betriebsnummern 1892—1899 in den Bestand der Königlichen Eisenbahn-Direktion Magdeburg überführt.

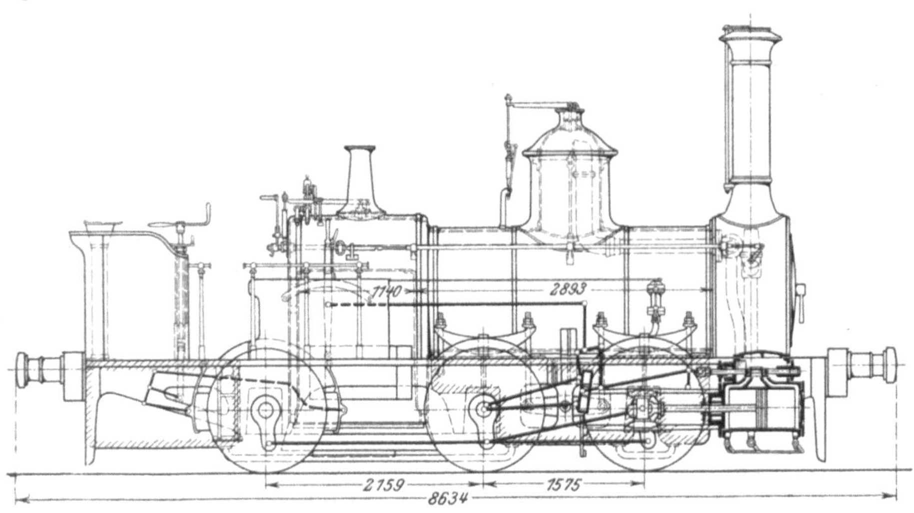

Fig. 31. C-Tenderlokomotive.

Eine ähnliche, jedoch bedeutend kräftigere C-Tenderlokomotive mit 1367 mm großen Rädern, hatte G. Egestorff schon im Jahre 1857 für die damalige Hannoversche Staatsbahn gebaut. Es waren davon 6 Stück vorhanden, bestimmt für den Dienst auf der Strecke Göttingen—Dransfeld—Münden, mit Steigungen von 1 zu 60[1]).

Für den größten Teil der bis hierher beschriebenen älteren Lokomotiven mögen noch die folgenden allgemein geltenden Angaben Platz finden: Blasrohrkopf mit veränderlicher Auspuffweite. Bis gegen Ende der 60er Jahre des vorigen Jahrhunderts zylindrische Blechschornsteine, von da ab konische gußeiserne Schornsteine nach Prüsmann. Bis zur Mitte der 60er Jahre Fahrpumpen, dann dafür Dampfstrahlpumpen.

Im Jahre 1874 wurden von der Hannoverschen Maschinenbau-Aktiengesellschaft 6 Stück zweiachsige, zweifach gekuppelte Tenderlokomotiven mit außenliegender Howe-Stephenson-Steuerung, für leichteren Verschiebedienst usw. bezogen (Fig. 32).

[1]) Vgl. Zeitschrift des Architekten- und Ingenieur-Vereins in Hannover, Bd. 3.

Diese Bauart wurde zuerst im Jahre 1865 durch die Maschinenbaugesellschaft Karlsruhe für die Badische Staatsbahn ausgeführt mit der bei letzterer üblichen Anordnung des Dampfdomes auf dem rückwärtigen Langkesselschusse und außen auf dem Kessel liegendem Dampfzuführungsrohr zum vorn befindlichen Reglueraufsatz (Fig. 33).

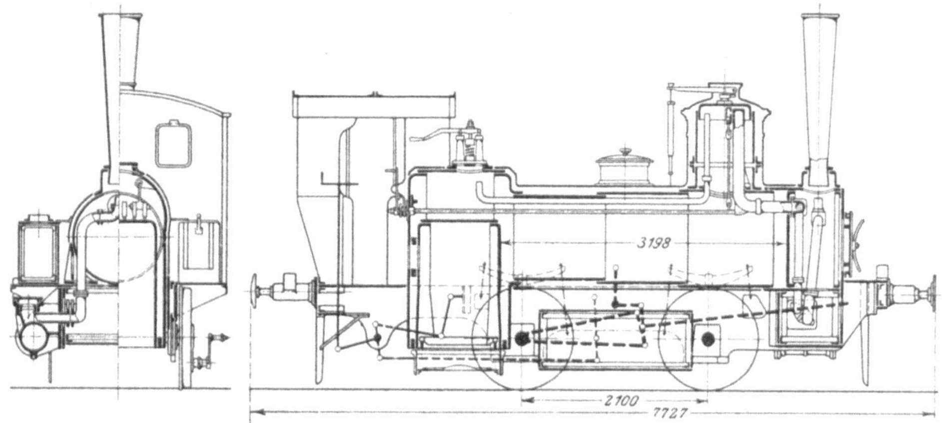

Fig. 32. B-Tenderlokomotive.

Auf den preußischen Staatsbahnen wurde diese Bauart zuerst 1867 bei der damaligen Königlichen Saarbrücker Eisenbahn eingeführt. Fig. 34 zeigt diese ebenfalls von der Maschinenbaugesellschaft Karlsruhe gebaute Lokomotive. Noch im Jahre 1877 hat die Saarbrücker Bahn 2 solche Lokomotiven aus der genannten

Fig. 33. B-Tenderlokomotive der Badischen Staatsbahn.

Fabrik bezogen. Am meisten war diese Bauart, aus verschiedenen Fabriken stammend, bei der vormaligen Hannoverschen Staatsbahn vertreten. Dieselbe besaß davon 79 Stück, einschließlich der beiden auf der Kohlenbahn Stadthagen—Osterholz im Betriebe befindlichen. Drei dieser Lokomotiven waren durch die vormalige Westfälische Eisenbahn von der Öls—Gnesener Eisenbahn übernommen. Die

Lokomotiven führten allgemein die Bezeichnung „Karlsruher Teckel". In den Abmessungen waren die erwähnten Lokomotiven gleich bis auf geringere Abweichungen in der Achsbelastung und die kleineren Räder von 950 mm Durchmesser bei den ersten Lokomotiven für die Badische Bahn. Bei den 6 Lokomotiven der vormaligen Braunschweigischen Eisenbahn war der Fassungsraum an Wasser durch den Einbau eines dritten Behälters zwischen den Achsen (siehe Fig. 32) auf 2,7 cbm vergrößert, während die beiden seitlichen Wasserbehälter bei den übrigen Lokomotiven dieser Bauart etwa 2 cbm faßten. Hierdurch war bei jenen 6 Lokomotiven das Eigengewicht auf 23,5 t, die betriebsfähige Belastung der Vorderachse auf 13 t und diejenige der Hinterachse auf das für die damaligen Oberbauverhältnisse reichlich hoch erscheinende Maß von 16 t gestiegen.

Bei der Verstaatlichung gingen die beiden Lokomotiven „Wernigerode" und „Kiel" mit der Strecke Salzderhelden—Einbeck—Dassel (Ilmebahn) an die Königliche Eisenbahn-Direktion Hannover über, während die anderen vier Lokomotiven bei der Königlichen Eisenbahn-Direktion Magdeburg eingereiht wurden.

Fig. 34. B-Tenderlokomotive der vorm. Kgl. Saarbrücker Eisenbahn.

Wie bei der Beschreibung der dreifach gekuppelten Lokomotiven, Bauart Behne-Kool, bereits erwähnt wurde, hat die Braunschweigische Eisenbahn im Jahre 1884 noch 4 dreifach gekuppelte Güterzuglokomotiven nach der Regelbauart der preußischen Staatsbahnen durch die Hannoversche Maschinenbau-Aktiengesellschaft bauen lassen mit den Namen „Blenkinsop", „Steigerthal", „Einbeck" und „Ilme".

Diese als Normal-Güterzuglokomotive bezeichnete Bauart war seit dem Jahre 1877 bei den preußischen Staatsbahnen allgemein eingeführt, und zwar sowohl mit innenliegender, wie anfänglich auch mit außenliegender Allan-Steuerung. In Fig. 35 und 36 ist diese Lokomotive, wie sie nach der Musterzeichnung III [2] (später III [3]) für die Braunschweigische Eisenbahn gebaut wurde, dargestellt. Die oberhalb der Lager befindlichen Tragfedern der Vorder- und Mittelachse sind beiderseits durch Längsausgleichhebel verbunden, während die unterhalb der Achsbüchsen liegenden Tragfedern der Hinterachse mit dem Vorderende durch einen querliegenden Ausgleichhebel verbunden sind.

Im Jahre 1886 wurden für die inzwischen verstaatlichte, aber noch für sich getrennt betriebene Braunschweigische Eisenbahn durch die Fabrik von Henschel

& Sohn in Kassel 5 Stück 1 B (sogenannte Normal-)Personenzuglokomotiven geliefert. Dieselben trugen bereits die Bezeichnung Magdeburg Nr. 333 bis 337, die Lokomotive Nr. 337 besaß jedoch auch noch einen Namen, und zwar denjenigen des mit der Entwicklung der Braunschweigischen Eisenbahn eng verknüpften Dr. Hermann Scheffler, zuletzt Baurat bei der Herzoglichen Eisenbahn- und Postdirektion in Braunschweig und auch mehrere Jahre Herausgeber des „Organ für die Fortschritte des Eisenbahnwesens in technischer Beziehung".

Derartige Lokomotiven wurden seit 1877 für die preußischen Staatsbahnen allgemein gebaut, anfänglich auch zum Teil mit Außensteuerung. Die ersten

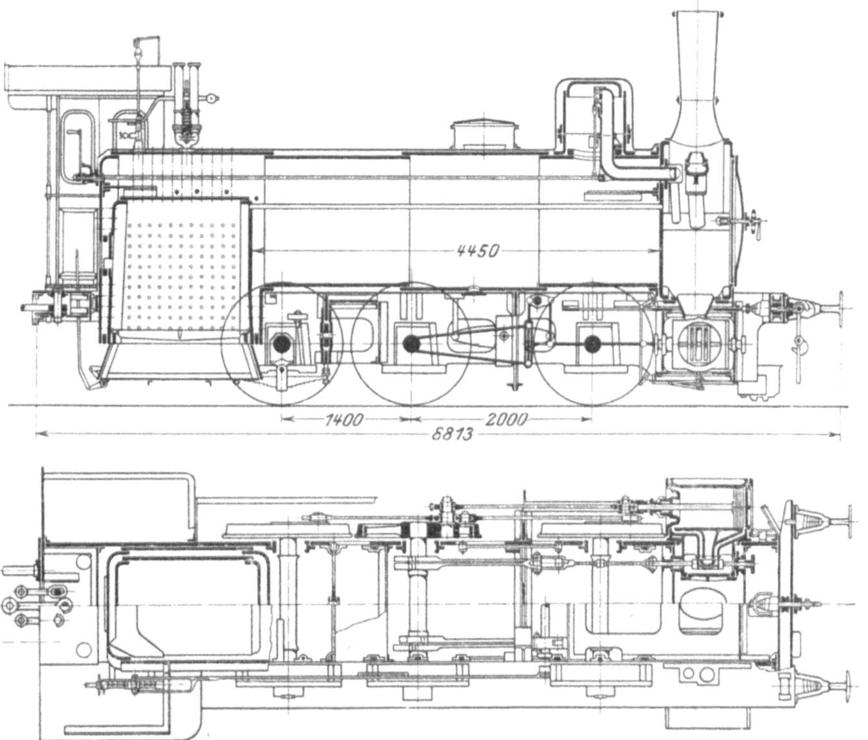

Fig. 35 und 36. C-Güterzuglokomotive nach der Regelbauart der preußischen Staatsbahnen.

Normal-Personenzuglokomotiven waren etwas leichter, als die hier zu beschreibenden, ihre Treib- und Kuppelachse waren um 100 mm weiter nach vorn gerückt, die lichte Heizrohrlänge war um 76 mm und die Feuerbüchse um 60 mm kürzer als bei letzteren. Die Rauchkammer besaß einen um 306 mm größeren Durchmesser als der Langkessel, mit dem sie durch aufgenieteten Winkelring verbunden war. Zur weiteren Belastung der Kuppelachse war ein schwerer gußeiserner Kuppelkasten angewendet. Von 1884 ab sind dann diese Lokomotiven nach der unter Fig. 37, 38 und 39 dargestellten Anordnung gebaut worden. Die aus der Fig. 37 und 38 ersichtliche Westinghouse-Treibradbremse wurde aber nicht überall angewendet und der auf dem Führerhausdache befindliche Schalldämpfer zur Beseitigung des vom Auspuffdampf der Luftpumpe erzeugten Geräusches gelangte nur vereinzelt zur Verwendung.

Diese Bauart hat vermöge ihrer gut durchgebildeten Gesamtanordnung, wie der Einzelteile, eine große Verbreitung, auch außerhalb der preußisch-hessischen

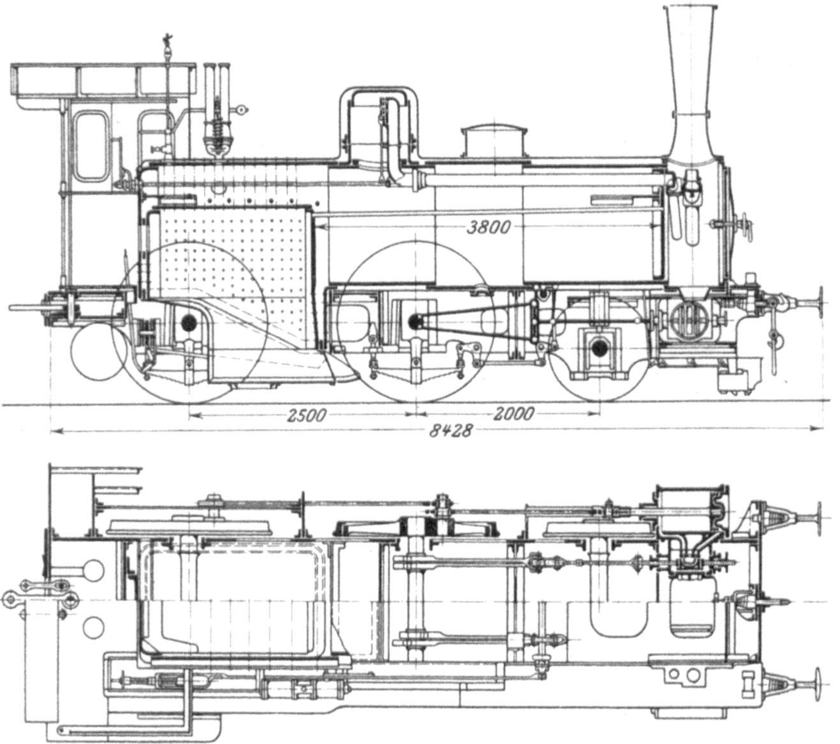

Fig. 37 und 38. B-Personenzuglokomotive nach der Regelbauart der preußischen Staatsbahnen.

Fig. 39. B-Personenzuglokomotive nach der Regelbauart der preußischen Staatsbahnen.

Staatsbahnen, gefunden. Seit 1887 wurde sie auf Vorschlag des damaligen Bauinspektors v. Borries in Hannover teilweise auch mit Verbundanordnung gebaut. (Hier liegen die Zylinder zwischen Vorder- und Mittelachse, und die

Übersicht über die Hauptabmessungen der Lokomotiven der vormaligen Braunschweigischen Eisenbahn.

1	2	3	4	5	6	7	8	9	10	11	12	13	14
Figur	Bauart	Lieferer	Lieferjahr	Zylinder-durchmesser	Kolbenhub	Treibrad-durchmesser	Laufrad-durchmesser	Heizfläche	Rostfläche	Dampf-überdruck	Gewicht Ge-samt-	Gewicht Rei-bungs-	Bemerkungen
				mm	mm	mm	mm	qm	qm	at	t	t	
1	1 A 1 mit Schlepptender	Forrester	1838	280	457	1448	1067*	36	0,6	4,9	13	7	*vorn
	,, ,, ,,		1840	330	457	1525	914*	48	0,8	4,9	16	8	*hinten
	,, ,, ,,		1843	305	457	1678	914*	45	0,7	4,9	15	8	*hinten
2	2 at ,, ,,	Norris	1839	267	457	1220	762	43	0,7	4,9	12	7	
3	,, ,, ,,	Werkstatt Braunschweig	1843	305	457	1220	762	45	0,7	4,9	13	8	
4	1 A 1 ,, ,,	Sharp, Roberts & Co. / Zorge	1842 / 1842/43	330	457	1676	1067	59	0,7	4,9	17	9	
6/8	C ,, ,,	Stephenson	1843	381	610	1448	—	77	0,8	4,9	22	22	Ersatzkessel von Ege-storff
9	,, ,, ,,	nach dem Umbau		381	610	1508	—	90	1,0	9	28	28	
10	1 B ,, ,,	Stephenson	1843	356	559	1676	997	77	0,8	4,9	21	15	
	,, ,, ,,	Egestorff	1850 bis	381	610	1676	997	91	1,1	7	29	21	
11	,, ,, ,,	,,	1858	406	610	1676	997	95	1,2	7	30	22	
12	1 A 1 ,, ,,	,,	1853	381	559	1873	1187	91	1,2	7	27	12	
	,, ,, ,,	,,	1855/61	381	559	1873	1187	95	1,2	7	29	13	
13	,, ,, ,,	,,	1862/64	406	559	1873	1187	97	1,3	7	30	13	
15/16	1 B ,, ,,	,,	1865/74	432	559	1873	1187	96	2,0	9	36	25	
17	,, ,, ,,	,,	1848/51	381	610	1448	997	75	1,0	7	25	17	
	,, ,, ,,	,,	1853/54	381	610	1448	997	85	1,1	7	28	19	
18	,, ,, ,,	,,	1855/61	406	610	1448	997	93	1,2	7*	30	21	*bei Ersatzkesseln 9 at
21	C (1) ,, Stütztender	,,	1861	432	610	1448	—	110	2,0	9	36	32	Baurat Behne-Kool
	,, ,, ,, ,,	,,	1862/64	457	660	1448	—	110	2,0	9	38	34	
	,, ,, ,, ,,	,,	1865/73	457	660	1372	—	110	2,0	9	40	36	
22/23	B (1) ,, ,,	,,	1863/72	432	610	1448	—	91	2,0	9	34	28	
25/26	C Tenderlokomotive	,,	1863/65	381	610	1187	—	69	1,2	9	36	36	3 cbm Wasser
27	B ,,	,,	1874	279	533	1100	—	50	0,8	10	23	23	2,7 ,, ,,
30/31	C mit Schlepptender	,,	1884	450	630	1330*	—	125	1,5	10	39	39	*später, bei stärkeren Reifen = 1340 mm
32/33	1 B ,, ,,	Henschel & Sohn	1886	400	560	1730*	1130**	103	1,9	12	36	24	*später 1750 ,, ** ,, 1150 ,,

Hinterachse wird angetrieben.) Bei dem Treibraddurchmesser von 1730 (später, bei 75 mm starken Reifen = 1750) mm ergab sich vor Schnellzügen mit größeren Grundgeschwindigkeiten eine sehr hohe Kolbengeschwindigkeit, weshalb seit 1886 auf Anregung des damaligen Eisenbahndirektors Büte in Magdeburg auch ebensolche Lokomotiven mit 1960 (später 1980) mm Treibraddurchmesser, sowie mit 200 mm längerer Feuerbüchse und um so viel kürzeren Heizrohren gebaut wurden.

Mit der Einführung von schweren vierachsigen Drehgestellwagen für Schnellzüge zu Anfang der 90er Jahre des vorigen Jahrhunderts trat jedoch das unabweisbare Bedürfnis zur Einführung kräftigerer Lokomotiven hervor, deren größeres Eigengewicht auf drei Achsen nicht mehr unterzubringen war. Die dreiachsigen Personenzuglokomotiven sind dann nach und nach in den leichteren Dienst auf Nebenbahnen verdrängt worden und auch die zuvor beschriebenen 5 Braunschweiger Lokomotiven haben ihre letzte Verwendung auf der Nebenbahn von Braunschweig nach Ülzen gefunden.

Gesamtinhaltsverzeichnis

zu Band I—VI[1]).

Die Maschinen des deutschen Berg- und Hüttenwesens vor 100 Jahren. Von C. Matschoß, Berlin . . . . Bd. I S. 1

Henry Rossiter Worthington. Skizze eines Ingenieurlebens. Von Otto H. Mueller, London
Bd. I S. 36

Die geschichtliche Entwicklung der Allgemeinen Elektrizitäts-Gesellschaft in den ersten 25 Jahren. Von C. Matschoß, Berlin . . . . Bd. I S. 53

Adolf Knaudt und die fabrikmäßige Herstellung von Böden, Wellrohren und sonstigen Blechteilen für Dampfkessel . . . . Bd. I S. 73

Herons des Älteren Mechanik. Von Professor $\mathfrak{Dr.}$-$\mathfrak{Ing.}$ Th. Beck, Darmstadt. Bd. I S. 84

Zur Geschichte der Anwendungen der Festigkeitslehre im Maschinenbau: Hat sich Watt zur Bemessung seiner Maschinenteile der Festigkeitslehre bedient? Von Professor Dr. Eugen Meyer, Charlottenburg . . . . Bd. I S. 108

Die Entwicklung der Vakuumverdampfung. Von $\mathfrak{Dipl.}$-$\mathfrak{Ing.}$ K. Thelen . . . Bd. I S. 118

Die geschichtliche Entwicklung des Akkumulators. Von Professor Dr. Edm. Hoppe, Niendorf bei Hamburg . . . . Bd. I S. 145

Zur Geschichte der Holzbearbeitungsmaschinen. Von Professor $\mathfrak{Dr.}$-$\mathfrak{Ing.}$ Hermann Fischer, Hannover . . . . Bd. I S. 176

Herons des Älteren Automatentheater. Von Professor $\mathfrak{Dr.}$-$\mathfrak{Ing.}$ Th. Beck, Darmstadt.
Bd. I S. 182

Mein Lebenslauf als Ingenieur und Geschäftsmann. Von $\mathfrak{Dr.}$-$\mathfrak{Ing.}$ Ernst Körting, Pegli bei Genua.
Bd. I S. 200

Das Museum der Gasmotorenfabrik Deutz. Ein Beitrag zur Geschichte der Gasmaschine. Von H. Neumann, Berg.-Gladbach . . . . Bd. I S. 212

Die historische Entwicklung der deutschen Seekabelunternehmungen. Von Dr. R. Hennig, Berlin . . . . Bd. I S. 241

Matthew Boulton. Zum hundertjährigen Todestage des Begründers der Dampfmaschinenindustrie. Von Conrad Matschoß, Berlin . . . . Bd. I S. 251

Die Einführung der Panzerung im Kriegsschiffbau und die Entwicklung der ersten Panzerflotten. Von Wirkl. Geh. Oberbaurat Professor J. Rudloff, Berlin . . . . Bd. II S. 1

Henri Victor Regnault. Von Geheimrat Dr. Keller, München, vormals Professor in Karlsruhe.
Bd. II S. 58

Philon von Byzanz (etwa 260—200 v. Chr.). Von Professor $\mathfrak{Dr.}$-$\mathfrak{Ing.}$ Th. Beck, Darmstadt.
Bd. II S. 64

Friedrich der Große in seiner Stellung zum Maschinenproblem. Ein Beitrag zur Geschichte der merkantilistischen Gewerbepolitik. Von Carl Ergang, Freiburg i. B. . . Bd. II S. 78

Urkundliches zur Geschichte der Eisengießerei. Von Professor Dr. $\mathfrak{Dr.}$-$\mathfrak{Ing.}$ L. Beck, Biebrich.
Bd. II S. 83

Die geschichtliche Entwicklung der Eisengießerei seit Beginn des 19. Jahrhunderts. Von $\mathfrak{Dipl.}$-$\mathfrak{Ing.}$ U. Lohse, Aachen . . . . Bd. II S. 90

---

[1]) Preis von Band I—V brosch. je M. 8.—, geb. je M. 10.—; von Band VI brosch. M. 6.—, geb. M. 8.—.

Die Geschichte der Firma Gebrüder Sulzer in Winterthur und Ludwigshafen. Von C. Matschoß, Berlin . . . . Bd. II S. 148

Die Geschichte der Gutehoffnungshütte in Oberhausen (Rheinl.). Zur Erinnerung an das 100 jähr. Bestehen. Von Dr. Reichert, Duisburg-Ruhrort . . . . Bd. II S. 236

Aus Bessemers Selbstbiographie. Von Ingenieur O. Hönigsberg, Wien. . . . Bd. II S. 271

Zur Geschichte der Photographie. Von Dr. G. Leimbach, Göttingen . . . . Bd. II S. 294

Zur Geschichte der Ingenieurtechnik des Mittelalters (Ingenieurbauwerke der Khmer). Von Baurat Curt Merckel, Hamburg. . . . . Bd. III S. 1

Gustav Adolf Hirn, sein Leben und seine Werke. Von Dr. Keller, München, vormals Professor in Karlsruhe . . . . Bd. III S. 20

Beiträge zur Geschichte der Holzbearbeitungsmaschinen. Von Professor Dr.-Ing. Hermann Fischer, Hannover . . . . Bd. III S. 61

Beiträge zur Geschichte der Eisenhüttenkunde. Von Oberingenieur Illies, Königshütte, O.-S.
Bd. III S. 79

Die Einführung des englischen Flammofenfrischens in Deutschland von Heinrich Wilhelm Remy & Co. auf dem Rasselstein bei Neuwied. Von Professor Dr. $\mathfrak{Dr}$.=$\mathfrak{Ing}$. Ludwig Beck, Biebrich.
Bd. III S. 86

Die Maschine von Marly. Von Carl Ergang, Doktor der Staatswissenschaften, Quedlinburg.
Bd. III S. 131

Die Rechenstäbe und Rechenmaschinen einst und jetzt. Von Ingenieur Erich Krebs, Elbing.
Bd. III S. 147

Der altgriechische und altrömische Geschützbau nach Heron dem Älteren, Philon, Vitruv und Ammianus Marcellinus. Von Professor $\mathfrak{Dr}$.=$\mathfrak{Ing}$. Th. Beck, Darmstadt. . Bd. III S. 163

Beitrag zur Geschichte der mechanischen Schuhfabrikation. Von Gewerbeassessor Dr. Rehe, Breslau . . . . Bd. III S. 185

John Wilkinson. Von H. W. Dickinson, Ingenieur am Science Museum in South Kensington, London. . . . . Bd. III S. 215

Geschichte der Königlich Preußischen Technischen Deputation für Gewerbe. Zur Erinnerung an das 100 jähr. Bestehen. 1811 bis 1911. Von Conrad Matschoß, Berlin Bd. III S. 239

Zur Geschichte der Zentralheizungen bis zum Übergang in die Neuzeit. Von Hermann Vetter (in Firma Janeck & Vetter), Berlin . . . . Bd. III S. 276

R. Wolf, der Begründer der Maschinenfabrik R. Wolf in Magdeburg-Buckau. Von Conrad Matschoß, Berlin . . . . Bd. IV S. 1

Zur Geschichte der Königlichen Gewehrfabrik in Spandau unter besonderer Berücksichtigung des 18. Jahrhunderts. Von Militärbaumeister $\mathfrak{Dipl}$.=$\mathfrak{Ing}$. Wilhelm Hassenstein, Spandau.
Bd. IV S. 27

Die ersten Versuche zur Einführung der Bobbinnetfabrikation. Von Professor Hugo Fischer, Dresden . . . . Bd. IV S. 63

Benoit Fourneyron. Von Dr. Karl Keller, München, vormals Professor in Karlsruhe.
Bd. IV S. 79

Aus der Werkstatt deutscher Kunstmeister im Anfang des 19. Jahrhunderts. (Nach alten Originalzeichnungen.) Von Conrad Matschoß, Berlin . . . . Bd. IV S. 96

Die Geschichte der mittelamerikanischen Kanalunternehmungen. Von Dr. Richard Hennig, Berlin-Friedenau. . . . . Bd. IV S. 113

Das Materialprüfungswesen und die Erweiterung der Erkenntnisse auf dem Gebiet der Elastizität und Festigkeit in Deutschland während der letzten vier Jahrzehnte. Von Professor R. Baumann, Stuttgart . . . . Bd. IV S. 147

Paul v. Strobach. Selbstbiographie, herausgegeben und mit Anmerkungen versehen. Von Dr. techn. Hugo Fuchs, Prag. Bd. IV S. 196

Die·Entwicklung der Zahnräder. Von O. Kammerer, Charlottenburg . . . . Bd. IV S. 242

Beiträge zur Geschichte der Werkzeugmaschinen. Von Professor $\mathfrak{Dr}$.=$\mathfrak{Ing}$. Hermann Fischer, Hannover. . . . . Bd. IV S. 274

Die Förderung der Textilindustrie durch Friedrich den Großen. Von Conrad Matschoß, Berlin. Bd. IV S. 309

Der Einfluß des Baues der Semmeringbahn auf die Gebirgslokomotive. Von Dr. techn. Rudolf Sanzin, Wien . . . . Bd. IV S. 333

Ludwig Franzius, Oberbaudirektor der Freien Hansestadt Bremen 1875—1903. Von G. de Thierry, Geh. Baurat, Professor an der Technischen Hochschule zu Berlin. Mit 1 Textabbildung. Bd. V S. 1

Die Mühle im Rechte der Völker. Von Professor Dr. Carl Koehne, Berlin . Bd. V S. 27

Johann Andreas Segner. Von Dr. Karl Keller, München, vormals Professor in Karlsruhe. Mit 8 Textabbildungen. . . . . Bd. V S. 54

Beiträge zur Geschichte der Werkzeugmaschinen. Von Professor Dr.-Ing. Hermann Fischer, Hannover. Mit 107 Textabbildungen . . . . Bd. V S. 73

Die prinzipielle Entwicklung des mitteleuropäischen technischen Baurechtes aus dem römischen Rechte. Ein vergleichender Beitrag zur technisch-juristischen Kulturgeschichte. Von Cand. jur. Dr. phil. J. Stur, Ingenieur in Wien . . . . Bd. V S. 124

Das Steinschloßgewehr und seine fabrikmäßige Herstellung in den Jahren 1800—1825. Von Geh. Regierungsrat W. Treptow, Charlottenburg. Mit 50 Textabbildungen. Bd. V S. 143

John Haswell. Von Dr. techn. Rudolf Sanzin, Wien. Mit 25 Textabbildungen. Bd. V S. 157

Ferdinand von Miller, der Erzgießer. Zur Erinnerung an die 100. Wiederkehr seines Geburtstages. Von Conrad Matschoß, Berlin. Mit 12 Textabbildungen. . . . . Bd. V S. 174

Die Entwicklung der Straßenbahnwagen. Von H. Bombe, Berlin. Mit 36 Textabbildungen. Bd. V S. 214

Die ersten betriebsfähigen Dampfmaschinen in Böhmen. Ein Beitrag zur Industriegeschichte Böhmens. Von Dr. techn. H. Fuchs, Prag, und Professor Ing. A. Günther, Pilsen. Mit 2 Textabbildungen. . . . . Bd. V S. 230

Geschichte der Maschinenfabrik Nürnberg. Von Conrad Matschoß, Berlin. Mit 27 Textabbildungen Bd. V S. 244

Christopher Polhem und seine Beziehungen zum Harzer Bergbau. Von Ingenieur Otto Vogel, Düsseldorf. Mit 37 Textabbildungen . . . . Bd. V S. 298

Beiträge zur Geschichte der Werkzeugmaschinen. Schmiedemaschinen. Von Professor Dr.-Ing. Hermann Fischer, Hannover . . . . Bd. VI S. 1

Beiträge zur älteren Geschichte der Leuchttürme. Von Dr. Richard Hennig, Berlin Bd. VI S. 35

Der Bickfordsche Sicherheitszünder und die Errichtung der ersten Sicherheitszünderfabrik in Deutschland. Von Professor Hugo Fischer, Dresden. . . . . Bd. VI S. 55

James B. Francis. Zur hundertsten Wiederkehr seines Geburtstages. Von Dr. Karl Keller, München, vormals Professor in Karlsruhe . . . . Bd. VI S. 79

Peter Ritter von Tunner und seine Schule. Von Hofrat Dr.-Ing. h. c. Josef Gängl v. Ehrenwerth, o. ö. Professor der k. k. Montanistischen Hochschule in Leoben. Bd. VI S. 95

Ein Beitrag zur Geschichte der Großgasmaschine. Von Dr. Wilhelm von Oechelhaeuser, Dessau. Bd. VI S. 109

Die Lokomotiven der vormaligen Braunschweigischen Eisenbahn, unter Mitberücksichtigung gleichartiger Lokomotiven bei anderen Bahnverwaltungen. Von W. Nolte, Hannover. Bd. VI S. 152